海洋天然气水合物分解对储层稳定性影响的研究
——以注热和降压分解为例

翟诚 著

图书在版编目（C I P）数据

海洋天然气水合物分解对储层稳定性影响的研究：以注热和降压分解为例 / 翟诚著. -- 天津：天津大学出版社, 2023.6

ISBN 978-7-5618-7486-8

Ⅰ. ①海… Ⅱ. ①翟… Ⅲ. ①海洋－天然气水合物－影响－储集层 Ⅳ. ①TE5

中国国家版本馆CIP数据核字(2023)第095900号

出版发行 天津大学出版社
地　　址 天津市卫津路92号天津大学内（邮编：300072）
电　　话 发行部：022-27403647
网　　址 www.tjupress.com.cn
印　　刷 北京盛通商印快线网络科技有限公司
经　　销 全国各地新华书店
开　　本 787mm×1092mm　1/16
印　　张 11
字　　数 261千
版　　次 2023年6月第1版
印　　次 2023年6月第1次
定　　价 58.00元

前　言

天然气水合物具有分布范围广、资源储量丰富、清洁高效等优点，被认为是21世纪最有前景的替代能源之一。勘探结果表明，在我国南海和青藏高原陆地冻土区储藏有丰富的天然气水合物资源。如能实现天然气水合物资源的商业化开采和合理开发利用，对于我国减少大气环境污染、降低能源对外依赖程度、调整能源结构、保障能源战略安全以及保持经济可持续发展具有十分重要的意义。因此，《中华人民共和国国民经济和社会发展第十三个五年规划纲要》明确将天然气水合物资源勘探与商业开采列入能源发展重大工程，计划在2030—2050年实现商业化开采。

目前提出的开采天然气水合物的方法主要有热激法、降压法、化学试剂法、CO_2置换法、固体法以及几种方法的联合等。其中，在使用热激法或降压法进行天然气水合物开采时，水合物沉积层的变化过程是一个含相变的非等温的温度场、渗流场以及变形场（Thermo-Hydro-Mechanical，THM）三场的耦合作用过程。在THM耦合作用下，对于由于水合物分解已经处于力学性质劣化状态的水合物沉积层，当其有效应力达到破坏强度时极易发生变形破坏。

本书内容共分为5章。第1章为绪论部分，首先介绍了天然气水合物及其发展前景、研究历程和开采方法，然后阐述了天然气水合物分解对水合物沉积层的影响以及由此引发的热流力耦合作用关系，最后较为全面地总结了天然气水合物分解诱发储层变形破坏的研究进展和含水合物沉积物渗透率的研究进展；第2章为试验研究部分，介绍了利用自主研制的试验装置，分别开展的天然气水合物注热和降压分解试验、含水合物沉积物的渗透率试验和不同饱和度含水合物沉积物的三轴渗流试验；第3、4章为理论研究部分，介绍了天然气水合物分解诱发储层变形破坏热流力耦合模型和热流力耦合作用下固体骨架变形破坏弹塑性本构模型的建立，以及利用Galerkin有限元法对模型的空间域和时间域的离散；第5章为数值模拟研究部分，介绍了以ABAQUS软件为平台，结合自主开发的USDFLD（场变量）子程序，对水合物注热和降压分解条件下，水合物沉积层的力学参数变化规律、应力状态和应变状态的分布规律、近井储层的变形破坏规律、海床土体的隆起和沉降规律以及海底边坡的失稳破坏规律等进行了数值模拟，并阐明了影响这些变形破坏发生的因素的敏感性。

本书相关研究成果可以为海洋天然气水合物开采或深海油气开采可能引起的海床塌陷、隆起、海底滑坡以及陆地冻土区天然气水合物开采引起的井壁失稳破坏等问题的评估和预防提供参考依据，具有重要的理论意义和工程应用价值。

限于时间和作者能力，本书可能有不当之处，恳请读者和专家批评指正！

编者

2023年5月

目　录

分变量注释表

P_A	A 点压力
T_A	A 点温度
P_B	B 点压力
T_B	B 点温度
P_C	C 点压力
T_C	C 点温度
P_D	D 点压力
T_D	D 点温度
P_E	E 点压力
T_E	E 点温度
P	压力
T	温度
λ_h	水合物的导热系数
λ_g	气体的导热系数
λ_w	水的导热系数
λ_s	沉积物的导热系数
ρ_h	水合物的密度
ρ_w	水的密度
ρ_g	气体的密度
ρ_s	沉积物的密度
S_h	水合物的饱和度
S_g	气体的饱和度
S_w	水的饱和度
φ	含水合物沉积物的孔隙度
λ_{eff}	含水合物沉积物的有效导热系数
c_h	水合物的摩尔比热
c_w	水的摩尔比热
c_g	气体的摩尔比热
c_s	沉积物的摩尔比热
c_{eff}	水合物沉积层的比热
ρ_{eff}	水合物沉积层的密度
R_g	理想气体常数
Z_g	气体压缩因子

Δh_f	生成焓
Δn_g	反应前后消耗的甲烷气体的物质的量
P_1、P_2	反应前后的压力
T_1、T_2	反应前后的温度
Z_1、Z_2	反应前后的气体压缩因子
K	含水合物沉积物的渗透率
K_0	不含水合物沉积物的渗透率
n_A	Archie 饱和指数
N_K	渗透率下降指数
$G_{砂}$	粉砂岩的真密度
m_0	粉砂岩颗粒的质量
m_1	比重瓶、粉砂岩颗粒和蒸馏水质量之和
m_2	比重瓶和蒸馏水质量之和
$G_{水}$	室温下蒸馏水的真密度
G_s	砂土的真密度
$n_{砂}$	粉砂岩的体积分数
$n_{土}$	黏土的体积分数
$G_{土}$	黏土的真密度
A_{sec}	含水合物沉积物的横截面面积
μ_g	甲烷气体的动力黏度
Q_{sec}	含水合物沉积物横截面的体积流速
P_{sec}	含水合物沉积物任意截面处的气体压力
Q_{out}	出口端气体流量
P_{in}	进气压力釜的压力
P_{out}	出气压力釜的压力
t_s	含水合物沉积物中气体渗流时间
μ_0	甲烷气体在温度$T_0 = 273.15$ K时的黏滞系数
L_h	含水合物沉积物试样的长度
h_{CH_4}	经验指数
n_{CH_4}	水合物降压分解产生的甲烷气体的物质的量
ΔP_n	降压后的压力变化量
V_{CV}	砂土沉积物的孔隙体积
V_{out}	出气压力釜的容积
V_{h_i}	初始水合物的体积
S_{nh}	不同阶段的水合物饱和度
n_d	降压分解的次数
V_{nh}	不同阶段分解的水合物的体积

V_{nw}	不同阶段水合物分解产生的水的体积
$\sum_{n=1}^{n_d} V_{nh}$	前n_d次分解的水合物的体积之和
$\sum_{n=1}^{n_d} V_{nw}$	前n_d次分解产生的水的体积之和
M_h	甲烷水合物的摩尔质量
M_w	水的摩尔质量
m_{w0}	初始水的质量
m_w	合成水合物消耗的水的质量
A_t	土体的横截面面积
A_s	土体颗粒之间不同接触点的面积之和
A_w	孔隙水的面积之和
P_s	土体颗粒间的作用力
P_{sH}	土体颗粒间作用力水平方向的分力
P_{sV}	土体颗粒间作用力垂直方向的分力
σ^T	总应力
P_w	孔隙水压力
$\sum P_{sV}$	土体颗粒间作用力在垂直方向分力的代数和
σ'	有效应力
σ'_{ij}	有效应力张量
σ_{ij}^T	总应力张量
δ_{ij}	Kronecker 符号
P_{pore}	孔隙压力
α	Biot 系数
K_{grain}	岩石颗粒的体积模量
K_{rock}	岩体表观的体积模量
σ'_V	有效体积应力
d_s	不锈钢圆筒直径
h_s	不锈钢圆筒高度
σ_1	轴压
σ_2、σ_3	围压
m_{sw}	含孔隙水的砂土沉积物的质量
m_{soil}	砂土的质量
m_{water}	孔隙水的质量
m_{sh}	含水合物沉积物试样的质量
$m_{hydrate}$	甲烷水合物的质量
m_{CH_4}	参与反应的甲烷气体的质量
M_g	甲烷气体的摩尔质量

Q_w	渗流过程中的排水量
S_{h_0}	初始水合物饱和度
V_b	含水合物沉积物试样的体积
V_p	含水合物沉积物试样的孔隙体积
V_s	砂土颗粒的体积
V_h	水合物的体积
ΔV_b	含水合物沉积物体积的变化量
ΔV_s	砂土颗粒体积的变化量
ΔV_h	水合物体积的变化量
ΔV_p	孔隙体积的变化量
ε_{VH}	含水合物沉积物的应变
S_{hc}	试样压缩变形后的水合物饱和度
τ_{oct}	八面体剪应力
q_τ	广义剪应力
D_{max}	最大渗透率损害率
K_{up}	有效体积应力上升过程第一个有效体积应力点对应的渗透率
K_{max}	最大有效体积应力点对应的渗透率
D_k	渗透率损害率
K_{down}	有效体积应力下降时最后一个有效体积应力点对应的渗透率
K_i	初始渗透率
K_σ	某一有效体积应力状态下的渗透率
C_k	应力敏感系数
$\dot{m}_g$	单位体积水合物分解的产气速率
K_d^0	水合物本征分解速率常数
A_{dec}	单位体积水合物分解的总表面积
ΔE	反应的活化能
P_e	当前温度对应的相平衡压力
P_g	孔隙气体压力
T_i	初始温度
P_i	初始压力
ϕ_e	甲烷气体在相平衡压力P_e的逸度系数
ϕ_g	甲烷气体在当前气体压力P_g的逸度系数
A_{hs}	单位体积水合物的比表面积
$\dot{m}_h$	单位体积水合物的分解速率
$\dot{m}_w$	单位体积水合物分解的产水速率
σ_x	x方向的正应力
σ_y	y方向的正应力
σ_z	z方向的正应力

τ_{xy}	切应力
τ_{yz}	切应力
τ_{zx}	切应力
F_x	x方向的体力分量
F_y	y方向的体力分量
F_z	z方向的体力分量
β_s	沉积物骨架的热膨胀系数
ε_x	x方向的线应变
ε_y	y方向的线应变
ε_z	z方向的线应变
γ_{xy}	切应变
γ_{yz}	切应变
γ_{zx}	切应变
u	x方向的位移
v	y方向的位移
w	z方向的位移
ε_{ij}	总应变张量
P_g	孔隙气压力
P_w	孔隙水压力
U_i	位移张量
ε_{th}	热应变
ε_P	孔隙压力产生的单向应变
K_{sh}	固体骨架的体积模量
$d\varepsilon_{kl}^{T}$	总应变张量
$d\varepsilon_{kl}^{el}$	弹性应变张量
$d\varepsilon_{kl}^{p}$	孔隙压力产生的压应变张量
$d\varepsilon_{kl}^{pl}$	塑性应变张量
$d\varepsilon_{kl}^{th}$	热应变张量
$d\sigma'_{ij}$	有效应力增量
D_{ijkl}^{el}	弹性模量张量
$[D_e]$	弹性矩阵
$\{d\sigma'_{ij}\}$	有效应力增量矩阵
$\{d\varepsilon_{kl}^{el}\}$	弹性应变矩阵
$\{d\varepsilon_{kl}^{T}\}$	总应变矩阵
$\{d\varepsilon_{kl}^{pl}\}$	塑性应变矩阵
$\{d\varepsilon_{kl}^{th}\}$	热应变矩阵
$\{d\varepsilon_{kl}^{p}\}$	孔隙压力产生的压应变矩阵

E_{sh}	固体骨架的弹性模量
ν_{sh}	固体骨架的泊松比
$\bar{U}_i$	固体骨架的边界位移
l、m、n	面上的方向余弦
F_{sx}	x方向的面力
F_{sy}	y方向的面力
F_{sz}	z方向的面力
ρ_{sh}	固体骨架的密度
v_{sh}	固体骨架的运动速度
v_g	孔隙气体的真实运动速度
v_{rg}	孔隙气体相对于固体骨架质点的运动速度
Q_g	气体渗流量
A_p	渗流截面的孔隙面积
V_g	孔隙气体的达西渗流速度
A_{sp}	渗流截面面积
K_g	气体渗透率
v_w	孔隙水的真实速度
v_{rw}	孔隙水相对于固体骨架质点的运动速度
V_w	孔隙水的达西渗流速度
v_{gx}	气体渗流速度沿x方向的分量
v_{gy}	气体渗流速度沿y方向的分量
v_{gz}	气体渗流速度沿z方向的分量
v_h	水合物的运动速度
∇P_g	气相的压力梯度
∇P_w	水相的压力梯度
μ_w	水相的黏滞系数
K_{rg}	气相的相对渗透率
K_{rw}	水相的相对渗透率
ε_V	沉积物骨架的体积应变
S_{wr}	残余水饱和度
S_{gr}	残余气饱和度
n_g	经验指数
n_w	经验指数
n_c	经验指数
P_c	毛细力
P_{ci}	名义毛细力
$\bar{P}$	边界压力

k_w	孔隙水的渗透系数
k_g	孔隙气体的渗透系数
$\bar{q}_g$	边界上的气相流量
$\bar{q}_w$	边界上的水相流量
Q_x	x方向流入单元体的热量
Q_{x+dx}	x方向流出单元体的热量
Q_λ	热传导作用下单位时间单元体热量的差值之和
Q_ε	单位时间单元体由于沉积物骨架变形而引起的热量变化
Q_h	水合物的相变潜热
Q_{ex}	单位时间内孔隙流体渗流过程中与单元体骨架之间的热交换
α_{ex}	有效热交换系数
T_s	固体骨架温度
T_f	孔隙流体温度
Q'_λ	单位时间单元体内孔隙流体由于热传导而引起的热量变化
Q'_{ex}	单位时间单元体内孔隙流体渗流过程中与固体骨架之间的热交换
Q'_{hf}	单位时间单元体内孔隙流体由于热对流而产生的热量变化
Q'_f	单位时间单元体内孔隙流体由于温度变化引起的热量变化
$\bar{T}_k$	边界上的温度
$\bar{q}_T$	边界上的热流量
τ_f	剪切破坏面上土体的抗剪强度
C_s	土体的黏聚力
σ_n	剪切破坏面上土体的法向应力
ϕ_s	土体的摩擦角
σ_{max}	最大主应力
σ_{min}	最小主应力
ϕ_h	含水合物沉积物的摩擦角
C_h	含水合物沉积物的黏聚力
F_m	屈服函数
R_{mc}	控制屈服面在π平面形状的系数
q_m	Mises 等效应力
ϕ_m	摩擦角
C_m	黏聚力
Θ	极偏角
J_3	应力偏张量第三不变数
G_m	塑性势函数
ε_m	子午面上的偏心率
C_0	初始黏聚力

θ_{m}	剪胀角
e_{m}	π平面上的偏心率
$d\varepsilon^{pl}$	塑性应变增量
E_{eq}	等效弹性模量
n_{s}	砂土沉积物骨架的体积分数
n_{h}	水合物的体积分数
E_{s}	沉积物骨架的弹性模量
E_{h}	水合物的弹性模量
$E_{\sigma'}$	有效应力影响下砂岩的弹性模量
C_{h_0}	含水合物沉积物的初始黏聚力
x^{*}	基本未知量
$A(x^{*})$	微分方程
$B(x^{*})$	微分方程
η_{Ω}、η_{Γ}	不含x^{*}的项
$\bar{R}_{\Omega}$	求解区域内部残差
$\bar{R}_{\Gamma}$	边界残差
$\bar{x}$	基本未知量x^{*}的近似函数
n_{i}	节点个数
N_{i}	形函数
a_{i}	待定系数
W_{j}、$\bar{W}_{j}$	权函数
$\bar{u}$、$\bar{v}$、$\bar{w}$	单元体内任一点位移分量的近似解
u_{i}、v_{i}、w_{i}	节点沿x、y、z方向的位移分量
$\{f\}$	单元内任一点位移向量
$\{\bar{f}\}$	单元内任一点位移向量的近似解
$[N]$	形函数矩阵
$\{\delta_{e}\}$	单元节点位移矩阵
$\{\delta_{i}\}$	单元节点位移子矩阵
$\{\varepsilon\}$	单元体内一点应变状态
$[B]$	应变矩阵
$[B_{i}]$	应变子矩阵
$[W]$	应力矩阵
$[W_{i}]$	应力子矩阵
Ω	求解区域的空间体积
Γ	求解区域的边界
Ω_{e}	单元体的空间体积
Γ_{e}	单元体的边界

$\{f^*\}$	单元体内任一点的虚位移
$\{F_\Omega\}$	作用于单元体的体力
$\{F_\Gamma\}$	作用于单元体表面的面力
$\{\varepsilon^*\}$	单元体内任一点的虚应变
$\{\sigma\}$	单元体内应力
$\{\delta_e^*\}$	单元节点虚位移
$\{F\}^e$	单元等效节点力
$[K]^e$	单元刚度矩阵
$\{F\}_{eq}$	整个区域的等效节点载荷矩阵
$[K]$	总体刚度矩阵
$\{\delta\}$	整个区域的单元节点位移矩阵
$\{F_S\}$	边界上的面力矩阵
$\{\sigma\}$	单元体内一点应力状态
$\{\bar{\sigma}\}$	单元体内一点应力状态的近似解
$\{\bar{\sigma}'\}$	有效应力向量的近似解
$\{I\}$	单位矩阵
$\{P\}^e$	单元节点孔隙压力矩阵
$\{T\}^e$	单元节点温度矩阵
$\{S_g\}^e$、$\{S_w\}^e$	气、水相饱和度矩阵
P_g^e	单元体内任一点孔隙气压力
P_w^e	单元体内任一点孔隙水压力
$\bar{P}_g^e$	单元体内任一点孔隙气压力的近似解
$\bar{P}_w^e$	单元体内任一点孔隙水压力的近似解
P_{gi}	单元节点孔隙气压力
P_{wi}	单元节点孔隙水压力
$\{P_g\}^e$	单元节点孔隙气压力矩阵
$\{P_w\}^e$	单元节点孔隙水压力矩阵
$[N]$	形函数矩阵
N_i	形函数
T_e	单元体内任一点温度
$\bar{T}_e$	单元体内任一点温度的近似解
T_i	单元节点温度
$[K_h]-[K_\lambda]$	热传导对单元体热量的影响项
$[K_\varepsilon]$	固体骨架变形的影响项
$[K_g]$	孔隙气体渗流影响项
$[K_w]$	孔隙水渗流影响项
$[K_C]$、$[K_H]$	相变潜热项

$\{\dot{T}\}^{e}$	单位时间单元体内热量的变化项
$[K_{q}]$	边界流量影响项
$\{\delta\}_{n}^{e}$	t_n时刻单元体的节点位移
$\{P_{g}\}_{n}^{e}$	t_n时刻单元体的孔隙气压力
$\{P_{w}\}_{n}^{e}$	t_n时刻单元体的孔隙水压力
$\{T\}_{n}^{e}$	t_n时刻单元体的温度
$\{\delta\}_{n+1}^{e}$	t_{n+1}时刻单元体的节点位移
$\{P_{g}\}_{n+1}^{e}$	t_{n+1}时刻单元体的孔隙气压力
$\{P_{w}\}_{n+1}^{e}$	t_{n+1}时刻单元体的孔隙水压力
$\{T\}_{n+1}^{e}$	t_{n+1}时刻单元体的温度
Δt	时间增量
$\{\Delta\delta\}^{e}$	节点位移增量
$\{\Delta P_{g}\}^{e}$	节点孔隙气压力增量
$\{\Delta P_{w}\}^{e}$	节点孔隙水压力增量
$\{\Delta T\}^{e}$	节点温度增量
λ_{q}	石英砂热传导系数
c_{q}	石英砂比热
ρ_{q}	石英砂密度
σ_{hmax}	最大水平地应力
σ_{hmin}	最小水平地应力
T_{heat}	注热温度
Q_{q}	流量
P_{q}	井口压力
U_{x}	x方向位移约束
U_{y}	y方向位移约束
T_{AE}	AE边温度
T_{BC}	BC边温度
T_{CD}	CD边温度
T_{AB}	AB边温度
T_{DE}	DE边温度
Q_{AE}	AE边流量
P_{BC}	BC边孔隙压力
P_{CD}	CD边孔隙压力
P_{AB}	AB边孔隙压力
P_{DE}	DE边孔隙压力
σ_{BC}	BC边应力

σ_{CD}	CD 边应力
U_{AB}	AB 边位移
U_{DE}	DE 边位移
K_1、K_2、K_3	水合物沉积层的绝对渗透率
P_{top}	顶部孔隙压力
P_{p}	顶部静水压力
H	水合物沉积层的埋藏深度
h	水合物沉积层的厚度
θ	坡角
γ	重度
C_{hr}	水合物分解过程中水合物沉积层的实际黏聚力
ϕ_{hr}	水合物分解过程中水合物沉积层的实际摩擦角
F_{r}	强度折减系数

第1章 绪　论

1.1　天然气水合物及其发展前景

随着煤炭、石油、天然气等传统能源的大量消耗，由此导致的全球能源供应紧张和大气环境污染问题日益突出。因此，积极寻找、开发和利用可以替代传统能源的新型、高效、清洁、绿色能源，已经成为世界各国保障本国能源战略安全和应对环境危机的核心问题。

作为一种新型能源，天然气水合物（Natural Gas Hydrate）引起了世界各国的关注和重视。天然气水合物是由烃类气体分子与水分子在特定的温度和压力条件下形成的具有笼状微观结构的晶体化合物[1]（图 1.1）。由于形成天然气水合物的烃类气体主要为甲烷，且天然气水合物的外观多为白色或浅灰色的类冰状固体，点燃后可以燃烧（图 1.2），因此天然气水合物也被称为"甲烷水合物"或"可燃冰"。

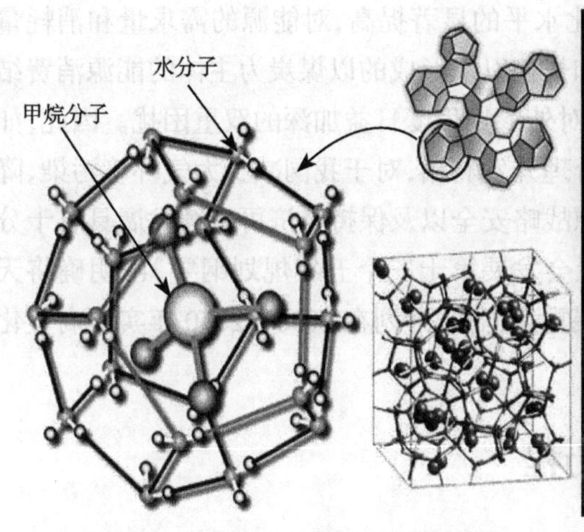

图 1.1　天然气水合物的分子结构图

图 1.2　天然气水合物的燃烧状态

自然界的天然气水合物主要分布于陆地永久冻土区和海洋深部的地层孔隙中[2]（图 1.3[3]）。统计研究表明，目前全世界已经发现了 230 多处天然气水合物藏[4]，仅海洋地层孔隙中赋存的天然气水合物资源储量就可达 2×10^{16} m³，其有机碳的含量是煤炭、石油和天然气等化石燃料碳总量的两倍[5]。标准状况下，1 m³ 的天然气水合物分解可产生 164 m³ 的天然气和 0.8 m³ 的水[6]。与煤炭、石油等传统的高碳能源相比，在相同当量下，天然气水合物分解释放出的甲烷气体的燃烧热更高，燃烧后的产物中所含污染物的比例更低[7]，而且天然气水合物分解产生的水也可成为未来重要的淡水资源[8]。因此，天然气水合物具有分布范围广、资源储量丰富、清洁高效等优点，被认为是 21 世纪最有前景的替代能源之一[9-12]。

大力开发这种新型清洁能源,对于缓解世界能源供给压力、改善大气环境和解决淡水资源短缺等问题具有十分重要的意义。

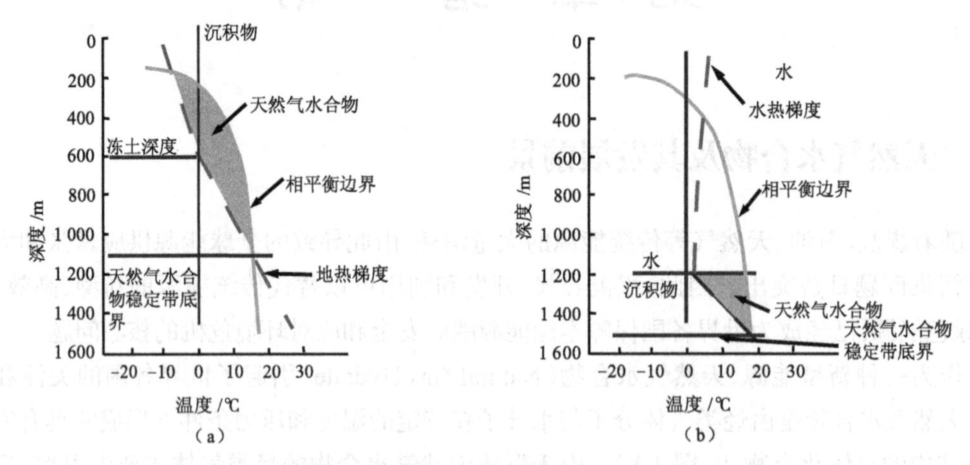

图 1.3　自然界天然气水合物存在的相图

（a）陆地冻土区天然气水合物存在相图　（b）海洋地层天然气水合物存在相图

近年来的勘探结果表明,在我国的南海和青藏高原陆地冻土区储藏有丰富的天然气水合物资源。随着我国经济的快速发展和工业化水平的显著提高,对能源的需求量和消耗量与日俱增。但是富煤、贫油、少气的资源状况和长期以来形成的以煤炭为主体的能源消费结构,使我国正在遭受大气环境污染和油气资源对外依赖程度日益加深的双重困扰。因此,如果能实现天然气水合物资源的商业化开采和合理开发利用,对于我国减少大气环境污染、降低能源对外依赖程度、调整能源结构、保障能源战略安全以及保持经济可持续发展具有十分重要的意义。《中华人民共和国国民经济和社会发展第十三个五年规划纲要》已明确将天然气水合物资源勘探与商业开采列入能源发展重大工程,计划在 2030—2050 年实现商业化开采。

1.2　国内外天然气水合物的研究历程

根据各个时期研究内容的不同,可以把世界各国对有关天然气水合物的研究主要分为以下四个阶段。

（1）第一阶段：1810 年,世界上首例水合物合成试验由英国科学家 Davy 在实验室内完成,并于第二年在其论著中首次提出了“气水合物”（Gas Hydrate）一词[13]。1823 年，Faraday 又在实验室内成功合成了氯气水合物,并较为详细地阐述了它的性质。1884 年，Roozeboom 提出了合成天然气水合物的相平衡理论。1888 年,在前人研究的基础上，Villard 采用 CH_4、C_2H_6、C_2H_4 以及 C_2H_2 作为气源介质,在实验室陆续合成了以上各种气体类型的水合物。1919 年，Scheffer 和 Meijier 利用建立的 Clausius-Clapeyron 方程（克劳修斯 - 克拉珀龙方程）对水合物的微观结构进行了详细分析[14]。这一阶段的研究属于水合物研究的初级阶段,主要集中于采用室内试验研究和理论研究的方法,探讨水合物合成的温压条件、哪些气体可以合成水合物以及不同种类气体合成的水合物的性质。

（2）第二阶段：进入20世纪30年代初，在天然气输气管线中经常会有天然气水合物生成，并因此造成管道堵塞，有关天然气水合物工业应用方面的研究逐渐成为科学家的研究重点。1934年，Hammerschmidt对天然气水合物生成后引起的管道堵塞问题进行了较为系统的研究，并对得到的相关数据进行了详细的分析[15]。正是这项研究开启了天然气水合物研究的新篇章，吸引了更多的科技工作者将注意力转移到天然气水合物合成的相平衡条件及其性质与工业生产相关联方面的研究。1942年，Carson和Katz对富含烃类气体的水合物的四相平衡条件进行了研究，并应用X射线对水合物的结构进行了分析[16]。这一阶段的研究主要是探讨天然气水合物生成的相平衡条件（尤其是合成温度在冰点以上时）与工业生产的关联性，并利用化学、热力学等相关理论和方法来抑制输气管道内天然气水合物的生成，从而保证天然气的正常输送。

（3）第三阶段：1968年，苏联在西西伯利亚北部的麦索亚哈气田发现了天然气水合物，并在1971年开采出了水合物分解产生的天然气，这是目前世界上唯一一个实现了工业化开采的陆地冻土区天然气水合物藏[17]。1972年，美国在阿拉斯加北部陆坡首次钻取了天然气水合物岩心，这是世界上首次从冰胶结永冻层中获取天然气水合物样品[18]。同年，科学家在加拿大的马更些三角洲也发现了天然气水合物的存在[19]。与此同时，世界各国亦开展了海洋天然气水合物的勘探工作。1968年，美国的深海钻探计划（DSDP）正式开始实施，其后由于取得了丰硕的成果，吸引了苏联、德国、日本、英国、法国等国家相继加入。从1983年开始，DSDP进入大洋钻探计划（ODP）的新阶段，到2003年ODP结束后，一个规模更加庞大的综合大洋钻探计划（IODP）正式开始实施。IODP的实施，促使针对天然气水合物藏的勘探范围扩大到前期ODP无法达到的地区，同时也大大提高了钻探深度。IODP的开展，使科学家寻找到更多的天然气水合物资源的同时，也发现了更多的深海油气资源。这一阶段的研究主要是将天然气水合物作为一种非常规能源进行大规模的勘探、调查和资源潜力评估。

（4）第四阶段：2002年，由美国、加拿大、日本以及德国等国开展的“Mallik-2002”多国合作项目在加拿大马更些冻土区成功进行了天然气水合物的试验性开采，这次原位试验证实了使用热激法进行天然气水合物开采的技术可行性[20-21]。随后在该区域继续进行的“Mallik-2007”项目则是采用注热与降压相结合的方法进行试开采，共生产6天，累计产气量为1.3×10^4 m^3。2012年，美国在阿拉斯加北部陆坡采用CO_2置换法进行了陆地冻土区的天然气水合物试开采，采气时间为30天，累计产甲烷气体2.4×10^4 m^3，日最大产气量达5 000 m^3[22]。2013年，日本采用降压法在其第二渥美海丘地区进行了世界上首次海域天然气水合物的试开采，在6天内共开采出1.2×10^5 m^{3}的天然气，后来由于出砂堵塞而被迫停止开采。2017年，日本又在该地区进行了第二次天然气水合物试开采，这次仍然使用降压法，共生产36天，累计采气量达2.35×10^5 m^3，最后还是因为出砂堵塞而被迫停止开采[23]。这一阶段的研究主要是在前期理论和技术积累的基础上，开始进行天然气水合物的原位试验性开采。

与国外的发展历程相似，我国的天然气水合物研究先后经历了基础研究（包括室内试验研究和理论研究)、天然气水合物资源勘探和评估以及原位试验性开采三个阶段。

(1)第一阶段:在1980—1995年,中国石油大学、中科院兰州冰川冻土研究所等根据水合物合成的相平衡条件,率先开展了天然气水合物合成的室内试验研究,并成功合成出了水合物样品[24]。在此后很长的时期内,国内研究人员主要是在收集资料和关注国外研究进展的同时,进一步深入开展了一系列有关水合物的实验室合成研究和理论研究。

(2)第二阶段:天然气水合物资源的勘探和评估,主要集中在南海海域和青藏高原等陆地冻土区。早在1998年,姚伯初就根据地球物理资料,推测出我国南海北部陆坡可能存在天然气水合物[25]。1999年,中国地质调查局正式开展了海洋天然气水合物资源勘探的工作。2001年,在我国台湾西南地区发现了证明有天然气水合物存在的海底模拟反射层(BSR)。2002年,国家专项规划《我国海域天然气水合物资源调查与评价》正式实施,标志着我国天然气水合物资源勘探工作进入一个新的发展阶段。2004年,广州海洋地质调查局通过与德国基尔大学的合作勘察,发现在我国南海东沙群岛附近海域也存在大量能够证明天然气水合物存在的重要标志。综合多年的研究成果,学者们根据成矿条件,在我国南海共划分出11个天然气水合物藏的远景目标区[26](表1.1),总面积达$(12.5\pm1.5)\times10^4$ km^2,并最终于2007年5月在南海北部神狐海域成功钻取了天然气水合物样品。

表1.1　南海天然气水合物藏远景目标区

区块	面积/($\times10^4$ km^2)	区块	面积/($\times10^4$ km^2)
台西南	2.4 ± 0.3	中建南	1.3 ± 0.2
东沙南	1.3 ± 0.2	万安北	0.7 ± 0.1
神狐东	0.7 ± 0.1	北康北	2.6 ± 0.3
西沙海槽	0.6 ± 0.1	南沙中	0.8 ± 0.1
西沙北	0.8 ± 0.1	礼乐东	0.7 ± 0.1
西沙南	0.6 ± 0.1	合计	12.5 ± 1.5

与此同时,我国也开展了陆地冻土区的天然气水合物资源勘探工作。根据天然气水合物的形成条件,研究者认为我国青藏高原的祁连山冻土带、羌塘盆地以及东北大兴安岭漠河盆地等地都可能存在天然气水合物[27-31]。2008年11月5日,在青海木里地区首次获取了天然气水合物样品。在随后的2009年5—10月,再次获取了天然气水合物样品,从而证实了我国祁连山冻土带存在天然气水合物,同时也使我国成为世界上第一个在中低纬度冻土带发现天然气水合物的国家[32]。根据上述勘探成果,绘制出了我国天然气水合物资源分布图[33]。通过对勘探结果和所获取的水合物岩心的分析,估算出在我国南海地区天然气水合物资源的储量约为6.435×10^{13} m^3[34],青藏高原陆地冻土区的储量为$(0.12\sim240)\times10^{12}$ m^3[35]。

(3)第三阶段:2011年,我国启动了为期20年的天然气水合物专项(2011—2030年),主要是在针对南海海域的天然气水合物富集区域做进一步资源潜力评估的同时,大力支持有关新开采方法和新型技术装备等方面的研究,从而为未来的原位试验性开采奠定基础。2017 年 5 月 18 日,我国开始使用降压法在南海神狐海域进行天然气水合物的原位试验性开采,此次开采共生产 60 天,累计获得甲烷气体 3.09×10^5 m^3,使我国成为世界上第一个在海洋地质环境下进行天然气水合物试开采并实现连续稳定产气的国家。

1.3　天然气水合物的开采方法

由于天然气水合物需要在高压、低温条件才能稳定存在,且其所在区域的地质条件较为复杂,与传统油气的储存环境截然不同,因此将现有传统油气资源的开采方法直接应用于天然气水合物的开采是不可行的,需要专门研究能够适合其存在的地质环境和温压条件的开采方法。近年来,世界各国科学家在此方面做了大量的研究工作,目前提出的开采天然气水合物的方法主要有热激法、降压法、CO_2 置换法、化学试剂法、固体法以及几种方法的联合等[22, 36-37]。不同的开采方法,虽然其开采的工艺流程不同,但本质都是以打破天然气水合物稳定存在的相平衡条件为基础,进而达到采收固体天然气水合物相变分解产生的甲烷气体的目的。其中,热激法通过从外界环境向水合物沉积层中输入热量来提高水合物沉积层的温度,使其高于当前储层孔隙压力对应的相平衡温度,从而采收固体天然气水合物相变分解产生的甲烷气体,如图 1.4(a)所示。目前提出的加热方式主要有注入热(盐)水或热蒸汽(注热法)、井下电磁加热、微波加热以及太阳能加热等[38-39]。降压法通过降低水合物沉积层的孔隙压力,使其低于当前储层温度对应的相平衡压力,从而使天然气水合物相变分解产生甲烷气体,如图 1.4(b)所示。置换法通过向水合物沉积层中注入比形成天然气水合物的相平衡条件更低的流体来置换其中的甲烷。目前,最具发展前景的是由日本学者 Ohgaki 等提出的 CO_2 置换法[40](图 1.4(c)),其既可以获取天然气水合物中的甲烷气体,又能将从大气中搜集的 CO_2 以固体水合物的形式封存在地层孔隙中,降低大气中的 CO_2 比例,缓解温室效应。化学试剂法通过向水合物沉积层中注入某些化学试剂(如甲醇、乙醇、盐水等),打破天然气水合物稳定存在的相平衡条件,使其相变分解,如图 1.4(d)所示。固体法通过机械方法对水合物沉积层进行挖掘,从而获取固体水合物颗粒,再采收天然气水合物分解产生的甲烷气体[41-43]。联合开采法是将各种开采方法进行有机结合,从而提高天然气水合物的开采效率,如注热 - 降压联合法、机械 - 注热联合法等[44]。在以上方法中,目前多数学者普遍认为热激法、降压法以及注热与降压相结合的开采方法是未来极具发展前景和技术优势的 3 种开采方法[45-47]。但是,由于注热 - 降压联合法涉及的影响因素多,而且天然气水合物的分解机理复杂,因此目前关于此方法的研究还没有像单一热激或降压开采方法那样大范围地开展,还有许多关键的技术环节需要进行更进一步的深入研究。

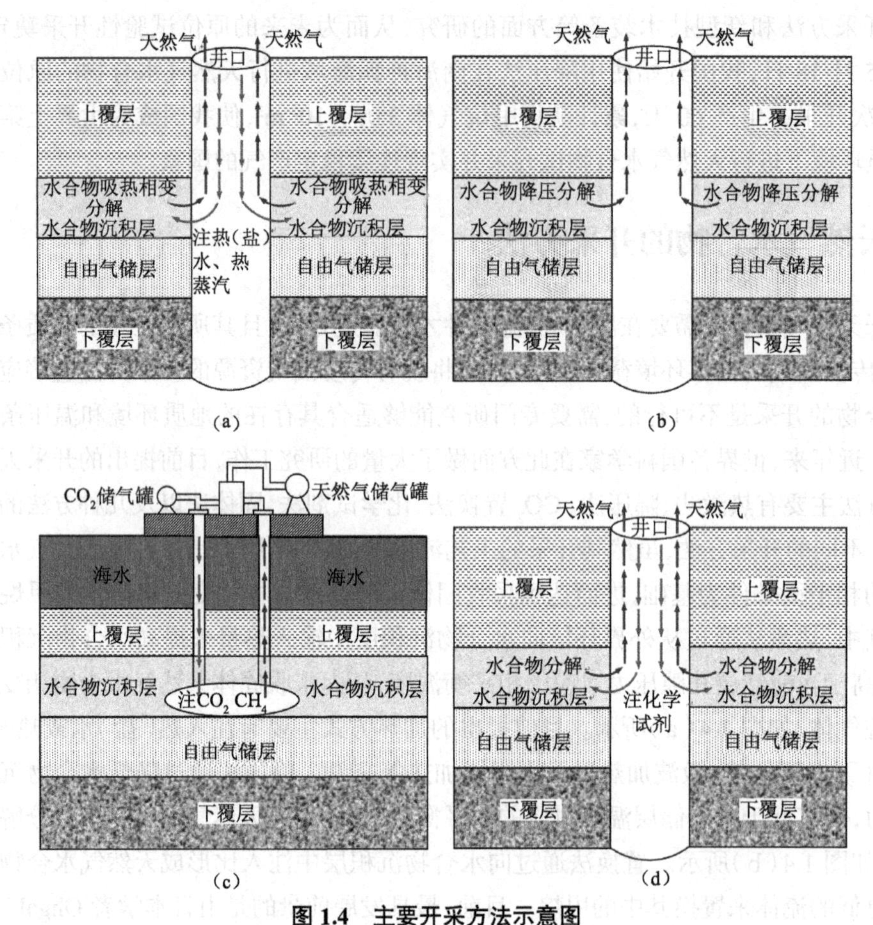

图 1.4　主要开采方法示意图

(a)热激法　(b)降压法　(c)CO_2置换法　(d)化学试剂法

1.4　天然气水合物分解对储层的影响及其热流力耦合作用关系

虽然天然气水合物在未来具有巨大的资源开发潜力和广阔的应用前景，且从技术层面来说，热激法和降压法已经具备了一定的可行性，但是在天然气水合物的开采过程中，水合物分解效应对水合物沉积层（又称储层）的影响以及由此引发的储层失稳破坏问题也是不容小觑的。

自然界的天然气水合物主要分布在由土质结构较松散的砂和黏土组成的地层孔隙中，并与周围的砂土胶结在一起形成水合物沉积层。在进行天然气水合物的注热或降压开采时，水合物分解效应对水合物沉积层的影响主要表现在以下 4 个方面：

（1）水合物分解吸收热量或外界环境向水合物沉积层注入热量，均会引起水合物沉积层温度的改变；

（2）水合物相变分解产生的水、气在储层孔隙中会形成较高的超静孔隙压力，在推动水、气渗流的同时，也会影响储层的传热效果和有效应力分布；

（3）水合物相变分解后，会导致其在沉积物骨架颗粒之间所起的胶结作用减弱（甚至消

失),从而造成水合物沉积层力学性质的劣化;

(4)水合物相变分解和地层有效应力的变化,会导致储层孔隙空间发生变化,从而使其渗透性发生改变。

以上4种表现,直接体现了水合物沉积层中的水合物分解过程是一个含相变的非等温的温度场、渗流场和变形场的三场耦合作用过程:水合物沉积层温度场的改变,会在固体骨架内部产生热应力、热应变,并促使孔隙流体的密度和黏滞性发生变化,从而影响固体骨架的变形和孔隙流体的渗流;孔隙流体渗流过程中的孔隙压力变化,会影响储层有效应力的分布和热量的传递效率,从而影响固体骨架的变形和温度场的分布;固体骨架的变形,会直接引起储层孔隙的变化和产生变形能,从而影响孔隙流体的渗流和温度场的分布。在热流力耦合作用下,对于由于水合物分解已经处于力学性质劣化状态的水合物沉积层,当其有效应力达到破坏强度时就会发生变形破坏。如对陆地冻土区的天然气水合物进行开采时,水合物沉积层发生变形破坏后,极易造成开采井井壁的坍塌、破裂和井涌等问题,从而增加钻井成本并使开采进程受到影响[48]。而在海洋地质环境下,则会引发海床塌陷、隆起以及海底滑坡等地质灾害[49-53],并最终造成海底电缆、石油钻井平台以及油气输送管道等一些工程设施的损坏。如果天然气水合物分解产生的大量甲烷气体进入大气或海水环境,则会加剧地球的温室效应[54-58](CH_4 的温室效应是 CO_2 的20倍[59-60])、抬升海平面、危害海洋生物种群的正常繁衍,甚至导致某些海洋生物的灭绝[61]。另外,在进行深海油气开采时,因高温油气管道穿过含天然气水合物地层而造成的水合物热分解[62-64],也有可能引起上述海洋地质灾害的发生。因此,研究水合物分解引起的储层变形破坏规律,可以为海洋天然气水合物开采或深海油气开采可能引起的海床塌陷、隆起、海底滑坡,以及陆地冻土区天然气水合物开采可能引起的井壁失稳破坏等问题的评估和预防提供参考依据,具有重要的理论意义和工程应用价值。

1.5　天然气水合物分解诱发储层变形破坏研究进展

多年来,关于天然气水合物开采方法和开采效率分析方面的研究一直是学者们讨论的焦点,而往往忽视了水合物分解过程中水合物沉积层温度场、渗流场和变形场的耦合(Thermo-Hydro-Mechanical Coupling)对储层稳定性的影响。直到近些年,因钻井引起的含水合物地层的井壁失稳破坏问题逐渐成为世界各国科学家关注的焦点,有关此方面的研究才陆续开展。但是,受天然气水合物赋存的地质条件的复杂性、试验成本以及可能引发的环境和地质灾害风险不可控等因素的制约,想要开展原位试验以便现场监测和观察天然气水合物开采过程中由于水合物分解而引起的储层变形破坏是很难实现的。因此,室内模型试验、理论研究和数值模拟就成为国内外学者普遍采用的方法和手段。

1.5.1　试验研究

张旭辉等[65-68]采用室内模型试验方法对水合物沉积层中因水合物热分解引起的相变

阵面扩展规律、热分解范围以及分解区储层可能发生的破坏模式进行了研究。结果表明：①在不考虑孔隙压力的条件下，热源与水合物沉积层之间的温度差是引起水合物热分解的主要因素，且温度差越大，水合物分解区扩展的范围越大；②水合物相变分解后，在使储层力学性质劣化的同时，产生的水、气形成的超静孔隙压力也会引起有效应力的降低，从而导致水合物沉积层力学承载力下降，并最终造成沉积层的沉降、坍塌、海底滑坡以及导致水合物沉积层上覆层的凸起、喷发等灾害的发生。

魏伟等[69]以黏质砂土作为试验材料，在考虑压力和水合物沉积层上覆层厚度影响的条件下，采用试验方法模拟了气体渗漏对海床表层土体的破坏作用。结果表明：①在一定的气体压力范围内，随着气体压力的升高，上覆层土体破坏区的厚度和宽度均线性增大，且上覆层呈现锥形的破坏形状；②影响土体破坏区范围的主要因素是上覆层厚度，且这个厚度存在一个临界值，小于该临界值时，破坏区范围随厚度的增加而增大，大于该临界值时，则相反。

张怀文等[70]采用超声波测试方法，研究了含氯化钠和乙二醇水合物热力学抑制剂的钻井液侵入含水合物地层的过程。结果表明：①与未含抑制剂的钻井液相比，两类含水合物热力学抑制剂的钻井液在侵入含水合物地层的过程中，地层中水合物的分解更加明显，但并不是匀速的；②含氯化钠成分的水合物热力学抑制剂的钻井液比含乙二醇成分的水合物热力学抑制剂的钻井液更能促进水合物的分解，且随着其在钻井液中浓度的增加，前者对地层扰动的程度更大。

1.5.2　含水合物沉积物本构模型

Miyazaki 等[71]结合水合物饱和度和有效围压对含水合物沉积物力学参数影响的试验结果，基于 Duncan-Chang 模型建立了含水合物沉积物的非线性弹性本构模型，利用该模型可计算得到含水合物沉积物的强度、割线模量、侧向应变、初始剪切模量等参数，非常便于与有限元程序结合。只是随着所研究的沉积物试样的不同，模型中的参数略有差别。

Sultan 等[72]将水合物饱和度作为状态参量，基于临界状态模型（Critical State Model），建立了含水合物沉积物的弹塑性本构模型。一方面，该模型可反映含水合物沉积物的弹性模量、剪切模量、强度以及剪胀角随着水合物饱和度的增大而增大；另一方面，该模型还可以反映含水合物沉积物的应变软化行为随着水合物饱和度的增大而越加明显。

Uchida 等[73]建立了考虑水合物饱和度影响的含水合物沉积物临界状态模型。该模型考虑了体积屈服、水合物填充孔隙后引起的含水合物沉积物黏聚力、剪胀角和刚度提高现象，剪切变形引起的应变软化行为，应力 - 应变的非线性关系，水合物分解导致的应力松弛现象等，故模型的屈服函数含有 6 个变化量。该模型可以认为是临界状态模型的简单扩展，虽然能够准确地反映含水合物沉积物的应力 - 应变关系，但是它的适用性还需要更多的试验数据来支撑。

杨期君等[74]假定在沉积物骨架颗粒之间水合物颗粒只以接触模式赋存，分别采用弹塑性本构模型描述沉积物骨架的破坏和弹性损伤模型描述水合物的胶结破坏，建立了含水合物沉积物的弹塑性损伤模型，并利用不同饱和度的含水合物沉积物的室内三轴排水试验对模型的合理性进行了验证。

吴二林等[75]受到确定冻土材料等效弹性常数思想的启发，将含水合物沉积物看作复合材料，基于混合律理论和损伤力学理论，推导得到了含天然气水合物沉积物的弹性损伤模型和损伤变量的计算公式，并将模型的计算结果与试验结果进行了对比。结果表明，该模型可以很好地反映在载荷作用下，含水合物沉积物应力 - 应变曲线的变化规律，具有很好的可行性和实际应用性。之后，吴二林等[76]又假设含水合物沉积物的微元强度按 Weibull 规律分布，使用 DP(Drucker-Prager)准则作为判定试样破坏的强度准则，建立了含水合物沉积物的损伤统计本构模型。通过与已有试验结果的对比，发现该模型可以很好地体现载荷作用下含水合物沉积物应力 - 应变曲线的变化规律，与试验曲线的吻合度较高。

刘乐乐等[77]在假设组成含水合物沉积物的各相满足各向同性和均匀性条件的基础上，应用复合材料的混合律理论，建立了可用于估算含水合物沉积物等效弹性模量和泊松比的细观力学混合律模型，基于损伤力学理论和摩尔 - 库伦准则，对原有的含水合物沉积物损伤本构模型进行了改进，并将改进后的模型的计算结果与含水合物沉积物的三轴剪切试验结果进行了对比。结果表明：①随着水合物含量和有效围压的增大，含水合物沉积物的力学性能得到加强；②改进后的模型可以很好地模拟因水合物含量增加引起的含水合物沉积物的应变软化现象。

颜荣涛等[78]将含水合物沉积物看作由土颗粒和水合物组成的复合材料，建立了能够较好反映围压、水合物饱和度及其不同赋存模式对含水合物沉积物力学强度影响的数学模型。该模型可以在一定程度上体现上述三个因素对含水合物沉积物力学强度的影响，但由于其忽略了水合物的摩擦特性(即认为水合物的摩擦角为零)，因此在有些条件下利用该模型计算得到的结果与试验结果之间会存在较大的误差，模型的适用性还有一定的局限性。

蒋明镜等[79-80]在考虑天然气水合物在沉积物骨架颗粒之间所起的胶结作用的基础上，分别建立了反映水合物胶结厚度对含水合物沉积物力学特性影响的本构模型和考虑温度、压力对胶结作用影响的含水合物沉积物二维微观胶结模型。两个理论模型皆从微观角度出发，在考虑水合物胶结作用和饱和度影响的前提下，可用来计算含水合物沉积物的强度和刚度。之后，蒋明镜等[81]又在对原有结构性砂土损伤理论进行修正的基础上，通过参数反演确定了含水合物沉积物的初始屈服系数与水合物饱和度之间的关系，从而建立了含水合物沉积物的弹塑性本构模型。该模型可以很好地反映含水合物沉积物的剪切强度、峰值强度、割线模量等力学参数随水合物饱和度的增加而增大，具有较好的适用性。

1.5.3　热流力耦合模型及数值模拟

Freij-Ayoub 等[82]考虑热传导、孔隙流体渗流和地层岩石骨架的变形，建立了钻井液侵入过程中含水合物地层井壁稳定的热流力耦合模型和岩石骨架的弹性本构模型，对 5 种不同工况下含水合物地层和不含水合物地层井壁的稳定性进行了数值模拟分析。结果表明，钻井液温度高于储层温度 5 ℃，引起水合物分解后，会使近井储层的屈服区域增大 32%，加热 0.5 h 后，屈服区域增大 87%。该模型在模拟水合物分解引起的储层力学参数变化和针对不同工况下的高温钻井液侵入含水合物地层井壁的稳定性评估方面是非常有意义的。

日本学者 Kimoto 等[83-84]综合考虑化学场、温度场与变形场之间的耦合作用，建立了质量守恒方程、动量守恒方程和能量守恒方程，作为描述水合物分解引起海床变形的数学模型，模型中采用黏弹塑性模型描述土体的力学行为。该模型考虑了基质吸力和水合物饱和度的共同影响。数值模拟结果表明，水合物分解产生的水、气引起的储层有效应力降低和力学性质劣化是引起海床变形的两个主要因素，并且降压分解引起的沉降量要大于注热分解。

宁伏龙[48]建立了钻井液侵入过程中考虑水合物分解和渗流作用影响的水合物沉积层井壁稳定流固耦合模型，对水合物分解过程中井壁的稳定性进行了有限元分析。结果表明，就含水合物地层来说，钻井液侵入和水合物分解会使地层的孔隙压力增大、有效应力减小，从而促使井壁周围的围岩极易发生变形破坏。

Rutqvist 等[85]建立了考虑温度和水、气渗流作用对水合物沉积层变形影响的部分耦合模型，对水合物热分解条件下管道周围水合物沉积层土体的稳定性进行了数值模拟分析。结果表明：①水合物加热分解后，管道周围越松散和越具有压缩性，越容易发生坍塌；②水合物降压开采后，对黏土质的水合物沉积层影响较大，在这种类型土体之上的海床上安装生产结构和设施时需要特别注意，并且增大结构的自身重量可以增强土体的稳定性；③降压开采过程中，土体的参数在空间上是非均匀分布的。

刘乐乐等[86]建立了一维多孔介质的水合物降压分解数学模型，采用 IMPES 方法对模型进行求解后，运用 C 语言编制程序进行数值模拟，研究了出口压力、环境温度和绝对渗透率三个因素对以粉细砂作为固体骨架的储层变形影响的敏感程度。结果表明：①出口压力越低，固体骨架的变形越大，变形完成需要的时间越长；②环境温度和绝对渗透率对固体骨架变形量的影响不明显，但影响变形完成的时间。随后，刘乐乐等[87]又建立了一维条件下的水合物降压 - 加热分解模型，对水合物降压 - 加热分解过程中储层分解区的时空演化规律进行了数值模拟分析。结果表明：①降压和加热分解相变阵面的传播距离均与时间的平方根成正比；②分解区演化过程受气体渗流和热传导特征时间比值的控制；③储层中降压分解区的范围远大于加热分解区的范围；④热传导效应控制水合物分解效率，水合物开采效率低下的首要问题是传热效率低下。

吴二林等[88]基于多场耦合理论建立了天然气水合物分解的热流力耦合模型和弹性本构模型，并利用自主开发的有限元程序对注热和降压两种工况下水合物分解引起的土体变形进行了数值模拟分析。结果表明：①降压分解条件下固体骨架的变形量更大，但注热分解条件下储层孔隙压力的增大幅度更大；②传热过程控制着水合物的分解效率。

孙翔[89]建立了考虑水合物相变分解影响的含水合物沉积物热流力耦合模型和基于能量耗散理论的临界状态的本构模型，并分别对钻井温度升高引起的水合物热分解和降压开采条件下储层土体的变形及应力分布规律进行了数值模拟分析。结果表明：①在相同的降压条件和注热条件下，不同地层表现出来的力学行为是不同的；②水合物分解会引起储层的应力释放和体积收缩，改变储层的渗透性，并造成地层的沉降变形和应力的非均匀分布。

万义钊等[90]综合考虑温度场、渗流场、变形场以及化学场之间的耦合作用，利用建立的三维地质模型和弹性本构模型,对降压开采条件下储层的物性参数演化规律、沉降变形规律以及应力分布规律进行了数值模拟分析。结果表明:①储层的沉降量和沉降速度与储层的渗透率和压力的下降幅度呈正相关的变化关系,且沉降变形主要发生在降压开采的早期;②近井储层有效应力增大最为明显,极易发生剪切破坏。

李令东等[91]针对钻井液侵入含水合物地层引起的水合物热分解问题,建立了考虑受传热、渗流和储层力学性质变化等因素影响的含水合物地层井壁稳定性模型,对不同温度条件下近井储层的水合物饱和度、弹性模量和黏聚力的分布规律以及稳定性进行了分析。结果表明,水合物热分解引起的储层力学性质劣化是导致地层发生屈服失稳的主要因素,低温钻井液更有利于确保井壁的稳定。

程远方等[92]基于建立的天然气水合物降压分解模型,利用自主开发的有限元程序对不同温度和不同出口压力条件下储层的温度、压力、水合物饱和度和储层有效孔隙度的分布及变化规律进行了数值模拟分析。结果表明:①储层温度和出口压力是影响水合物降压分解的两个重要因素;②分解前缘处温度降低,水合物降压分解是一个吸热过程。

沈海超[93]建立了天然气水合物降压开采流固耦合模型,并利用自主开发的有限元软件对天然气水合物降压分解过程中近井储层的物性参数、应力状态的分布规律、分解区储层的稳定性以及产气效率进行了数值模拟研究。结果表明,水合物分解效应、流固耦合作用和井眼效应共同影响近井储层的应力状态及物性参数,但影响的程度和范围不同,其中水合物分解是引起储层物性参数下降的主要因素,流固耦合作用则对参数的下降起抑制作用。

蒋明镜等[94]采用离散元数值模拟方法,探讨分析了反压对含水合物沉积物力学性质的影响机理和影响规律,并对所提机理的可信性进行了检验。结果表明:①不能忽略反压对含水合物沉积物强度和变形的影响;②反压的变化会引起含水合物沉积物的强度参数和弹性参数的变化。

宁伏龙等[95]采用数值模拟方法,对钻井液侵入海洋含水合物地层时,钻井液温度、密度、含盐量以及侵入时间四个因素对水合物沉积层的水合物饱和度、气饱和度、水饱和度以及含盐量的影响规律进行了分析。结果表明,设计合适的钻井液是确保对含水合物地层安全钻探的关键因素,再综合考虑地层的物性参数(如渗透性、孔隙度、水合物饱和度等),可为井壁的稳定性评估提供理论基础。

周丹等[96-97]在考虑水合物分解引起储层力学性质劣化的情况下,利用自主开发的有限元程序,分别对水合物分解过程中海底边坡和桩基础的稳定性与变形规律进行了数值模拟分析,得到了水合物分解过程中海底边坡的位移规律以及桩基础的应力和变形规律。结果表明,水合物分解引起的储层力学性质劣化是引起滑坡和桩基础发生位移的主要原因。

王淑云等[98]用ABAQUS软件对水合物分解过程中海底管道及其周围土体的应力和位移的分布及变化规律进行了数值模拟分析,研究了管道和土体的变形随水合物分解区范围的变化规律。结果表明,水合物相变分解后,对管道、地层的变形以及应力的分布产生显著的影响,并且随着分解区范围的增大,管道和地层的变形逐渐增大,直至管道最后发生失稳。

张大平[99]对钻探取心过程中因含水合物地层受到扰动引起的水合物分解以及由此诱发的储层塑性破坏问题进行了数值模拟分析，基于得到的塑性区范围与力学参数之间的关系，最终确定了储层塑性区范围与钻井压力二者之间的关系。

鲁力等[100]在给定上覆层厚度的情况下，对水合物分解引起的水合物沉积层上覆层的变形规律进行了分析。结果表明，当发生水合物分解的范围小于临界值时，海床的滑动变形并不显著；而大于临界值时，海床会突然发生滑动。

王晶等[101]使用 FLAC3D 软件建立了三维土体模型，对天然气水合物开采过程中不同因素对开采井周围土体变形破坏的影响规律进行了分析。结果表明：①土层的倾角越大，水合物分解区土体的变形越大；②水合物分解区的范围越大，储层发生的沉降变形越大，当分解区的范围超过临界值时，井筒周围土体发生剪切破坏。

1.6 含水合物沉积物渗透率研究进展

在进行天然气水合物的开发前，含水合物沉积物的渗透率是一个需要确定的重要基础参数[102]。清楚地了解含水合物沉积物的渗透率影响机理是准确评估水合物藏的产气潜力，并且在未来实现大规模商业化开采的一个关键前提。事实上，在天然气水合物的分解过程中，含水合物沉积物的渗透率变化规律不但是分析水合物相变分解产生的水、气在储层孔隙通道中的渗流效应的重要依据，而且也是揭示水合物分解区储层的热流力耦合作用机理、建立 THM 耦合模型以及研究热流力耦合作用下分解区储层变形破坏规律的关键环节。

目前，国内外学者主要采用实验室人工合成含水合物沉积物，并进行有关含水合物沉积物渗透率方面的研究。Tohidi 等[103]采用有机玻璃作为多孔介质骨架，分别合成了四氢呋喃、甲烷和 CO_2 水合物，并对三种类型水合物在多孔介质孔隙中的合成过程和赋存状态进行了分析。结果表明，上述三种类型的水合物主要以占据孔隙中心的模式存在于固体骨架颗粒形成的孔隙中，但在小尺寸颗粒之间则主要以胶结模式存在，即使水合物的饱和度较大，其与固体骨架颗粒之间仍存在一层薄薄的水膜。

Kerkar 等[104]使用粒径为 500 μm 的玻璃珠制备了孔隙尺寸均匀的多孔介质，并采用电子计算机断层成像（CT）技术研究了四氢呋喃水合物在多孔介质中的生成模式。结果表明，水合物在多孔介质孔隙中主要以占据孔隙中心的模式存在，在水合物与玻璃珠之间存在一层水膜。

Seol 等[105-106]合成了直径为 37.8 mm、长度为 90 mm 的含水合物沉积物试样，并应用 CT 扫描技术测量了多孔介质的孔隙度、水合物相和液相在多孔介质中的饱和度。结果表明，水合物和孔隙水在多孔介质孔隙中的分布是非均匀的，孔隙水的流动主要集中在水合物饱和度较低的位置。此外，用 TOUGH 软件中的倒置模型得到了含水合物多孔介质的相对渗透率。

Kumar 等[107]利用自主研制的高压容器（最大压力为 9 MPa、最大容积为 86.1 mL），以粒径范围为 0.09~0.15 mm 的玻璃珠作为多孔介质，进行了 7 种不同初始含水饱和度的含

CO_2 水合物沉积物的合成与绝对渗透率测试,研究了多孔介质的绝对渗透率与不同饱和度 CO_2 水合物的变化关系。结果表明,当初始含水饱和度小于 35% 时，CO_2 水合物主要在玻璃珠表面生成;而当初始含水饱和度大于 35% 时，CO_2 水合物则主要以占据孔隙中心的模式生成。

宋永臣等[108-109]自主研制了含水合物沉积物合成与渗透率测试一体化装置,采用两种平均粒径分别为 0.11 mm 和 0.22 mm 的玻璃砂模拟沉积层,研究了含水合物沉积物的渗透率随不同饱和度甲烷水合物的变化规律,将试验结果与理论模型的计算结果进行对比后,确定了水合物在多孔介质孔隙中的生成方式。结果表明:①对于平均粒径大于 100 μm 的沉积物骨架颗粒,传统的 Kozeny-Carman 公式需要进行修正;②水合物在沉积层孔隙中主要以占据孔隙中心的模式生成,在水合物饱和度小于 25% 时,含水合物沉积物的渗透率与水合物饱和度之间呈负指数规律变化,大于 25% 时则不同。

第2章 天然气水合物分解渗流试验

在进行天然气水合物的开发前,研究水合物相变分解过程中储层的温度和孔隙压力变化规律以及孔隙流体的渗流规律是有关水合物开采方面研究的重要基础课题之一。在本章中,首先利用自主研制的水合物合成与分解试验一体化装置,分别进行天然气水合物注热和降压分解试验,研究不同分解条件下储层的温度和孔隙压力分布及变化规律;然后利用自主研制的含水合物沉积物合成与渗透率测试一体化装置,进行含不同饱和度甲烷水合物砂土沉积物的渗透率试验,研究水合物饱和度及其赋存模式对含水合物沉积物渗透率的影响机理;之后利用自主研制的含水合物沉积物合成与三轴渗流试验一体化装置,分别进行加载和卸载条件下不同饱和度含水合物沉积物的渗透率测试,探讨有效体积应力和水合物饱和度对含水合物沉积物渗透率的影响机理;最后对不同饱和度含水合物沉积物的应力敏感性进行分析。

2.1 天然气水合物合成与分解试验

2.1.1 天然气水合物分解的温压条件分析

自然界天然气水合物的形成需要高压低温、充足的气源和水源以及可供水合物生长的孔隙空间三个必备条件。因此,按照赋存的地质条件不同,天然气水合物可分为海洋天然气水合物和陆地冻土区天然气水合物。在两种不同的赋存条件下,天然气水合物存在的温度和压力条件是不同的。一般来说,由于海底地层的温度较高,需要较高的压力才能使天然气水合物保持稳定,因此海洋天然气水合物主要赋存在深海地层孔隙中,压力是控制其形成及稳定存在的主要因素。而陆地冻土区的天然气水合物则在较低的温度和压力条件下就可形成,水合物藏赋存距地表较近,且地层孔隙中常伴随有冰相,因此温度是控制其形成及稳定存在的主要因素。

图 2.1 为天然气水合物分解的相平衡原理图。可以看出,当赋存天然气水合物的环境温度和压力值位于相平衡曲线的上方时,天然气水合物处于稳定存在的状态;当温度和压力值位于该曲线的下方时,天然气水合物则会分解。

在保持压力恒定的条件下,如果环境温度高于该压力对应的相平衡温度,天然气水合物将会发生热分解。如图 2.1 所示,设稳定区中的点 A (P_A, T_A) 为天然气水合物的初始压力和初始温度状态,则压力 P_A 对应的相平衡温度为 T_B;如果此时提高水合物的环境温度至 T_C ($T_C > T_B$),则该温度对应的相平衡压力应为 P_C;但是此时环境的真实压力仍然为 P_A,只是天然气水合物存在的状态从 A 点移动至 D 点,且由于 $P_C > P_A$,故水合物将发生热分解。

在保持温度一定的条件下,如果环境压力低于该温度对应的相平衡压力,水合物将会发生降压分解。如图 2.1 所示，设稳定区中的点 $E\,(P_E,T_E)$ 为天然气水合物的初始压力和初始温度状态，则温度 T_E 对应的相平衡压力为 $P_C(\,T_C=T_E\,)$；如果此时降低水合物的环境压力至 P_D，则该压力对应的相平衡温度应为 T_B；但是此时环境的真实温度仍然为 T_E，只是水合物存在的状态从 E 点移动至 D 点，且由于 $T_D>T_B$，故水合物将发生降压分解。

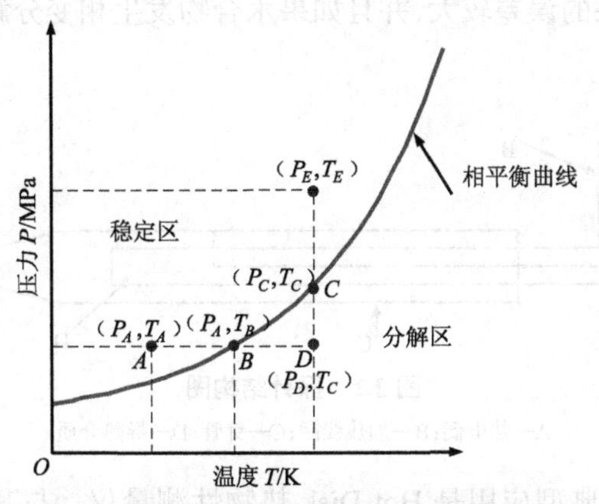

图 2.1　天然气水合物分解的相平衡原理图

2.1.2　天然气水合物的热物理性质

天然气水合物的相变分解是一个吸热反应过程，直接影响水合物沉积层热量的传递效率和温度的分布，从而影响水合物的分解效果和分解区的扩展规律。因此，为了分析热流力耦合作用下分解区的变形破坏规律，含水合物地层的热物理性质是首先需要掌握的一个关键基础信息。含水合物沉积物是由纯水合物、沉积物骨架、气体和水(液态水或冰)等组成的多相介质混合体，其热物理性质直接取决于各相的热物理性质。研究天然气水合物的热物理性质是十分必要的。

1. 天然气水合物的导热系数

在天然气水合物的开发过程中，水合物的导热系数是一个重要的基础参数。一方面，可以利用导热系数来确定水合物沉积层中天然气水合物的分布区域和水合物沉积层的厚度；另一方面，导热系数还直接影响水合物沉积层内部的传热效果，从而影响水合物的分解效率。此外，导热系数还影响钻井时钻井液的温度、压力等参数的选取以及开采方案的制订 [110-112]。

但是，由于天然气水合物的稳定存在需要高压低温条件，这使水合物导热系数的测量难度增加。近些年来，随着先进的测量仪器和测量方法的不断出现，科学家才陆续开展水合物导热系数的测量试验研究。目前，测量天然气水合物导热系数的方法可分为稳态法和非稳态法 [113-114]。

稳态法是根据傅里叶定律，在相同的边界条件下，保持被测介质内任意测量点的温度都不随时间发生变化。但由于该方法的测量时间周期较长，因此不利于对天然气水合物的测量。

非稳态法主要采用探针法和瞬态平板热源法。对于导热系数较低的多孔介质的测量常采用探针法。在针管内含有导热介质，在导热介质内布置有加热线圈和热电偶，探针结构如图 2.2 所示。进行测量时，根据某一时间间隔内电流对应的输入功率和探针温度的变化，就可得到导热系数，所以该方法非常适用于测量导热率较低的介质 [115]。但测量过程中由于接触热阻的影响，会使结果的误差较大，并且如果水合物发生相变分解，其相变潜热也会影响测量的精度。

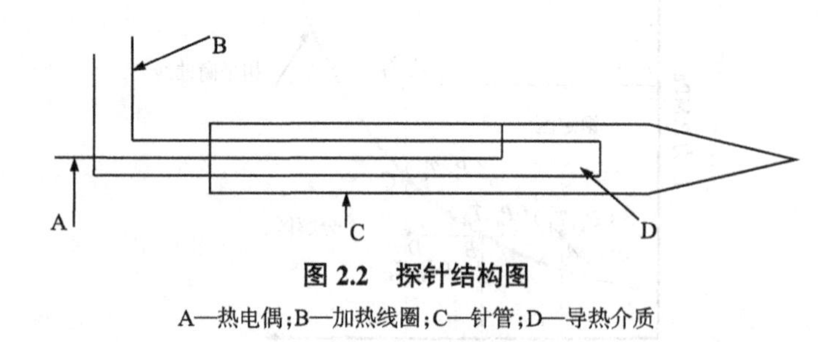

图 2.2 探针结构图

A—热电偶；B—加热线圈；C—针管；D—导热介质

瞬态平板热源法的典型应用是 Hot Disk 热物性测量仪。与其他测试方法相比，Hot Disk 热物性测量仪的优势更加明显：一是测量时只需要知道从探头传递到被测介质中的热量值即可，无须等到温度在被测介质内形成梯度；二是双螺旋形的探头结构可使 Hot Disk 热物性测量仪与被测介质的接触效果更好，测量效果更加直接，并可通过数据处理消除接触热阻产生的误差。因此，Hot Disk 热物性测量仪具有测量速度快、精度高的优点。但需要注意的是，其测量过程中要保证探头双螺旋结构外层保护膜的完好和避免热源温度传导到介质的外边界。

有关水合物导热系数测量方面的研究主要集中于室内试验研究。1979 年，Stoll 等 [116] 对丙烷水合物的导热系数进行了测量。他们采用的是非稳态法，首先在合成后的水合物中插入温度探头，然后对探头两端进行通电加热，通过调整电压大小得到温度对水合物导热率的影响规律，进而得到导热系数。在压力为 1 MPa、温度为 275.15 K 的条件下，测得丙烷水合物的导热系数为0.393 W/(m·K)；在保持温度不变，压力调整为 10 MPa 的条件下，测得丙烷水合物的导热系数为0.4 W/(m·K)。Cook 和 Leaist 等采用稳态平板法测量了不同结构水合物的导热系数，其值都在0.5 W/(m·K)左右；随后，Ross 和 Andersson 等测得氧杂环戊烷水合物在压力为 10 MPa、温度为 270 K 的条件下的导热系数为0.53 W/(m·K) [117]。2002 年，Waite 等 [118] 测得在不同压力条件（0~30 MPa）下，纯甲烷水合物的导热系数为 0.3~0.38 W/(m·K)。2006 年，Gupta 等 [119] 在温度为 277.15~279.15 K 的条件下，测得甲烷水合物的导热系数为 0.25~0.58 W/(m·K)。2004 年，黄犊子等 [120] 测得不同温度条件下 HCFC-141b（一氟二氯乙烷）和 CFC-11（一氟三氯甲烷）两种制冷剂水合物的导热系数，发现在温度为 250 K 时，导热系数基本保持在0.5 W/(m·K)左右。2005 年，彭浩等 [121] 采用瞬态平面热源法测得了常压、温度为 233.15~273.15 K 的条件下，四氢呋喃水合物的导热系数为 0.45~0.54 W/(m·K)。2009 年，陈灵等 [122] 在常压、温度为 273.15 K 的条件下，利用热探针法测得四氢呋喃水合物的导热系数为0.509 3 W/(m·K)。2011 年，李栋梁等 [123] 采用瞬态平板热源法测得当甲烷水合物的孔隙度为零时的导热系数约为0.7 W/(m·K)。2013 年,陈文胜等[124]采用瞬态热线法测得纯甲烷水合物和瓦斯水合物的导热系数分别为0.56 W/(m·K)和0.546 W/(m·K)。2015 年,杨磊等[125]使用热敏电阻法测得四氢呋喃水合物的导热系数为0.526 W/(m·K)。

以上研究结果表明,水合物的导热系数与水合物的结构有关,而与具体是何种水合物关系不大。在压力较低且温度不超过 300 K 的条件下,水合物的导热系数基本在 0.4 ~ 0.6 W/(m·K)范围内波动[126]。

此外,水合物的密度、压力和温度也是影响水合物导热系数的主要因素。在密度为 400~600 kg/m³ 范围内,水合物的导热系数与其密度之间的关系近似满足经验方程(2.1)。在一定的温度范围内,水合物的导热系数随温度的升高而减小,压力为 10 MPa、密度为 440 kg/m³ 的天然气水合物的导热系数与温度之间的关系近似满足方程(2.2)。温度为 243 K、密度为 650 kg/m³ 的天然气水合物的导热系数与压力之间的关系则近似满足方程(2.3)。

$$\lambda_h = -0.21 + 8.33 \times 10^{-4} \rho_h \tag{2.1}$$

$$\lambda_h = 0.897 - 2.67 \times 10^{-3} T \tag{2.2}$$

$$\lambda_h = 0.237 + 1.1 \times 10^{-8} P \tag{2.3}$$

式中　λ_h——水合物的导热系数,W/(m·K);

ρ_h——水合物的密度,kg/m³;

T——温度,K;

P——压力,MPa。

由式(2.1)和式(2.3)可知,天然气水合物的导热系数随密度和压力的增大而增大,但是增大的幅度较小。由式(2.2)可知,天然气水合物的导热系数随温度的升高而降低。

事实上,由于天然气水合物并不是独立存在的,而是赋存在以沉积物作为骨架的多孔介质的孔隙中,因此以含水合物沉积物的导热系数来评估天然气水合物的分解效果具有更加现实的指导意义。含水合物沉积物的导热系数受沉积物骨架的组分及含量、孔隙流体的组分及含量、水合物饱和度及其赋存模式、储层的温压条件以及地层构造等因素影响,故不同储层的含水合物沉积物的导热系数是不同的[127]。鉴于天然气水合物存在的地质条件的复杂性,目前采用试验方法对含水合物沉积物的导热系数进行原位测量还具有相当大的技术难度。因此,以混合物质的表观导热系数作为材料综合导热性能的评价基准,学者们采用理论方法建立含水合物沉积物的有效导热系数模型。几种常见的有效导热系数的理论模型见表 2.1。

表 2.1　有效导热系数的理论模型

模型名称	数学公式
平行模型	$\lambda_{eff} = (\lambda_h S_h + \lambda_g S_g + \lambda_w S_w)\varphi + \lambda_s (1-\varphi)$
连续模型	$\lambda_{eff} = \left[(\frac{S_h}{\lambda_h} + \frac{S_w}{\lambda_w} + \frac{S_g}{\lambda_g})\varphi + \frac{1-\varphi}{\lambda_s} \right]^{-1}$

续表

模型名称	数学公式
离散模型	$\lambda_{eff}=\lambda_h^{\varphi S_h}\cdot\lambda_w^{\varphi S_w}\cdot\lambda_g^{\varphi S_g}\cdot\lambda_s^{1-\varphi}$
平方根模型	$\lambda_{eff}=\lambda_h\sqrt{\varphi S_h}+\lambda_w\sqrt{\varphi S_w}+\lambda_g\sqrt{\varphi S_g}+\lambda_s\sqrt{1-\varphi}$

注：λ_{eff}为含水合物沉积物的有效导热系数，W/(m·K)；λ_h、λ_g、λ_w、λ_s分别为水合物、气体、水以及沉积物的导热系数，W/(m·K)；S_h、S_g、S_w分别为水合物、气体和水的饱和度；φ为含水合物沉积物的孔隙度。

本研究中，选用平行模型作为含水合物沉积物导热系数的计算公式。

2. 天然气水合物的比热

在一定条件下，单位质量的某种物质在温度升高 1 K 时吸收的热量，称为比热（J/(kg·K)）。比热可用来衡量物质吸收热量或放出热量的能力。由于天然气水合物在相变分解过程中需要消耗自身的显热来弥补分解吸收的热量，因此天然气水合物的比热也是影响其分解效果的一个基础热力学参数。在进行纯水合物的比热测量时，如果水合物发生分解，会导致测得的试验值较实际值偏大。另外，如果水合物中混有冰相，那么冰融化成水后，由于水的比热值较大，也会影响测得的水合物比热值的精度。Handa 等[128]对原来的 Tian-Calvet 型量热计进行了改装，在保证压力大于当前温度对应的相平衡压力的条件下，对不同气体类型水合物的比热进行了测量。基于试验所得数据，拟合得到了如下可用于计算甲烷、乙烷和丙烷水合物摩尔比热的多项式：

$$c_h=a_m+b_mT+c_mT^2+d_mT^3 \tag{2.4}$$

式中　c_h——水合物的摩尔比热，J/(mol·K)；

a_m、b_m、c_m、d_m——拟合系数，见表 2.2；

T——温度，K。

Handa 的试验结果表明，气体种类不同，合成后的水合物的比热也不同，但不同种类气体水合物的比热都随温度的升高而增大，但增大的幅度较小，也就是说温度对水合物比热的影响不太明显。

表 2.2　Handa 公式的拟合系数

气体种类	T / K	a_m	b_m	c_m /×10^2	d_m /×10^5
CH_4	85~270	6.6	1.453 8	−0.364 0	0.631 2
C_2H_6	85~265	22.7	1.871 7	−0.535 8	1.076 0
C_3H_8	85~265	−37.6	4.860 6	−1.625 0	3.291 0

与计算含水合物沉积物导热系数的平行模型相似，本研究选用平均容积法模型来计算含水合物沉积物的比热，其表达式为

$$c_{eff}=[c_s\rho_s(1-\varphi)+(c_w\rho_wS_w+c_g\rho_gS_g+c_h\rho_hS_h)\varphi]/\rho_{eff} \tag{2.5}$$

其中

$$\rho_{\text{eff}} = [\rho_s(1-\varphi) + (\rho_w S_w + \rho_g S_g + \rho_h S_h)\varphi] \tag{2.6}$$

式中　c_{eff}——含水合物沉积物的比热，J/(kg·K)；

c_s——沉积物的比热，J/(kg·K)；

c_w——水的比热，J/(kg·K)；

c_g——气体的比热，J/(kg·K)；

c_h——水合物的比热，J/(kg·K)；

ρ_{eff}——含水合物沉积物的密度，kg/m³；

ρ_s——沉积物的密度，kg/m³；

ρ_w——水的密度，kg/m³；

ρ_g——气体的密度，kg/m³；

ρ_h——水合物的密度，kg/m³。

3. 天然气水合物的分解热

分解热是指在一定温度和压力下，单位摩尔化合物全部分解时所吸收的热，即此分解反应的反应热。由于天然气水合物在分解时需要吸收热量，因此分解热也是影响其分解效果的一个重要热力学参数。天然气水合物分解热的确定直接影响开采方案的制订，进而影响开采效率。但是由于水合物在一定的高压、低温条件下才能稳定存在，且不容易确定水合物的饱和度，因此要直接通过试验方法测量水合物的分解热还存在一定的技术瓶颈。但在有气相存在的条件下，可以使用 Clausius-Clapeyron 方程来计算沿相平衡曲线的单位摩尔生成焓 [129-130]。具体计算公式为

$$\frac{d(\ln P)}{d(1/T)} = \frac{\Delta h_f}{Z_g R_g} \tag{2.7}$$

式中　R_g——理想气体常数，8.314 J/(mol·K)；

P——温度为 T 时的压力，Pa；

Z_g——气体压缩因子；

Δh_f——生成焓，J。

在分解温度为 285 K 的条件下，假设甲烷水合物的水合系数为 6.15 时，可先通过理想气体状态方程计算出气体压缩因子 Z_g，再应用式(2.7)可求出甲烷水合物的分解热为 54.67 kJ/mol。

1986 年，Handa 等采用量热法对几种常见气体水合物的分解热进行了测量，结果见表 2.3。可以看出，当温度变化不大时，水合物的分解热是一个恒定值，与式(2.7)的计算结果相比，最大误差仅为 8.18%。1988 年，Rueff 等 [131] 研究发现，在温度为 285 K 的条件下，甲烷水合物的分解热为 54.85 kJ/mol，与理论值的误差仅为 0.33%。以上研究表明，温度对水合物分解热的影响不大，水合物的分解热主要与形成水合物的气体类型有关。2002 年，孙志高等 [132] 使用 Clausius-Clapeyron 方程计算得到了 Ⅰ、Ⅱ 和 H 型天然气水合物的分解热，所得结论与 Handa 等的试验结果基本一致。

表 2.3 几种常见气体水合物的分解热

气体类型	温度 /K	分解热 /(kJ/mol)	
		水合物 /(固体 + 气体)	水合物 /(液体 + 气体)
CH_4	160~210	18.13 ± 0.27	54.19 ± 0.28
C_2H_6	190~250	25.70 ± 0.37	71.80 ± 0.38
C_3H_8	210~260	27.00 ± 0.33	129.2 ± 0.4
$(CH_3)_3CH$	230~260	31.07 ± 0.20	133.2 ± 0.3

2.1.3 天然气水合物合成与注热分解试验

1. 试验装置及材料

试验采用自主研制的水合物合成与分解试验一体化装置，如图 2.3 和图 2.4 所示。

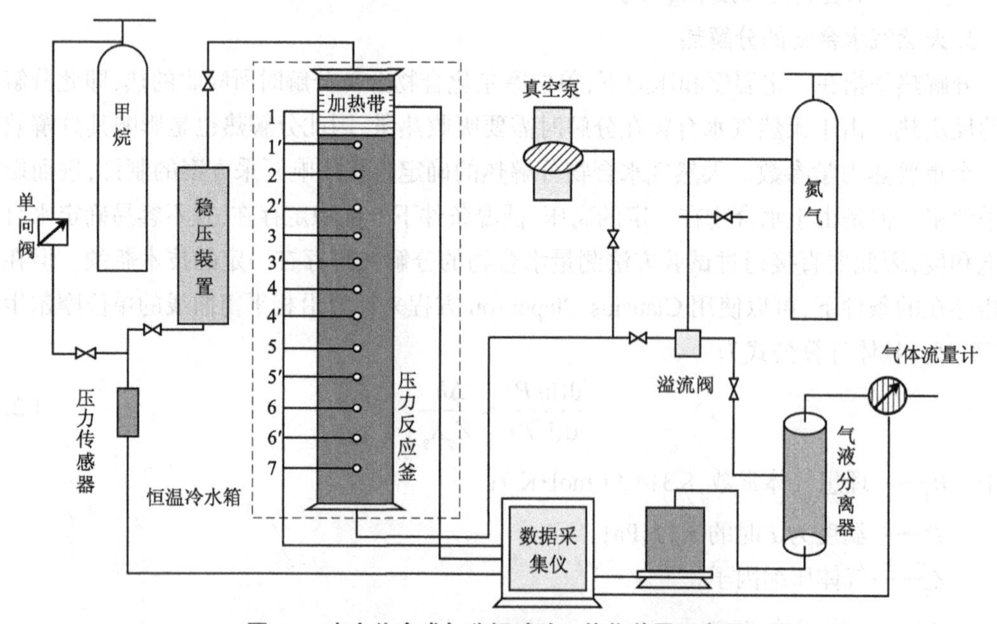

图 2.3 水合物合成与分解试验一体化装置示意图

该一体化装置主要由压力反应釜、恒温冷水箱、温度传感器、压力传感器以及数据采集仪等设备组成。其中，该装置的核心设备是压力反应釜，其尺寸为直径 × 长度 =53 mm × 1 000 mm。沿压力反应釜轴线方向依次交替等间隔布置 7 组温度传感器(编号 1~7)和 6 组压力传感器(编号 1′~6′)，用来实时监测水合物合成与分解过程中压力反应釜内温度和压力的变化情况，并通过数据采集仪进行数据的自动采集。恒温冷水箱可提供水合物合成及稳定存在所需要的低温环境。

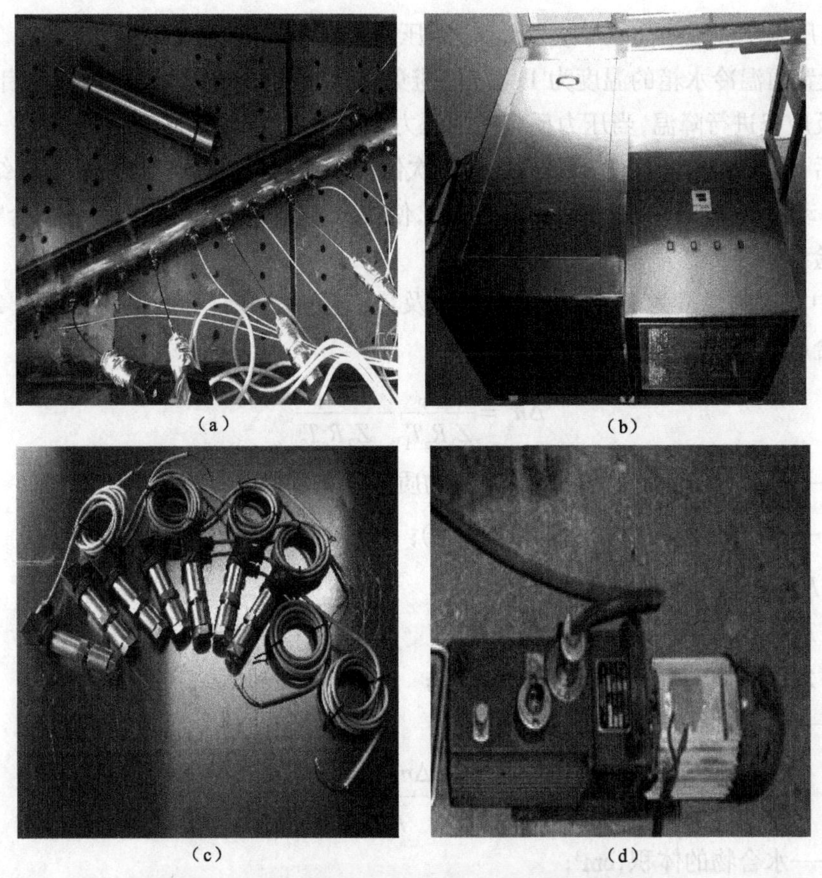
(a)　(b)
(c)　(d)

图 2.4　水合物合成与分解试验一体化装置实物图

(a)压力反应釜　(b)恒温冷水箱　(c)温度、压力传感器　(d)真空泵

2. 试验步骤

(1)根据设计的孔隙度和干密度值,称取相应质量的石英砂(图 2.5),并与一定体积的盐水混合搅拌后,逐层填入压力反应釜,形成具有一定含水率的石英砂沉积物。

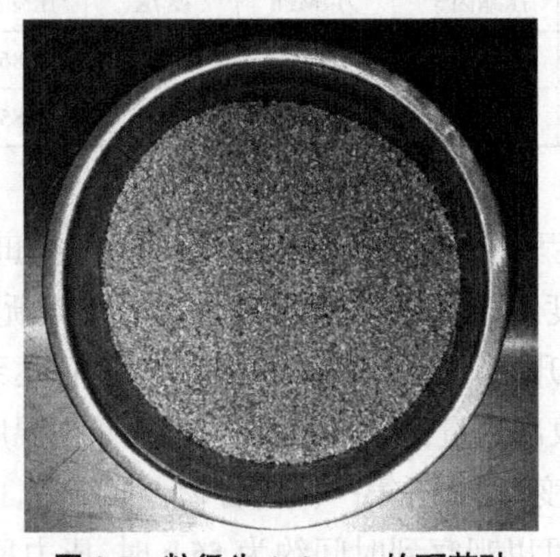

图 2.5　粒径为 1~2 mm 的石英砂

(2)检验装置的气密性后,使用真空泵对整套装置抽真空。

(3)向压力反应釜中注入甲烷气体,直到压力达到预先设定的参考值为止。

(4)设置恒温冷水箱的温度为 1 ℃(以避免多孔介质孔隙中有冰生成),开启恒温冷水箱对压力反应釜进行降温,当压力反应釜内压力有较大程度下降,并最终在很长一段时间内恒定不变后,进行二次补压,直到最后压力再次保持恒定不变后,认为水合物合成结束。

(5)启动加热带,对压力反应釜进行加热,使含水合物石英砂沉积物中的水合物分解。

3. 试验结果分析

试验中加入的水量为 300 mL,试验参数及最终合成的水合物的饱和度见表 2.4。可按下式计算合成的水合物的饱和度:

$$\Delta n_g = \frac{P_1 V_p}{Z_1 R_g T_1} - \frac{P_2 V_p}{Z_2 R_g T_2} \tag{2.8}$$

式中　Δn_g——反应前后消耗的甲烷气体的物质的量,mol;

R_g——理想气体常数,8.314 J/(mol·K);

P_1、P_2——反应前后的压力,MPa;

T_1、T_2——反应前后的温度,K;

Z_1、Z_2——反应前后的气体压缩因子;

V_p——试样的孔隙体积,cm³。

$$V_h = \frac{\Delta n_g M_h}{\rho_h} \tag{2.9}$$

式中　V_h——水合物的体积,cm³;

M_h——水合物的摩尔质量,119.5 g/mol;

ρ_h——水合物的密度,0.91 g/cm³。

表 2.4　试验参数及水合物饱和度

补压次序	初状态压力 /MPa	初状态温度 /K	初状态气体压缩因子	末状态压力 /MPa	末状态温度 /K	末状态气体压缩因子	生成水合物体积 /cm³	两次合成的水合物饱和度
1	6.55	282.15	0.858	5.3	274.15	0.869 8	65.7	7.33%
2	6.00	274.15	0.853	5.8	274.15	0.857 8	11.8	

图 2.6 为水合物合成过程中压力反应釜内的温度和压力随时间变化的关系曲线。可以看出,随着压力反应釜内温度的降低,压力反应釜内的压力逐渐降低。在时间约为 35 h 时,压力反应釜内温度出现小幅升高。这是因为此时的温压条件达到了水合物合成的相平衡条件,水合物开始大量生成并放出热量,从而引起压力反应釜内温度的升高。当压力和温度在一段时间内基本保持恒定不变时,认为第一次水合物合成结束,此时向压力反应釜内进行二次补压。随着反应的进行,可以观察到时间约为 55 h 时,压力反应釜内温度再次出现小幅升高(第二次水合物合成的标志)。在试验的最后阶段,当压力反应釜内的压力和温度基本恒定不变时,水合物合成试验结束。压力反应釜的压力值最后基本保持在 5.8 MPa 左右,温

度则始终在 1 ℃上下波动。

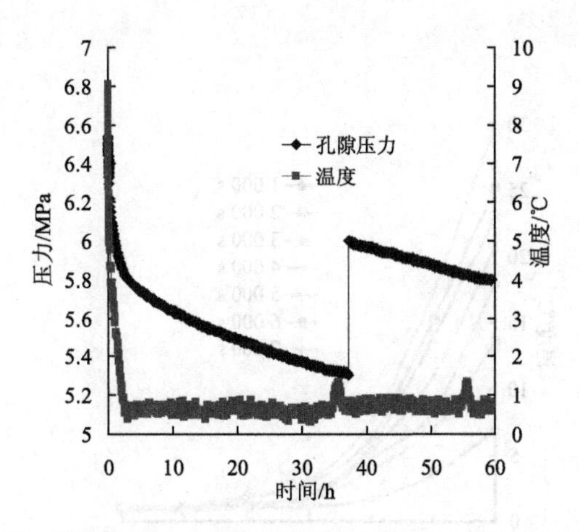

图 2.6　水合物合成过程中压力反应釜内的温度和压力随时间变化的关系曲线

水合物合成试验结束后，开启加热带控制开关，对压力反应釜进行加热。随着温度的逐渐升高，压力反应釜内的水合物吸热后，相变分解产生甲烷气体和水，从而引起压力反应釜内孔隙压力的升高，如图 2.7 所示。可以看出，压力反应釜内孔隙压力随时间大致呈正指数规律变化。这是因为，在加热的初始阶段，由于温度较低，水合物分解较慢，水合物相变分解产生的水、气形成的孔隙压力值也就较小；随着加热时间的继续增加，压力反应釜内的温度越来越高，水合物的分解效果也越来越显著，水合物相变分解产生的水、气使孔隙压力越来越高。

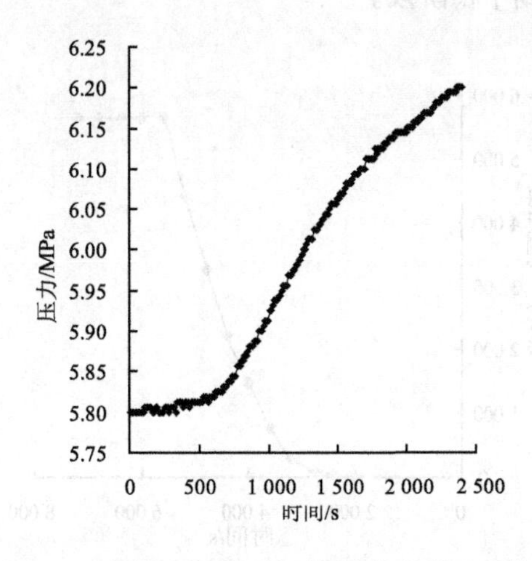

图 2.7　孔隙压力随加热时间变化的关系曲线

图 2.8 为压力反应釜内各测点温度随加热时间变化的关系曲线。可以看出，沿着热量的传递方向，同一时刻含水合物沉积物中不同测点温度大致呈负指数规律分布，且随着加热时间的增加，距离热源位置越近的测点，其温度的变化率越大。这可以解释为由于含水合物沉积物的自身导热能力较差，随着加热时间的延长，加热带温度的升高只是显著增加了热源

附近含水合物沉积物的温度梯度,而在距离热源较远的位置,温度梯度的增大幅度则不明显。

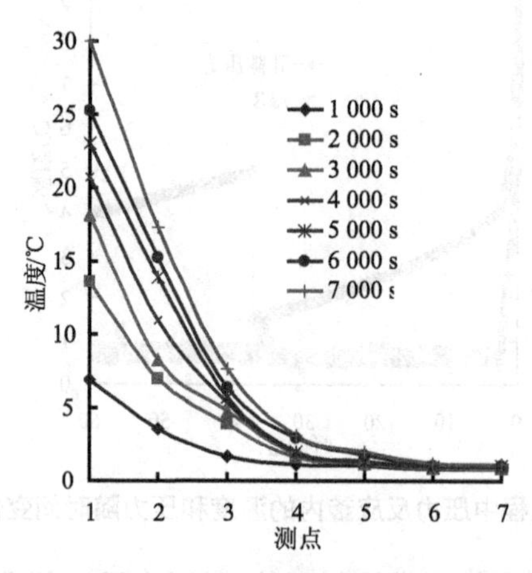

图 2.8 压力反应釜内各测点温度随加热时间变化的关系曲线

图 2.9 为记录的 2 h 加热过程中含水合物沉积物的累计产气量随时间变化的关系曲线。可以看出,随着加热时间的增加,累计产气量逐渐增大,且在加热的初始阶段产气速度较慢,随着加热时间的延长,产气量的增加速度逐渐加快。这是因为在加热的初始阶段,温度的上升幅度较慢,输入的热量主要用来对整个压力反应釜加热,随着加热时间的延长,向压力反应釜中注入的热量越来越多,水合物的分解速度越来越快,累计产气量的变化率也就越来越大,直到最终产气停止,达到平稳阶段。

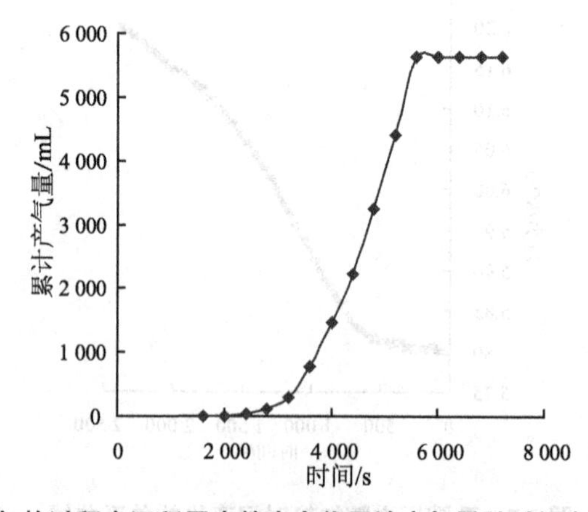

图 2.9 2 h 加热过程中沉积层中的水合物累计产气量随时间变化的关系曲线

2.1.4 天然气水合物合成与降压分解试验

天然气水合物降压分解的原理是通过降低含水合物沉积物的孔隙压力,使其低于当前温度对应的相平衡压力来促使水合物分解。本节主要利用自主研制的水合物合成与分解试验一体化装置进行天然气水合物的合成与降压分解试验。为了对比分析不同压力对水合物分解效果的影响，在进行水合物的合成试验时，通过加入定量的水和过量的甲烷气体来合成水合物，不考虑毛细作用的影响时，认为孔隙水全部参加反应，则通过加入的水量可计算得到最后生成的水合物的饱和度。在本试验中，加入 100 g 水，根据水合物合成的化学反应方程式，计算得到水合物的饱和度约为 10.9%。水合物合成结束后，调整溢流阀的压力分别为 3.8 MPa、3.1 MPa 和 2.6 MPa，在这三种情况下进行降压分解试验，可得累计产气量随时间变化的关系曲线，如图 2.10 所示。

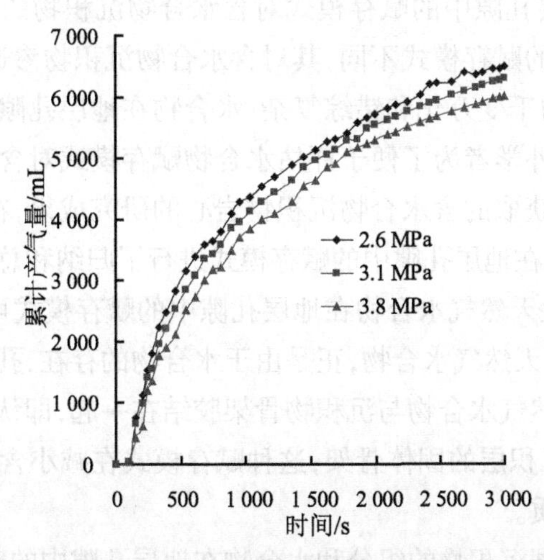

图 2.10　不同压力条件下累计产气量随时间变化的关系曲线

从图 2.10 可以看出，在不同压力条件下，累计产气量随时间大致呈自然对数规律变化，即在降压的初始阶段，产气速率较大，随着降压时间的增加，产气速率逐渐变小。这是因为在降压的初始阶段，压力反应釜中排出的甲烷气体中除含有水合物分解产生的甲烷气体外，还含有水合物合成试验结束后残余的大量自由甲烷气体，因此在初始阶段产气速率较大；随着降压的继续，自由甲烷气体所占比例逐渐减小，此时水合物分解产生的甲烷气体在产气量中占据主导地位，因此产气速率逐渐减小。压力越低，水合物的分解效果越明显，在相同的分解时间条件下，低气压条件对应的累计产气量更大。

2.2　含不同饱和度甲烷水合物砂土沉积物渗透率试验

在天然气水合物的开采过程中，含水合物沉积物的渗透率是衡量孔隙流体在储层孔隙空间流动能力的重要指标，也是用来评价储层开发潜力、产气效率以及是否能够安全开采的关键参数之一[133]。随着储层温度或压力条件的改变，天然气水合物相变分解产生的甲烷气体和水在分解区封闭的孔隙空间会形成较大的超静孔隙压力，从而推动水、气在储层渗流通道内流动。孔隙流体（水、气）渗流，一方面会使储层的温度和孔隙压力发生变化，从而影响水合物的分解效果，最终影响开采效率；另一方面还会影响超静孔隙压力的消散速率，进而影响分解区储层的有效应力分布和变形破坏。因此，研究含水合物沉积物的渗透率变化规律对于天然气水合物的安全、高效开采至关重要。

水合物饱和度及其在地层孔隙中的赋存模式是影响含水合物沉积物渗透率的重要因素。本节利用自主研制的含水合物沉积物合成与渗透率测试一体化装置,进行含不同饱和度甲烷水合物砂土沉积物的渗透率试验,研究水合物饱和度及其赋存模式对含水合物沉积物渗透率的影响机理。

2.2.1 水合物在地层孔隙中的赋存模式

天然气水合物在地层孔隙中的赋存模式对含水合物沉积物的渗透率有非常重要的影响,水合物在地层孔隙中的赋存模式不同,其对含水合物沉积物渗透率的影响程度也不同。由于实际地层孔隙结构的千变万化和错综复杂,水合物在地层孔隙中的赋存模式也具有其独特、复杂的一面。国内外学者为了便于评估水合物赋存模式对含水合物沉积物渗透率的影响,根据对勘探资料和获取的含水合物沉积物岩心的研究成果,在一定假设的基础上,从不同角度对天然气水合物在地层孔隙中的赋存模式进行了归纳和总结。

(1)Ecker 等[134]假设天然气水合物在地层孔隙中的赋存模式可分为以下两种:第一种模式假设孔隙流体中含有天然气水合物,正是由于水合物的存在,孔隙流体的压缩特性被改变了;第二种模式假设天然气水合物与沉积物骨架胶结在一起,即认为天然气水合物与沉积物骨架一起组成水合物沉积层的固体骨架,这种赋存模式在减小含水合物沉积物孔隙度的同时,也改变了其力学性质。

(2)龚建明等[135]根据沉积物的组分和水合物在地层孔隙中的宏观形态,将水合物的赋存模式划分为以下三种:第一种赋存模式假设水合物与地层岩石骨架胶结在一起,沿着地层层面方向存在于孔隙度较大、埋藏较浅的地层孔隙中,且水合物的含量通常不多,该种赋存模式下的沉积物组分通常为火山灰或者凝灰质泥岩;第二种赋存模式假设水合物以块状沿着地层层面方向分布于低孔隙度的深部地层孔隙中,该类地层中的水合物饱和度通常较大,沉积物组分以泥质粉砂岩或粉砂质泥岩为主;第三种赋存模式假设水合物以小碎块的形式分布在地层孔隙中,该类地层的沉积物组分通常为泥岩或砂质白云岩,水合物的含量一般较少。

(3)Schlumberger(斯伦贝谢)公司[43]在预测和评价墨西哥湾海洋地层中天然气水合物的开发潜力时,假设地层孔隙中水合物的赋存模式可分为以下六种(图 2.11):第一种模式认为水合物存在于沉积物颗粒之间的接触处;第二种模式认为水合物非均匀地存在于沉积物颗粒表面;第三种模式认为水合物与周围的沉积物颗粒接触,对周围的沉积物颗粒起到支撑作用;第四种模式认为水合物填充在沉积物颗粒组成的孔隙中,水合物颗粒的尺寸较小,与周围的沉积物颗粒接触较少;第五种模式认为水合物颗粒与周围的沉积物颗粒彼此相互掺杂在一起;第六种模式认为水合物以结核状或裂隙填充形式存在于尺寸较大的地层孔隙中。

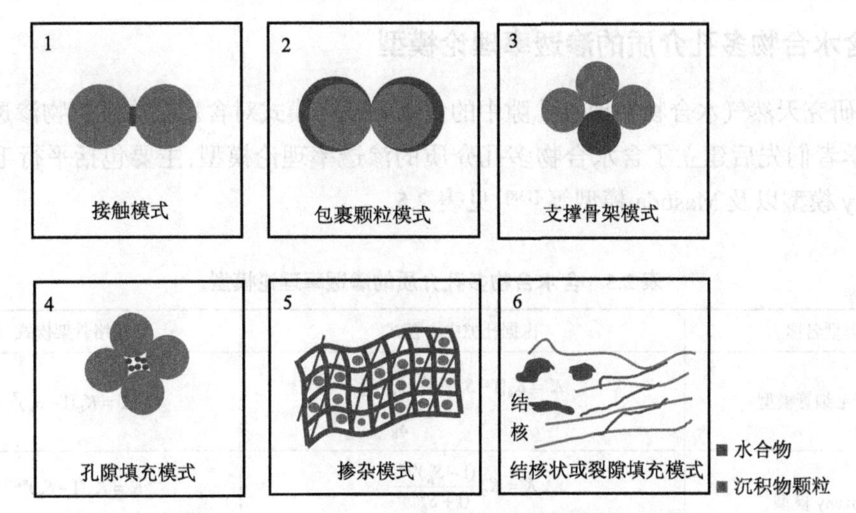

图2.11　Schlumberger公司的水合物赋存模式分类

（4）Helgerud和Winters等[136-137]将天然气水合物在沉积层孔隙中的赋存模式分为以下四种（图2.12）：第一种模式认为水合物较为均匀地包裹在沉积物颗粒表面；第二种模式认为水合物与沉积物颗粒胶结在一起；第三种模式认为水合物占据孔隙中心，与周围沉积物颗粒不接触；第四种模式认为水合物占据孔隙中心，与周围沉积物颗粒部分接触。在本研究中，采用该种分类模式，并且为了分析方便，将第一、二两种赋存模式统称为包络骨架模式，第三、四两种赋存模式则统称为占据孔隙中心模式。

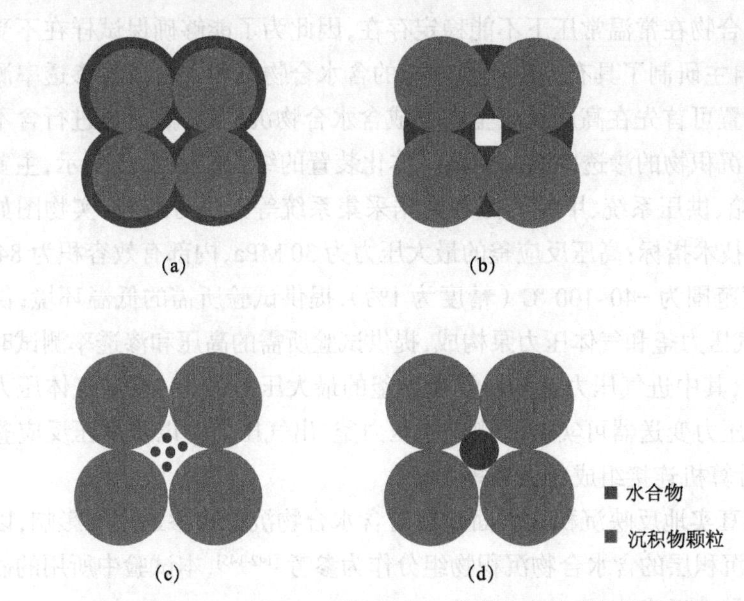

图2.12　Helgerud和Winters等的水合物赋存模式分类

（a）第一种模式　（b）第二种模式　（c）第三种模式　（d）第四种模式

2.2.2　含水合物多孔介质的渗透率理论模型

为了研究天然气水合物在地层孔隙中的含量和赋存模式对含水合物沉积物渗透率的影响规律，学者们先后建立了含水合物多孔介质的渗透率理论模型，主要包括平行毛细管模型、Kozeny 模型以及 Masuda 模型等[138]，见表 2.5。

表 2.5　含水合物多孔介质的渗透率理论模型

模型名称	占据孔隙中心模式	包络骨架模式
平行毛细管模型	$K = K_0[1 - S_h^2 - \frac{(1-S_h)^2}{\ln(\frac{1}{S_h^{0.5}})}]$	$K = K_0(1-S_h)^2$
Kozeny 模型	$K = K_0\frac{(1-S_h)^{n_A+2}}{(1+S_h^{0.5})^2}$ 当$0 < S_h < 0.8$时，$n_A = 1.5$	$K = K_0(1-S_h)^{n_A+1}$ 当$0.1 \leqslant S_h \leqslant 1.0$时，$0.4 \leqslant n_A \leqslant 1.0$
Masuda 模型[139]		$K = K_0(1-S_h)^{N_K}$ $2 \leqslant N_K \leqslant 15$

注：K为含水合物沉积物的渗透率，m² 或 mD，1 mD=1×10^{-12} m²；K_0为不含水合物沉积物的渗透率，m²；S_h为水合物的饱和度；n_A为 Archie 饱和指数[140]；N_K为渗透率下降指数[141]。

2.2.3　试验装置与砂土沉积物制备

由于天然气水合物在常温常压下不能稳定存在，因此为了能够确保试样在不受扰动的条件下开展试验，自主研制了具有高压低温功能的含水合物沉积物合成与渗透率测试一体化装置。使用该装置可首先在高压反应釜内合成含水合物沉积物，然后再进行含不同饱和度甲烷水合物砂土沉积物的渗透率试验。该一体化装置的结构如图 2.13 所示，主要由高压反应釜、恒温冷水箱、供压系统、甲烷气源和数据采集系统等五部分组成，实物图如图 2.14 所示。其各部分的技术指标：高压反应釜的最大压力为 30 MPa，内部有效容积为 847.8 mL；恒温冷水箱的温度范围为 -40~100 ℃（精度为 1%），提供试验所需的低温环境；供压系统由进气压力釜、出气压力釜和气体压力泵构成，提供试验所需的高压和渗透率测试时高压反应釜两端的压力差，其中进气压力釜和出气压力釜的最大压力为 30 MPa，气体压力泵的最大压力为 70 MPa；压力变送器可实时监测进气压力釜、出气压力釜以及高压反应釜中的压力变化情况，并与计算机连接组成数据采集系统。

为了能够更加真实地反映沉积物表面物性对含水合物沉积物渗透率的影响，以我国南海北部陆坡水合物沉积层的含水合物沉积物组分作为参考[142-145]，本试验中所用的砂土沉积物主要由粉砂岩和黏土组成。

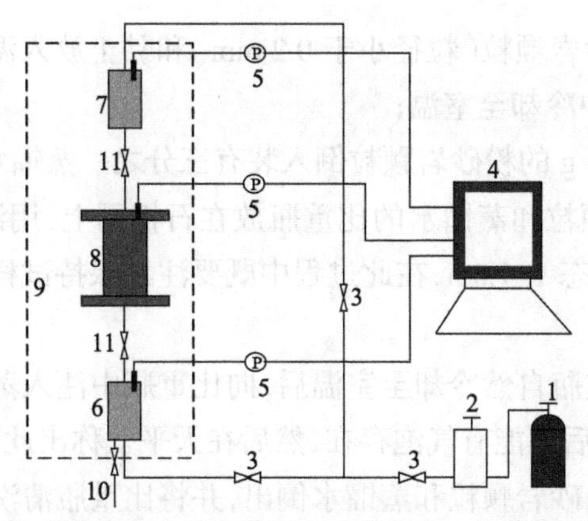

图2.13　含水合物沉积物合成与渗透率测试一体化装置示意图

1—甲烷气源;2—气体压力泵;3—针阀;4—数据采集系统;5—压力变送器;6—出气压力釜;7—进气压力釜;8—高压反应釜;9—恒温冷水箱;10—排气阀门;11—球阀

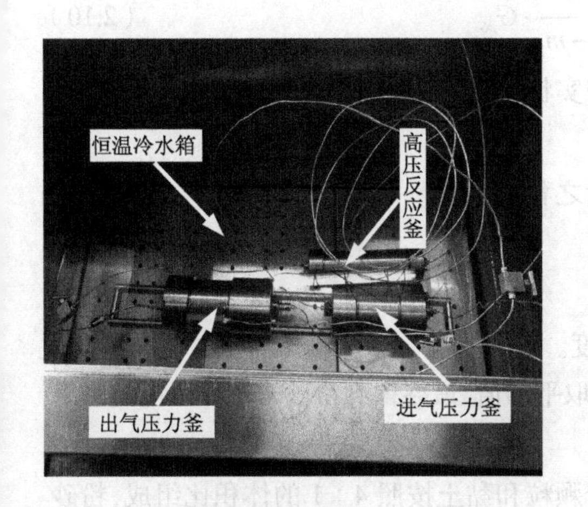

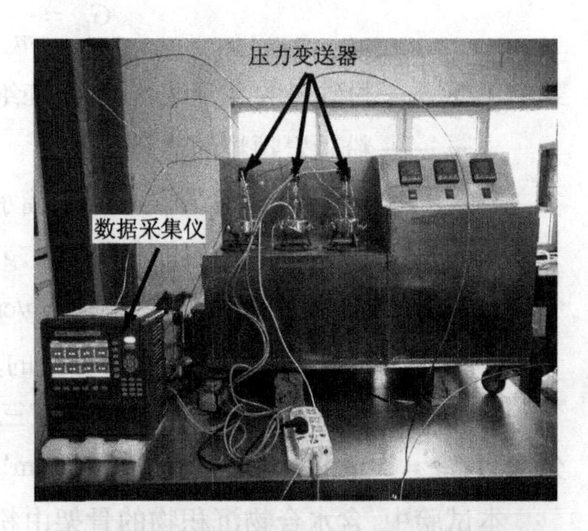

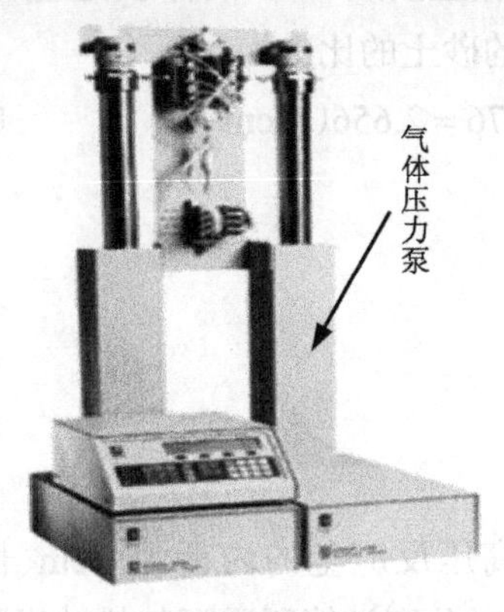

图2.14　含水合物沉积物合成与渗透率测试一体化装置实物图

首先采用人工方式将大块的粉砂岩敲碎成小块,然后放入粉碎机中进行粉碎,获得粒径小于20 mm的粉砂岩颗粒,并筛选出不同粒径尺寸的粉砂岩颗粒。在制备砂土沉积物之前,需要事先测定粉砂岩和黏土的真密度,具体步骤如下:

(1)将筛选后的粉砂岩颗粒(粒径小于 0.2 mm)和黏土放入温度为 105 ℃的烘干箱中，24 h 后取出放入干燥器中冷却至室温；

(2)称取质量$m_0 = 15$ g 的粉砂岩颗粒倒入装有三分之一蒸馏水的比重瓶中；

(3)将装有粉砂岩颗粒和蒸馏水的比重瓶放在石棉网上，用酒精灯对其进行加热至煮沸状态，并继续保持此状态 1~1.5 h，在此过程中既要注意保持试样的充分沸腾，又要保证其不会溢出比重瓶；

(4)待煮沸后的比重瓶自然冷却至室温后，向比重瓶中注入蒸馏水，使液面与规定的刻度齐平，注意注入蒸馏水后不能有气泡存在，然后在天平上称出此时的质量m_1；

(5)将比重瓶中的粉砂岩颗粒和蒸馏水倒出，并将比重瓶清洗干净后，再次向比重瓶中注入蒸馏水，使液面与之前规定的刻度齐平，然后在天平上称出此时的质量m_2；

(6)计算试验结果，即

$$G_{砂} = \frac{m_0}{m_0 + m_2 - m_1} \cdot G_{水} \tag{2.10}$$

式中 $G_{砂}$——粉砂岩的真密度，即物质在绝对密实状态下的密度，g/cm³；

m_0——粉砂岩颗粒的质量，g；

m_1——比重瓶、粉砂岩颗粒和蒸馏水质量之和，g；

m_2——比重瓶和蒸馏水质量之和，g；

$G_{水}$——室温下蒸馏水的真密度，g/cm³。

(7)重复步骤(2)~(6)，可测得黏土的真密度。

试验中为了减小误差，每种试样测定三次并取平均值，最终得到粉砂岩和黏土的真密度分别为 $G_{砂} = 2.63$ g/cm³ 和 $G_{土} = 2.76$ g/cm³。

本试验中，含水合物沉积物的骨架由粉砂岩颗粒和黏土按照 4∶1 的体积比组成，粉砂岩颗粒的粒径范围为 1~2 mm。由混相理论可得混合后的砂土的比重为

$$G_s = n_{砂} G_{砂} + n_{土} G_{土} = 0.8 \times 2.63 + 0.2 \times 2.76 = 2.656(\text{g/cm}^3) \tag{2.11}$$

式中 G_s——砂土的真密度，g/cm³；

$n_{砂}$——粉砂岩的体积分数，%；

$G_{砂}$——粉砂岩的真密度，g/cm³；

$n_{土}$——黏土的体积分数，%；

$G_{土}$——黏土的真密度，g/cm³。

本试验中设计砂土沉积物的干密度为 1.4 g/cm³，高压反应釜的内径为 6 cm、长度为 30 cm。根据高压反应釜的有效容积和砂土的体积比，可以分别计算所需要的粉砂岩颗粒和黏土的质量。将混合后的砂土与一定体积的去离子水搅拌均匀后，逐层填入高压反应釜中(制作流程如图 2.15 所示)，形成的砂土沉积物的孔隙度为 47.29%。

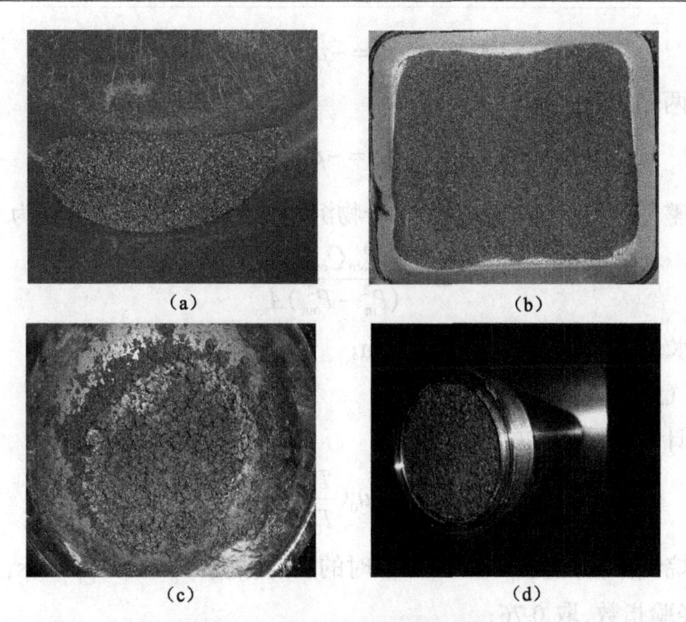

图 2.15　砂土沉积物的制作流程

（a）大粒径粉砂岩颗粒　（b）粒径范围为 1~2 mm 的粉砂岩颗粒　（c）混合后的砂土　（d）装填后的砂土沉积物

2.2.4　渗透率计算原理、水合物饱和度计算及试验步骤

在进行含水合物沉积物的渗透率试验时，为了避免水合物的分解，在保证温度和压力满足水合物稳定存在条件的基础上，采用甲烷气体作为渗透气体。甲烷气体通过含水合物沉积物的过程可近似看作单相牛顿流体通过多孔介质的运动，在试样的微段dx内认为其渗流符合达西定律，则等温条件下渗透率的计算公式为

$$Q_{\text{sec}} = -\frac{KA_{\text{sec}}}{\mu_{\text{g}}}\frac{\text{d}P}{\text{d}x} \tag{2.12}$$

式中　K——含水合物沉积物的渗透率，m^2；

A_{sec}——含水合物沉积物的横截面面积，m^2；

μ_{g}——甲烷气体的动力黏度，Pa·s；

Q_{sec}——含水合物沉积物横截面的体积流速，m^3/s；

$\frac{\text{d}P}{\text{d}x}$——d$x$微段内甲烷气体的压力梯度，Pa/m。

由波义耳 - 马里奥特定律，可知

$$P_{\text{sec}}Q_{\text{sec}}t_s = P_{\text{out}}Q_{\text{out}}t_s \tag{2.13}$$

式中　P_{sec}——含水合物沉积物任意截面处的气体压力，Pa；

P_{out}——出气压力釜的压力，Pa；

Q_{out}——出口端气体流量，m^3/s；

t_{s}——含水合物沉积物中气体渗流时间，s。

将式（2.13）代入式（2.12），可得

$$KA_{sec}P_{sec}dP = -\mu_g P_{out} Q_{out} dx \tag{2.14}$$

对式(2.14)两侧积分,可得

$$KA_{sec}\int_{P_{in}}^{P_{out}} P_{sec}dP = -\mu_g P_{out} Q_{out} \int_0^{L_h} dx \tag{2.15}$$

将式(2.15)整理可得等温条件下含水合物沉积物渗透率的计算公式为

$$K = \frac{2P_{out}Q_{out}\mu_g L_h}{(P_{in}^2 - P_{out}^2)A_{sec}} \tag{2.16}$$

式中 L_h——含水合物沉积物试样的长度,m;

P_{in}——进气压力釜的压力,Pa。

采用下式可计算甲烷气体的动力黏度:

$$\mu_g = \mu_0(\frac{T}{T_0})^{h_{CH_4}} \tag{2.17}$$

式中 μ_0——甲烷气体在温度$T_0 = 273.15$ K时的动力黏度,$\mu_0 = 10.3\ \mu Pa\cdot s$;

h_{CH_4}——经验指数,取 0.76;

T——温度,K。

在甲烷水合物合成后,由于在砂土沉积物孔隙中还有自由甲烷气体存在,因此在使用降压法获得不同阶段甲烷水合物饱和度过程中,将甲烷气体的物质的量作为变量来计算砂土沉积物孔隙中甲烷水合物的饱和度。打开连接出气压力釜的排气阀门,通过出气压力釜对高压反应釜进行降压,使用数据采集系统记录降压后的压力变化量ΔP_n。根据理想气体状态方程,可得甲烷水合物降压分解产生的甲烷气体的物质的量为

$$n_{CH_4} = \frac{\Delta P_n}{R_g T}(V_{CV} + V_{out}) \tag{2.18}$$

式中 V_{CV}——砂土沉积物的孔隙体积,cm^3;

V_{out}——出气压力釜的容积,cm^3;

T——温度,K;

R_g——理想气体常数,8.31 J/(mol·K)。

根据化学方程式$CH_4\cdot 5.75H_2O = CH_4 + 5.75H_2O$,可计算得到每一阶段分解的甲烷水合物体积和产生的水的体积分别为$V_{nh} = \frac{n_{CH_4}M_h}{\rho_h}$和$V_{nw} = \frac{5.75n_{CH_4}M_w}{\rho_w}$,进一步得到不同阶段的甲烷水合物的饱和度为

$$S_{nh} = \frac{V_{h_i} - \sum_{n=1}^{n_d} V_{nh}}{V_{CV} - (\frac{m_{w0} - m_w}{\rho_w} + \sum_{n=1}^{n_d} V_{nw})} \tag{2.19}$$

式中 S_{nh}——不同阶段的水合物饱和度;

n_d——降压分解的次数;

V_{h_i}——初始水合物的体积,cm^3;

V_{nh}——不同阶段分解的水合物的体积,cm^3;

V_{nw}——不同阶段水合物分解产生的水的体积,cm^3;

$\sum_{n=1}^{n_d} V_{nh}$——前n_d次分解的水合物的体积之和,cm^3;

$\sum_{n=1}^{n_d} V_{nw}$——前n_d次分解产生的水的体积之和,cm^3;

m_{w0}——初始水的质量,g;

m_w——合成水合物消耗的水的质量,g。

本试验包括含甲烷水合物砂土沉积物的合成与渗透率测试两部分,具体步骤如下:

(1)在高压反应釜内装入砂土沉积物后,按照试验原理图用输气管线将各试验装置连接好,开启真空泵对整个装置抽真空;

(2)使用气体压力泵将加压后的甲烷气体通过出气压力釜注入高压反应釜,当孔隙压力达到试验设定值后停止注入,静止放置 2 h,检查连接处是否有气泡冒出,确保装置的气密性完好;

(3)保持孔隙压力不变,静止放置 24 h,以使砂土沉积物中的孔隙水与通入的甲烷气体充分接触融合;

(4)打开恒温冷水箱,将高压反应釜温度降至 1 ℃(避免孔隙水结冰),当孔隙压力有较大程度下降并最终恒定不变后,进行补压,直到最后压力基本恒定,则认为含水合物沉积物的合成试验结束;

(5)根据降温前后高压反应釜的孔隙压力和温度,利用理想气体状态方程计算生成的甲烷水合物的初始饱和度;

(6)再次开启气体压力泵,将高压甲烷气体注入进气压力釜,静止放置 2 h 后,确保进气压力釜的压力值大于甲烷水合物合成后的高压反应釜和出气压力釜的压力值;

(7)打开连接进气压力釜和高压反应釜的阀门,进行首次渗透率测试;

(8)关闭连接进气压力釜和高压反应釜的阀门,打开排气阀门,采用降压法分解高压反应釜内的甲烷水合物,高压反应釜内水合物饱和度的变化值通过分解前后的压力变化换算得到;

(9)重复步骤(7)和(8),即可得到含不同饱和度甲烷水合物砂土沉积物的渗透率。

2.2.5　试验结果与理论模型计算结果的对比分析

由式(2.19)和式(2.16)可计算得到降压分解过程中不同阶段甲烷水合物的饱和度和含水合物沉积物的渗透率,见表 2.6。

表 2.6　含水合物沉积物的饱和度与渗透率数据

饱和度	渗透率 /m²	饱和度	渗透率 /m²
0	6.000e-13	25.18%	7.995e-14
0.4%	4.542e-13	27.66%	7.193e-14
1.35%	3.728e-13	28.73%	5.854e-14
2.38%	2.584e-13	29.08%	5.311e-14
3.44%	2.10e-13	29.56%	5.080e-14
6.33%	1.503e-13	29.91%	4.834e-14
8.19%	1.382e-13	30.56%	4.655e-14
11.23%	1.345e-13	30.70%	4.283e-14
16.85%	1.264e-13	31%	3.610e-14
21.19%	1.101e-13		

与此同时，再将试验所得水合物饱和度分别代入表 2.5 中的平行毛细管模型、Kozeny 模型以及 Masuda 模型，可得到相应理论模型计算得到的不同饱和度含水合物沉积物的渗透率，见表 2.7。

表 2.7　理论模型计算得到的渗透率数据

饱和度	平行毛细管模型（包络骨架）/ m²	平行毛细管模型（占据孔隙中心）/ m²	Kozeny 模型（包络骨架）/ m²	Kozeny 模型（占据孔隙中心）/ m²	Masuda 模型（$N_K=3$）/ m²
0	6.000e-13	6.000e-13	6.000e-13	6.000e-13	6.000e-13
0.4%	5.952e-13	3.843 92e-13	5.940e-13	5.257e-13	5.928e-13
1.35%	5.839e-13	3.286 24e-13	5.800e-13	4.661e-13	5.760e-13
2.38%	5.718e-13	2.937 38e-13	5.649e-13	4.250e-13	5.582e-13
3.44%	5.594e-13	2.672 54e-13	5.497e-13	3.925e-13	5.402e-13
6.33%	5.264e-13	2.160 97e-13	5.095e-13	3.274e-13	4.931e-13
8.19%	5.057e-13	1.917 45e-13	4.846e-13	2.954e-13	4.643e-13
11.23%	4.728e-13	1.599 71e-13	4.455e-13	2.529e-13	4.197e-13
16.85%	4.148e-13	1.170 72e-13	3.783e-13	1.937e-13	3.449e-13
21.19%	3.727e-13	9.271 47e-14	3.308e-13	1.589e-13	2.937e-13
25.18%	3.359e-13	7.486 21e-14	2.905e-13	1.326e-13	2.513e-13
27.66%	3.140e-13	6.547 31e-14	2.671e-13	1.185e-13	2.271e-13
28.73%	3.048e-13	6.176 8e-14	2.573e-13	1.128e-13	2.172e-13
29.08%	3.018e-13	6.059 79e-14	2.541e-13	1.110e-13	2.140e-13
29.56%	2.977e-13	5.902 58e-14	2.499e-13	1.086e-13	2.097e-13
29.91%	2.948e-13	5.790 26e-14	2.468e-13	1.069e-13	2.066e-13
30.56%	2.893e-13	5.586 71e-14	2.411e-13	1.037e-13	2.009e-13

续表

饱和度	平行毛细管模型（包络骨架）/ m²	平行毛细管模型（占据孔隙中心）/ m²	Kozeny 模型（包络骨架）/ m²	Kozeny 模型（占据孔隙中心）/ m²	Masuda 模型（N_K = 3）/ m²
30.70%	2.881e−13	5.543 71e−14	2.399e−13	1.030e−13	1.997e−13
31%	2.857e−13	5.452 55e−14	2.373e−13	1.016e−13	1.971e−13

对试验结果进行非线性拟合，并与理论模型计算结果进行对比，如图 2.16 所示。由图 2.16 可得以下结论。

（1）含水合物沉积物的渗透率与水合物饱和度呈指数递减关系，因此可以拟合一个负指数经验公式来描述渗透率与饱和度之间的关系，在饱和度变化区间（0~0.31）内，拟合得到经验公式为

$$K = \frac{K_0}{1.5} e^{-6.8364 S_h} \tag{2.20}$$

式中　K_0——不含水合物砂土沉积物的渗透率，m²；

S_h——水合物的饱和度。

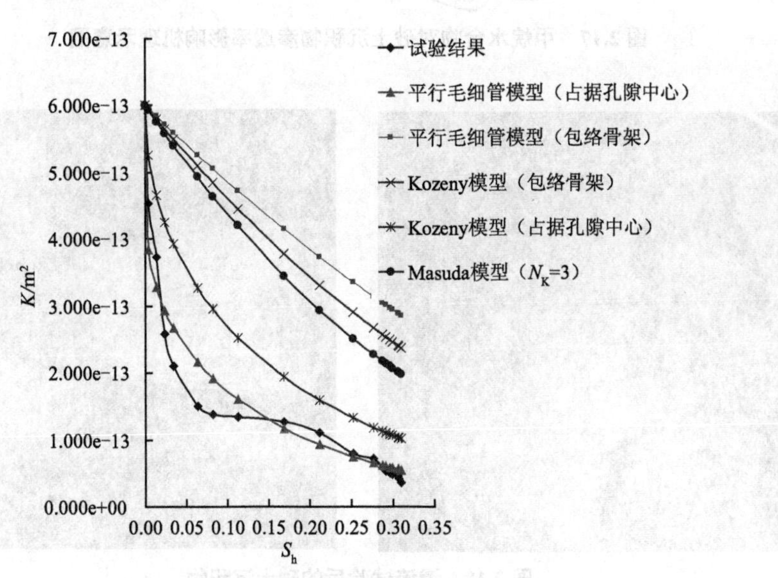

图 2.16　试验结果与理论模型计算结果的对比

（2）水合物占据孔隙中心的平行毛细管模型的计算结果与试验结果吻合较好，说明水合物在砂土沉积物孔隙中主要以占据孔隙中心的模式合成，这也符合自然界海洋沉积物中水合物的存在形式[138]，从而证明了所用试验方法和试验装置的可信性。这是因为试验中采用天然砂土作为沉积物，一方面砂土中含有的矿物颗粒与水作用会表现出带电特性，在颗粒表面形成电场，孔隙中一部分水分子受电场作用力吸引而包围在砂土颗粒周围，导致砂土颗粒表面结合水的活度比孔隙中心自由水的活度要弱很多；另一方面由于砂土沉积物中孔隙尺寸的多尺度分布，孔隙尺寸越小，毛细力作用越明显，孔隙水的活度越差。在这两种因素

的共同作用下，水合物优先合成于大孔隙，甲烷气体分子优先与大孔隙中心的自由水分子形成悬浮于孔隙中心的水合物，再加上砂土颗粒表面形成的结合水膜厚度的影响（图 2.17），使沉积物中的渗流通道由管状变为环状，而大孔隙通道对渗流的影响比较显著，因此在较低饱和度下渗透率即出现急剧降低。当某一级别孔隙中的水合物合成后，水合物开始在尺寸低一级的孔隙中合成，随着水合物饱和度的增大，孔隙尺寸继续减小，渗流通道尺寸对渗流的影响越来越小，渗透率曲线变得越来越平缓。但是从曲线变化的整体趋势来看，由于小孔隙中合成的水合物仍会堵塞孔隙，因此在达到试验的最大饱和度时，试样的绝对渗透率下降的幅度最大。图 2.18 为渗流试验后的砂土沉积物。

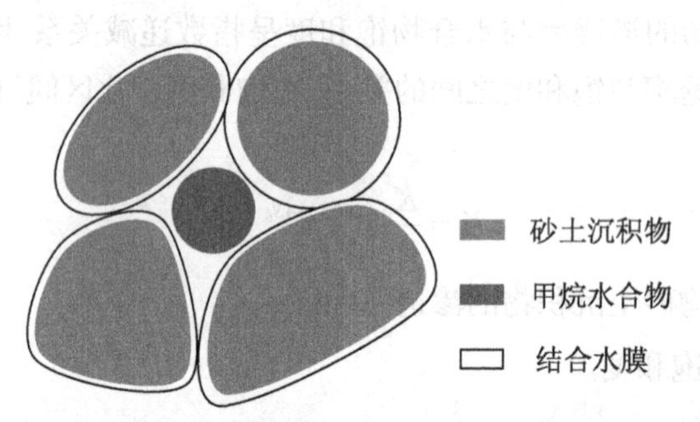

图 2.17　甲烷水合物对砂土沉积物渗透率影响机理示意图

图 2.18　渗流试验后的砂土沉积物

2.3　不同饱和度含水合物沉积物的三轴加载渗透率试验

在天然气水合物的开采过程中，一方面水合物饱和度变化会使沉积物孔隙空间发生改变，引起其渗透率的变化；另一方面水合物分解后的沉积物骨架颗粒之间的胶结作用减弱，沉积物的力学强度降低、应力敏感性增强，在进行注气开采或抽采水合物分解产生的天然气时必然会使储层的孔隙压力改变，从而引起储层有效应力发生变化，进而导致孔隙度改变，最后导致渗透率的变化。因此，含水合物沉积物的渗透率变化规律受水合物饱和度和储层有效应力的共同影响。本节利用自主研制的含水合物沉积物合成与三轴渗流试验一体化装置，进行不同饱和度含水合物沉积物的三轴加载渗透率试验，探讨有效体积应力和水合物饱和度对含水合物沉积物渗透率的影响机理。

2.3.1　有效应力原理

1923 年，Terzaghi 首先提出了有效应力原理的概念，认为土体受力后的变形和强度大小是由土体所受的有效应力决定的[146]。对于饱和土体来说，可将其看作由土体颗粒和水组成的两相体，其中土体颗粒组合在一起形成固体骨架，而水则填充在固体骨架围成的孔隙中。受外载荷作用后，固体骨架会承受一部分外力，并通过土体颗粒之间的接触面来传递应力，这部分应力称为粒间应力；孔隙水承受的那一部分外力，则称为孔隙水压力。图 2.19 为从饱和土体中选取的某一截面 s—s 的局部放大图，设其横截面面积为 A_t、土体颗粒之间不同接触点的面积之和为 A_s、孔隙水的面积之和则为 A_w。土体颗粒之间的作用力 P_s 作用在颗粒的接触处，由于不同接触处 P_s 的大小和方向是不同的，因此将每个接触处的作用力都分解为水平方向的分力P_{sH}和垂直方向的分力P_{sV}。

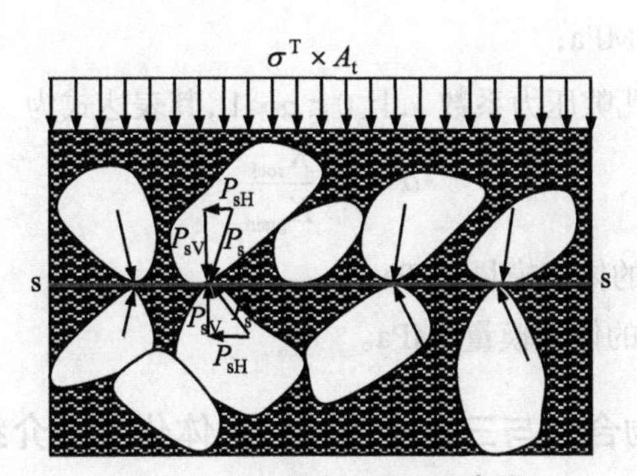

图 2.19　有效应力原理示意图

根据静力平衡原理，可得垂直方向的平衡方程为

$$\sigma^T A_t = \sum P_{sV} + P_w A_w \tag{2.21}$$

式中　σ^T——总应力，MPa；

P_w——孔隙水压力，MPa；

$\sum P_{sV}$——每个接触处的颗粒间应力在垂直方向分量的代数和，MPa。

将式（2.21）两边除以A_t，可得

$$\sigma^T = \frac{\sum P_{sV}}{A_t} + P_w \frac{A_w}{A_t} \tag{2.22}$$

式（2.22）右侧第一项表示土体颗粒间的作用力在垂直方向的代数和在全面积A_t上的平均值，定义为“有效应力”，用 σ' 表示；右侧第二项中的$\frac{A_w}{A_t} \approx 1$。因此，式（2.22）可表示为

$$\sigma^T = \sigma' + P_w \tag{2.23}$$

式(2.23)表明,在饱和土体中,作用于土体中任一点的总应力等于作用于该点的有效应力与孔隙水压力之和。由于作用于土体颗粒上的孔隙水压力属于中性压力,且土体颗粒本身的变形模量很大,因此孔隙水压力并不会使土体颗粒发生移动和变形,引起土体发生变形和强度变化的只能是有效应力。

随着石油和天然气工业化开采的快速发展,含油气的储层岩体逐渐成为学者们的研究对象。由于岩石颗粒之间的胶结特性不同于土体颗粒,从而导致储层岩体的力学性质明显不同于土体的力学性质,因此将土体的有效应力原理直接应用于储层岩体的有效应力计算是不适合的。1940 年, Biot 以饱和多孔介质为研究对象建立了适用于三维条件下应力计算的 Biot 理论 [147]。根据 Biot 理论, Nur 首次给出了用来计算岩体有效应力的理论公式 [148-149],其张量形式为

$$\sigma_{ij}' = \sigma_{ij}^{\mathrm{T}} - \alpha P_{\mathrm{pore}} \delta_{ij} \tag{2.24}$$

式中 σ_{ij}'——有效应力张量,MPa;

σ_{ij}^{T}——总应力张量,MPa;

δ_{ij}——Kronecker 符号;

P_{pore}——孔隙压力,MPa;

α——Biot 系数(孔隙压力系数),且 $0 \leqslant \alpha \leqslant 1$,其表达式为

$$\alpha = 1 - \frac{K_{\mathrm{rock}}}{K_{\mathrm{grain}}} \tag{2.25}$$

式中 K_{rock}——岩体表观的体积模量,MPa;

K_{grain}——岩石颗粒的体积模量,MPa。

2.3.2 含水合物沉积物合成与三轴渗流试验一体化装置介绍

本研究采用稳态法来测量含水合物沉积物的渗透率。根据试验要求自主研制了具有高压低温功能且可对试样加载的含水合物沉积物合成与三轴渗流试验一体化装置,如图 2.20 所示。该一体化装置主要由三轴渗透仪、恒温冷水箱、供压系统、甲烷气源和数据采集系统等部分构成(图 2.21),其中三轴渗透仪是核心设备,其结构如图 2.22 所示。使用该一体化装置可首先在三轴渗透仪内进行含水合物沉积物合成试验,然后再进行三轴加载渗透率试验,这样就很好地避免了常规两次试验需要拆卸试样而引发的水合物分解问题。该一体化装置中的恒温冷水箱提供甲烷水合物合成及稳定存在所需的低温环境;甲烷气源与气体压力泵连接,并通过供压系统中的进气压力釜和出气压力釜提供水合物合成及稳定存在所需的高压以及三轴渗流试验的渗透气体压差;供压系统中的手动水压泵用于对试样施加三轴载荷;压力变送器用于监测供压系统的压力变化,并与计算机连接组成数据采集系统;电磁阀可以使三轴渗透仪两端的进气压力釜和出气压力釜的压力值始终恒定,从而保证试验中的渗流过程为稳定渗流。

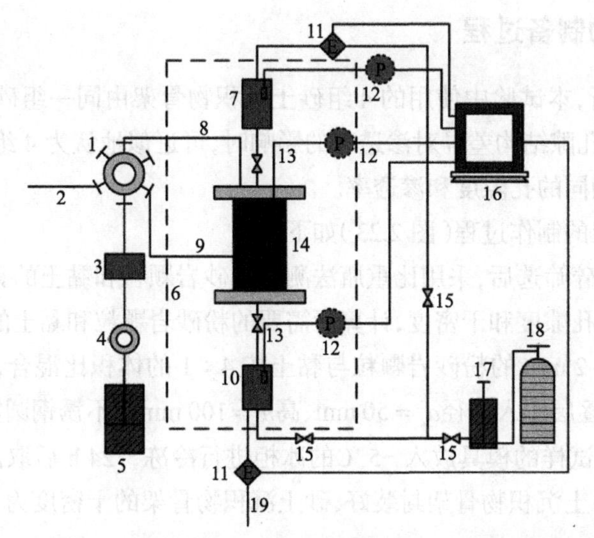

图 2.20　含水合物沉积物合成与三轴渗流试验一体化装置示意图

1—六通阀和压力表；2—排水管线；3—稳压器；4—调压阀；5—手动水压泵；6—恒温冷水箱；7—进气压力釜；8—轴压；9—围压；10—出气压力釜；11—电磁阀；12—压力变送器；13—球阀；14—三轴渗透仪；15—针阀；16—计算机；17—气体压力泵；18—甲烷气源；19—排气管线

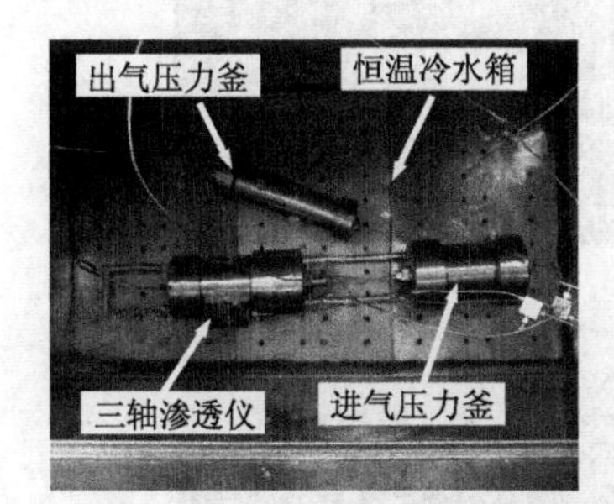

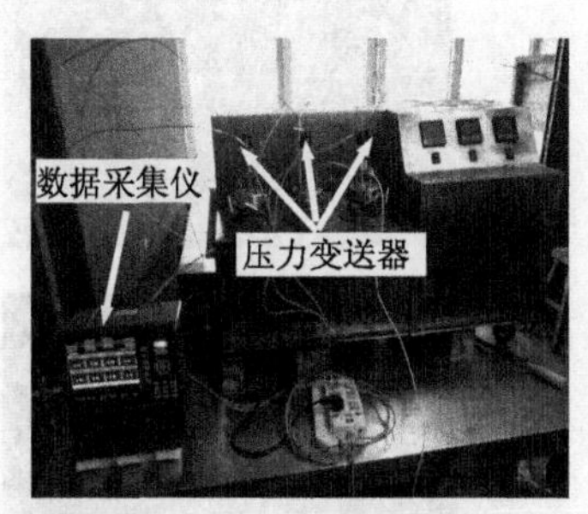

图 2.21　含水合物沉积物合成与三轴渗流试验一体化装置实物图

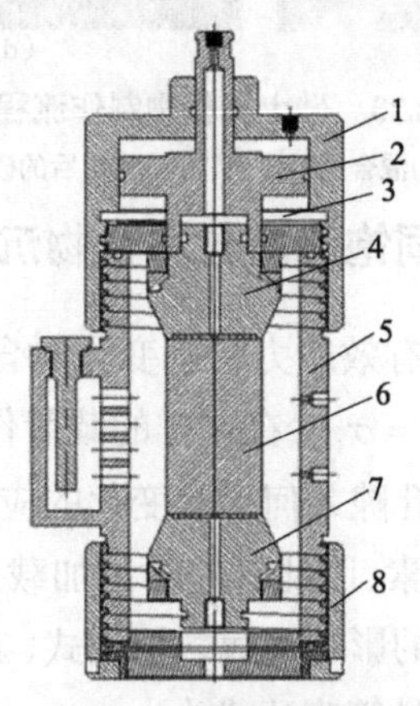

图 2.22　三轴渗透仪结构图

1—上端螺帽；2—活塞；3—压板；4—上端圆压头；5—套筒；6—试件；7—下端圆压头；8—下端螺帽

2.3.3　砂土沉积物制备过程

为便于对比分析，本试验中使用的4组砂土沉积物骨架由同一组砂土材料重复制作加工而成，当忽略微观孔隙结构差异对渗透率的影响时，可近似地认为4组砂土沉积物骨架在不加水前具有基本相同的孔隙度和渗透率。

砂土沉积物骨架的制作过程（图2.23）如下：

（1）将粉砂岩粉碎筛选后，采用比重瓶法测得粉砂岩颗粒和黏土的真密度；

（2）按照设计的孔隙度和干密度，计算所需要的粉砂岩颗粒和黏土的质量；

（3）将粒径为1~2 mm的粉砂岩颗粒与黏土按4：1的体积比混合，并与不同质量的去离子水搅拌均匀后，逐层压入直径$d_s = 50$ mm、高$h_s = 100$ mm的不锈钢圆筒模具中；

（4）把装有砂土试样的模具放入−5 ℃的冰柜进行冷冻，24 h后取出，用橡胶管将脱模后处于冰冻状态的砂土沉积物骨架封装好，砂土沉积物骨架的干密度为1.5 g/cm³，真密度为2.66 g/cm³。

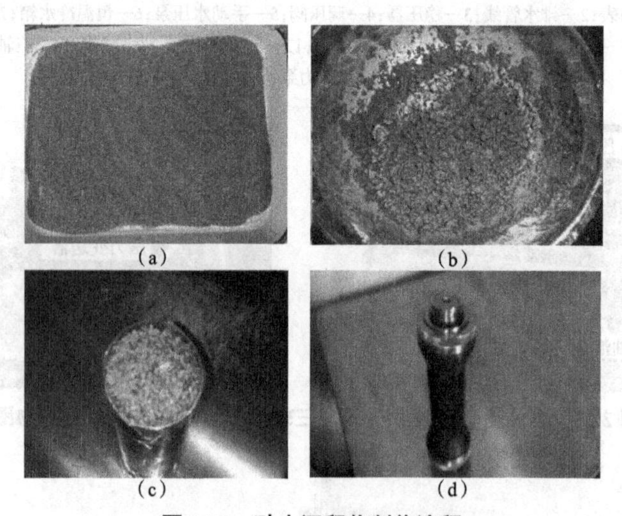

图2.23　砂土沉积物制作流程

（a）粒径范围为1~2 mm粉砂岩颗粒　（b）混合后的砂土　（c）装填后的砂土沉积物　（d）封装砂土沉积物骨架

2.3.4　有效体积应力作用下不同饱和度含水合物沉积物渗透率测试原理

为了能够更加真实地反映地层有效应力状态变化对含水合物沉积物渗透率的影响，试验中设计试样的载入条件为$\sigma_1 \neq \sigma_2 = \sigma_3$。在这样的载荷作用下，试样内部会产生分别引起孔隙体积变化的应力球张量和引起孔隙几何形状变化的应力偏张量。由于孔隙体积变化是引起多孔介质渗透率变化的主要因素，因此首先讨论加载后有效体积应力变化引起的孔隙体积改变对含水合物沉积物渗透率的影响规律。根据式（2.24），为计算简便，将孔隙压力系数α取为1/3，可得有效体积应力的计算表达式为

$$\sigma'_V = (\sigma_1 + 2\sigma_3) - P_{pore} \tag{2.26}$$

式中　σ'_V——有效体积应力，MPa；

σ_1——轴压，MPa；

σ_3——围压，MPa；

$P_{pore}=\dfrac{P_{in}+P_{out}}{2}$——孔隙压力，MPa，在试验中近似为 4 MPa。

由于试验采用天然砂土制作沉积物骨架，且砂土的毛细力作用比较小[150]。因此，可认为含水合物沉积物合成过程中砂土沉积物孔隙中的绝大部分水与过量甲烷气体反应生成甲烷水合物，不考虑孔隙中极少量残余水对渗透率的影响。渗流试验结束后，通过称量试验前、后的样品质量变化计算得到水合物的饱和度，具体步骤如下。

设合成水合物前含孔隙水的砂土沉积物质量为$m_{sw}=m_{soil}+m_{water}$、含水合物沉积物试样的质量为$m_{sh}=m_{soil}+m_{hydrate}=m_{soil}+m_{water}+m_{CH_4}$，则参与反应的甲烷气体的质量为$m_{CH_4}=m_{sh}-m_{sw}$。根据化学反应方程式$CH_4+5.75H_2O=CH_4\cdot 5.75H_2O$，可计算得到合成的甲烷水合物的质量为

$$m_{hydrate}=\frac{m_{CH_4}\cdot M_h}{M_g}=\frac{(m_{sh}-m_{sw})\cdot M_h}{M_g} \tag{2.27}$$

式中　$m_{hydrate}$——甲烷水合物的质量，g；

m_{CH_4}——参与反应的甲烷气体的质量，g；

M_h——甲烷水合物的摩尔质量，g/mol；

M_g——甲烷气体的摩尔质量，g/mol。

进而可计算得到合成的水合物的初始饱和度为

$$S_{h_0}=\frac{m_{hydrate}/\rho_h}{V_p}=\frac{(m_{sh}-m_{sw})M_h}{M_g\rho_h V_p} \tag{2.28}$$

式中　S_{h_0}——水合物的初始饱和度；

ρ_h——水合物的密度，g/cm³；

V_p——含水合物沉积物试样的孔隙体积，cm³。

本试验在测不同饱和度含水合物沉积物的渗透率时，需要记录每级有效体积应力状态下进气压力釜的压力值P_{in}（高压）、出气压力釜的压力值P_{out}（低压）、渗流过程的时间t_s以及在此时间历程中的排水量Q_w，将计算得到的出口端气体的平均流速$Q_{out}=Q_w/t_s$（测量三次取平均值）代入式（2.16）中即可得到含水合物沉积物的渗透率为

$$K=\frac{2P_{out}Q_{out}\mu_g L_h}{(P_{in}^2-P_{out}^2)\cdot A_{sec}} \tag{2.29}$$

式中　K——含水合物沉积物的渗透率，m²；

Q_{out}——出口端气体的平均流速，m³/s；

L_h——含水合物沉积物试样的长度，m；

P_{in}——进气压力釜的压力值，Pa；

P_{out}——出气压力釜的压力值，Pa；

μ_g——甲烷气体的动力黏度，Pa·s。

含水合物沉积物合成与三轴加载渗透率试验的步骤如下：

（1）将冰冻后的砂土沉积物骨架在三轴渗透仪中安装好后，按照试验原理图，用输气管线和阀门连接好相关试验仪器和设备，检查并确认装置不漏气后，打开真空泵对整套装置抽真空；

（2）利用手动水压泵施加轴压、围压至设定值，使用气体压力泵通过进气压力釜向砂土沉积物骨架的孔隙中注入甲烷气体，施加孔隙压力至预先设定的参考值，静止放置 24 h，使甲烷气体尽量均匀分布并溶解于砂土沉积物骨架的孔隙水中；

（3）开启低温水箱，将反应环境温度降至 1 ℃（防止孔隙中的水出现结冰现象），当孔隙压力有较大程度下降并经过一段时间保持不变后，分多次继续向三轴渗透仪中注入甲烷气体补充孔隙压力，直到最终补压后的孔隙压力值保持恒定不变时，则含水合物沉积物合成结束；

（4）启动气体压力泵，将加压后的甲烷气体注入出气压力釜中，预冷 1 h 后开启电磁阀，将出气压力釜和进气压力釜内的气体压力值分别设为 3.5 MPa 和 4.5 MPa；

（5）调节轴压、围压至设定的参考值，当出气压力釜排气速度稳定后，测算平均流速Q_{out}（测量三次取平均值）并记录；

（6）按照试验方案改变轴压、围压，以获得各级有效体积应力状态，并测定和记录对应状态下的Q_{out}；

（7）将测得的Q_{out}代入式（2.29），即可得到三轴加载条件下，不同饱和度含水合物沉积物在各级有效体积应力状态下的渗透率。

需要注意的是，在调节轴压、围压使有效体积应力达到预先设定的参考值后，保持压力恒定 0.5 h，待试样的变形达到稳定状态后，再进行出口气体流速的测试。

2.3.5 试验数据及结果分析

1. 有效体积应力对含水合物沉积物渗透率的影响机理

表 2.8 为加载条件下的试验参数和渗透率数据。将表中的含水合物沉积物渗透率与有效体积应力进行非线性拟合，可以得到 4 种不同饱和度条件下，含水合物沉积物的渗透率随有效体积应力变化的关系曲线，如图 2.24 所示。拟合关系则可以表示成下列负指数的形式：

$$K = A_1 e^{-B_1 \sigma'_V} \quad (A_1 > 0, B_1 > 0) \tag{2.30}$$

式中 K——含水合物沉积物的渗透率，mD；

σ'_V——有效体积应力，MPa；

A_1、B_1——拟合常数，拟合常数及相关系数见表 2.9。

表 2.8　加载条件下试验参数和渗透率数据

饱和度	轴压 /MPa	围压 /MPa	孔隙压力 /MPa	有效体积应力 /MPa	渗透率 /mD
5.67%	1.0	4.3	4	5.6	6.362
	1.2	4.6		6.4	3.859
	1.4	4.9		7.2	2.557
	1.6	5.2		8	1.882
	1.8	5.5		8.8	1.425
13.48%	1.0	4.3	4	5.6	3.943
	1.2	4.6		6.4	2.236
	1.4	4.9		7.2	1.387
	1.6	5.2		8	0.847
	1.8	5.5		8.8	0.635
18.34%	1.0	4.3	4	5.6	2.893
	1.2	4.6		6.4	1.687
	1.4	4.9		7.2	0.915
	1.6	5.2		8	0.619
	1.8	5.5		8.8	0.469
28.23%	1.0	4.3	4	5.6	1.827
	1.2	4.6		6.4	0.872
	1.4	4.9		7.2	0.475
	1.6	5.2		8	0.345
	1.8	5.5		8.8	0.234

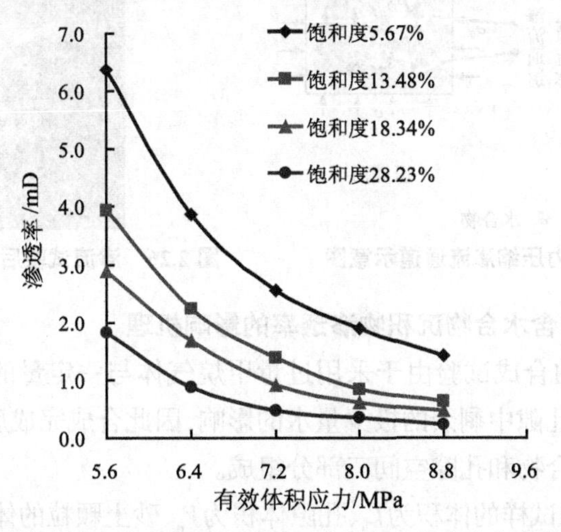

图 2.24　不同饱和度含水合物沉积物渗透率随有效体积应力变化的关系曲线

表 2.9 拟合常数及相关系数

饱和度 S_h	拟合常数		相关系数 R^2
	A_1	B_1	
5.67%	78.636	0.463 8	0.984 3
13.48%	93.442	0.577 9	0.989 0
18.34%	68.785	0.580 5	0.979 4
28.23%	53.366	0.630 1	0.970 3

从图 2.24 可以看出,当水合物饱和度恒定不变时,含水合物沉积物的渗透率随有效体积应力呈负指数规律变化,即含水合物沉积物的渗透率随有效体积应力的增大而减小。但当有效体积应力增大到一定程度时,减小的趋势则逐渐变缓,不同饱和度含水合物沉积物之间的渗透率差值越来越小,饱和度对含水合物沉积物渗透率的影响减弱。这可以解释为在加载初期,即有效体积应力增大的初始阶段,试样具有较强的可压缩性,作用在含水合物沉积物固体骨架上的有效体积应力会压缩试样内部孔隙,造成孔隙流体渗流通道尺寸的减小甚至某些小孔隙通道的闭合(图 2.25),因此含水合物沉积物渗透率降低的幅度也就较大;在加载后期,随着有效体积应力的继续增大,含水合物沉积物骨架的压实程度越来越高,剩余可以压缩的孔隙空间越来越少,渗透率减小的幅度也就越来越小,因此曲线的变化也就变得比较平直。可以预测,当有效体积应力达到一定值后,即使有效体积应力继续增加,渗透率也将基本不再发生变化,而是趋于某一定值。图 2.26 为渗流试验后的含水合物沉积物试样。

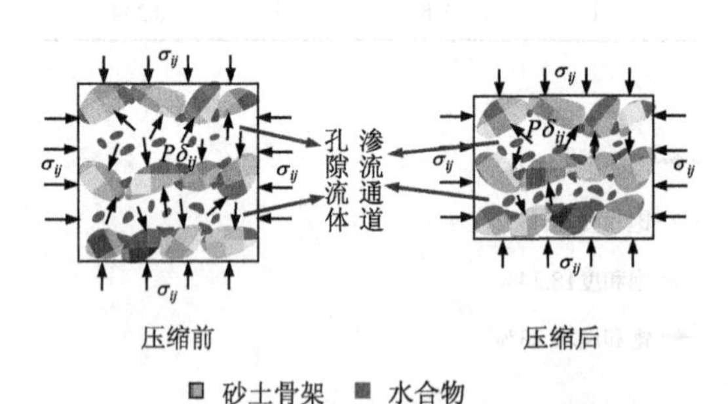

图 2.25 有效体积应力压缩渗流通道示意图

图 2.26 渗流试验后的含水合物沉积物试样

2. 水合物饱和度对含水合物沉积物渗透率的影响机理

含水合物沉积物的合成试验由于采用过量甲烷气体与一定量的水反应生成甲烷水合物,不考虑砂土沉积物孔隙中剩余的极少量水的影响,因此合成完成后的含水合物沉积物可以看作由砂土颗粒、水合物和孔隙空间三部分组成。

设含水合物沉积物试样的体积为V_b、孔隙体积为V_p、砂土颗粒的体积为V_s、水合物的体积为V_h,则式(2.28)中的初始水合物饱和度亦可以表示为

$$S_{h_0}=\frac{V_h}{V_p}=\frac{V_h}{V_b-V_s-V_h} \tag{2.31}$$

式中　S_{h_0}——水合物初始饱和度。

施加载荷后，随着有效体积应力的增大，含水合物沉积物的体积将发生变化，其变化量应该包括砂土颗粒体积的变化量、水合物体积的变化量以及孔隙体积的变化量，即

$$\Delta V_b = \Delta V_s + \Delta V_h + \Delta V_p \tag{2.32}$$

式中　ΔV_b——含水合物沉积物体积的变化量，m^3；

ΔV_s——砂土颗粒体积的变化量，m^3；

ΔV_h——水合物体积的变化量，m^3；

ΔV_p——孔隙体积的变化量，m^3。

则加载后试样的应变为

$$\varepsilon_{VH} = \frac{\Delta V_b}{V_b} = \frac{\Delta V_s + \Delta V_h + \Delta V_p}{V_b} \tag{2.33}$$

式中　ε_{VH}——含水合物沉积物的应变。

假设加载过程中砂土颗粒和水合物不可压缩且水合物不发生分解，则

$$\Delta V_s = \Delta V_h = 0 \tag{2.34}$$

结合式(2.33)和式(2.34)，可将式(2.32)进一步整理为

$$\Delta V_p = \Delta V_b = \varepsilon_{VH} V_b \tag{2.35}$$

最后可得试样压缩变形后的水合物饱和度为

$$S_{hc} = \frac{V_h}{V_p - \Delta V_p} = \frac{V_h}{(V_b - V_s - V_h) - \varepsilon_{VH} V_b} = \frac{V_h}{(1 - \varepsilon_{VH}) V_b - V_s - V_h} \tag{2.36}$$

式中　S_{h_0}——水合物初始饱和度；

S_{hc}——试样压缩变形后的水合物饱和度；

V_h——水合物体积，m^3；

V_p——孔隙体积，m^3；

ΔV_p——孔隙体积的变化量，m^3；

V_b——含水合物沉积物的体积，m^3；

V_s——砂土颗粒的体积，m^3；

ε_{VH}——含水合物沉积物的应变。

由小变形假设可知，式(2.36)中的应变 ε_{VH} 远小于 1，因此含水合物沉积物孔隙压缩变形对水合物饱和度的影响可以忽略不计，试样压缩变形前后水合物饱和度基本相等，即由式(2.36)可进一步整理得到

$$S_{hc} \approx \frac{V_h}{V_b - V_s - V_h} = S_{h_0} \tag{2.37}$$

由表 2.8 的数据拟合得到各级有效体积应力作用(加载条件)下，含水合物沉积物的渗透率随水合物饱和度变化的关系曲线，如图 2.27 所示。二者之间亦满足下列负指数的形式：

$$K = A_2 e^{-B_2 S_h} \quad (A_2 > 0, B_2 > 0) \tag{2.38}$$

式中 K——含水合物沉积物的渗透率，mD；

A_2、B_2——拟合常数，拟合常数及相关系数见表 2.10。

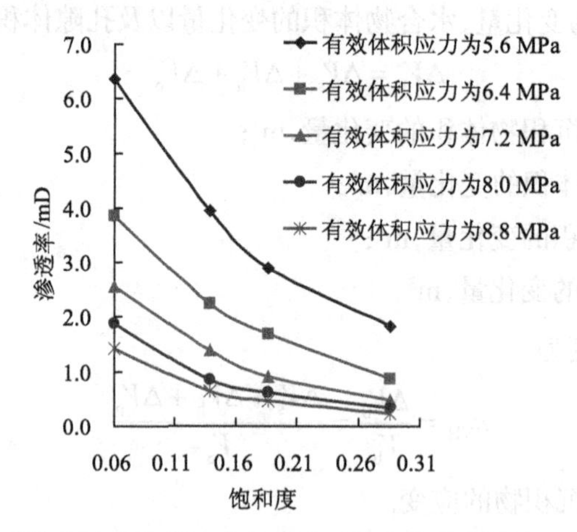

图 2.27 不同有效体积应力作用下含水合物沉积物渗透率随饱和度变化的关系曲线

表 2.10 拟合常数及相关系数

有效体积应力 /MPa	拟合常数		相关系数 R^2
	A_2	B_2	
5.6	8.434 0	5.540 6	0.993 6
6.4	5.540 4	6.554 3	0.999 3
7.2	3.813 5	7.487 8	0.997 0
8.0	2.579 0	7.407 2	0.976 6
8.8	2.047 6	7.879 2	0.986 5

从图 2.27 可以看出，当有效体积应力保持恒定不变时，含水合物沉积物的渗透率与水合物饱和度之间亦呈指数递减规律变化，即渗透率曲线的斜率随着饱和度的增大逐渐变小，不同有效体积应力作用下含水合物沉积物的渗透率差值越来越小。这可以解释为当砂土沉积物的孔隙被生成的固体水合物填充后，水合物的含量越多，其与周围砂土颗粒胶结的程度越好，含水合物沉积物的强度和弹性模量越大，试样抵抗外载荷和变形的能力越强，有效体积应力对试样孔隙压缩作用的效果越弱；但随着试样孔隙空间被越来越多的固体水合物所占据，含水合物沉积物的有效孔隙度降低，渗流通道允许孔隙流体通过的有效面积变小，甚至一些小尺寸的渗流通道被固体水合物完全堵塞（图 2.28），最终引起渗透率的减小。而且在加载过程中，试样孔隙中的固体水合物发生运移也会引起渗透率下降，水合物的含量越多，试样变形达到稳定状态后发生沉积堵塞的概率越大，渗流通道越容易被堵。试验完成后，快速切开含水合物沉积物试样，并获得其内部剖面局部放大图，可以看到在砂土沉积物的孔隙中分布着像冰晶颗粒一样的固体水合物，如图 2.29 所示。

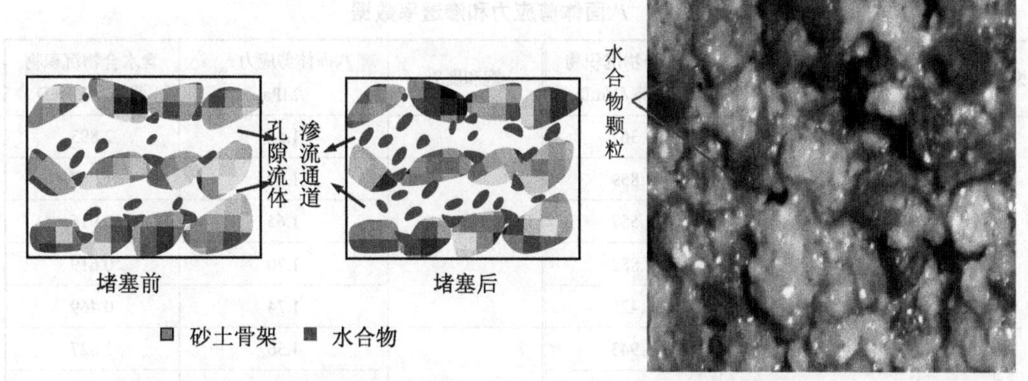

图 2.28　水合物堵塞渗流通道示意图

图 2.29　含水合物沉积物内部剖面局部放大图

2.4　八面体剪应力对含水合物沉积物渗透率的影响

2.3 节的研究结果表明，不同饱和度含水合物沉积物的渗透率随有效体积应力呈负指数规律变化，但由于试验中的加载条件为$\sigma_1 \neq \sigma_2 = \sigma_3$，因此所得试验结果实际上隐含了剪应力改变引起的试样孔隙形状变化的影响。而孔隙形状变化是否会对含水合物沉积物的渗透率产生影响以及影响程度如何，还需要做进一步的分析。因此，本节通过对表 2.8 的渗透率数据进行再次剖析，探讨剪应力对不同饱和度含水合物沉积物渗透率的影响规律。

根据应力状态理论，对于试样中的某点而言，通过该点的截面不同，其剪应力也不同。为了弱化这种差异的影响，在不考虑含水合物沉积物各向异性的条件下，可以用包围该点的单元体上的统计平均剪应力来代替通过该点的剪应力[151-152]。由于八面体剪应力与统计平均剪应力二者在数值上比较接近[153]，并且八面体剪应力的求解过程简单以及用其来表征岩土体的塑性变形更加方便[154]，因此在本研究的三维应力状态下（$\sigma_1 \neq \sigma_2 = \sigma_3$），采用八面体剪应力来表征剪应力。八面体剪应力的计算公式为

$$\tau_{\text{oct}} = \frac{\sqrt{2}}{3} q_\tau = \frac{1}{3}\sqrt{(\sigma_1 - \sigma_2)^2 + (\sigma_2 - \sigma_3)^2 + (\sigma_1 - \sigma_3)^2} \tag{2.39}$$

其中

$$q_\tau = \frac{1}{\sqrt{2}}\sqrt{(\sigma_1 - \sigma_2)^2 + (\sigma_2 - \sigma_3)^2 + (\sigma_3 - \sigma_1)^2} \tag{2.40}$$

式中　τ_{oct}——八面体剪应力，MPa；

q_τ——广义剪应力，MPa。

将表 2.8 中的 σ_1、σ_2 和 σ_3 代入式（2.39）得到八面体剪应力和不同饱和度含水合物沉积物的渗透率，见表 2.11。

表 2.11　八面体剪应力和渗透率数据

饱和度S_h	八面体剪应力τ_{oct} /MPa	含水合物沉积物渗透率K /mD	饱和度S_h	八面体剪应力τ_{oct} /MPa	含水合物沉积物渗透率K /mD
5.67%	1.56	6.362	18.34%	1.56	2.893
	1.60	3.859		1.60	1.687
	1.65	2.557		1.65	0.915
	1.70	1.882		1.70	0.619
	1.74	1.425		1.74	0.469
13.48%	1.56	3.943	28.23%	1.56	1.827
	1.60	2.236		1.60	0.872
	1.65	1.387		1.65	0.475
	1.70	0.847		1.70	0.345
	1.74	0.635		1.74	0.234

对表 2.11 的数据进行拟合，可以得到不同饱和度含水合物沉积物的渗透率随八面体剪应力变化的关系曲线，如图 2.30 所示。二者之间的关系可以表示成如下负指数的形式：

$$K = A_3\,\mathrm{e}^{-B_3\tau_{oct}} \tag{2.41}$$

式中　K——含水合物沉积物的渗透率，mD；

A_3、B_3——拟合常数，拟合常数及相关系数见表 2.12。

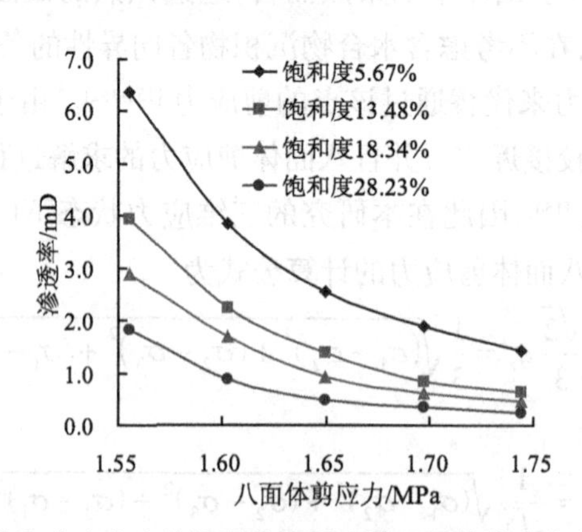

图 2.30　不同饱和度含水合物沉积物渗透率随八面体剪应力变化的关系曲线

表 2.12　拟合常数及相关系数

饱和度 S_h	拟合常数		相关系数 R^2
	A_3	B_3	
5.67%	1.024e7	9.184	0.979 8
13.48%	1.938e8	11.370	0.989 7
18.34%	2.462e8	11.720	0.990 8

续表

饱和度 S_h	拟合常数		相关系数 R^2
	A_3	B_3	
28.23%	7.960e9	14.25	0.975 9

由图 2.30 可以看出,在不同饱和度条件下含水合物沉积物的渗透率随八面体剪应力皆呈负指数规律变化,即在八面体剪应力增加的初始阶段,渗透率降低的幅度最大,随着八面体剪应力的继续增大,曲线的斜率越来越小,不同饱和度含水合物沉积物渗透率之间的差值也逐渐减小。这可以解释为试样的沉积物骨架是由较松散的砂土组成的,在加载的初始阶段,其剪缩性较强,在剪应力的作用下,会导致砂土颗粒与水合物之间的胶结作用减弱,从而造成沉积物骨架颗粒之间发生翻滚和错动,进而缩小了孔隙流体渗流通道的有效面积(图 2.31),含水合物沉积物渗透率降低的幅度也就较大;随着载荷的继续增大,沉积物骨架颗粒之间最终达到一种稳定状态,彼此之间不再发生相对运动,渗透率也就基本不再变化。

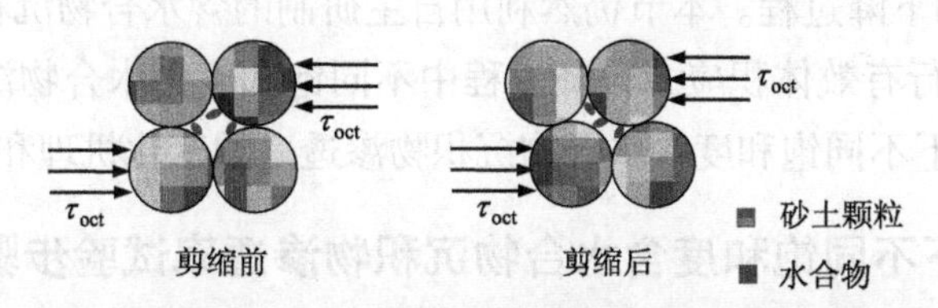

图 2.31　含水合物沉积物渗流通道剪缩示意图

同时考虑有效体积应力和八面体剪应力的影响时,可将每种饱和度条件下对应的含水合物沉积物渗透率与二者之间的关系拟合成如下指数方程:

$$K = A_4 e^{-B_4\sigma'_V + C_4\tau_{oct}} \tag{2.42}$$

式中　K——含水合物沉积物的渗透率,mD;

A_4、B_4、C_4——拟合常数,拟合常数及相关系数见表 2.13。

表 2.13　拟合常数及相关系数

饱和度	渗透率与有效体积应力之间的关系方程 $K=A_1\exp(-B_1\sigma'_V)$	相关系数R_1^2	渗透率与有效体积应力和八面体剪应力的关系方程 $K=A_4\exp(-B_4\sigma'_V+C_4\tau_{oct})$	复相关系数R_2^2	$\frac{R_2^2-R_1^2}{R_1^2}$/%
5.67%	78.636exp(−0.463 8σ'_V)	0.984 3	0.039exp(−0.884 4 σ'_V +6.423 τ_{oct})	0.992 7	0.85
13.48%	93.442exp(−0.577 9σ'_V)	0.989 0	0.029exp(−1.020 0 σ'_V +6.806 τ_{oct})	0.997 3	0.84
18.34%	68.785exp(−0.580 5σ'_V)	0.979 4	0.023exp(−0.801 6 σ'_V +2.615 τ_{oct})	0.994 3	1.52
28.23%	53.366exp(−0.630 1σ'_V)	0.970 3	0.021exp(−1.179 0 σ'_V +7.115 τ_{oct})	0.990 1	2.04

由表 2.13 可以看出,同时考虑有效体积应力和八面体剪应力的影响时,拟合得到的渗透率数据关系方程的复相关系数值比单独考虑有效体积应力影响的渗透率数据关系方程的相关系数值略有增加。这说明八面体剪应力对含水合物沉积物的渗透率是有一定影响的,

但影响不大，最高仅为 2.04%，平均为 1.31%。因此，在本试验条件下，可以忽略八面体剪应力对含水合物沉积物渗透率的影响。

2.5 加卸载条件下不同饱和度含水合物沉积物渗透率试验

在天然气水合物的分解过程中，水合物含量的变化会引起含水合物沉积物渗透率发生变化。与此同时，水合物分解产生的水、气在低渗透孔隙空间形成的超静孔隙压力会使沉积物的有效应力减小，而在抽采天然气过程中，则会使沉积物孔隙压力降低、有效应力增大，孔隙压力的不断变化会导致有效应力的变化，进而引起沉积物孔隙度的变化，最终使其渗透率发生动态变化。因此，研究水合物饱和度和由于孔隙压力的不断变化引起的有效应力变化对含水合物沉积物渗透率的影响是非常必要的，需进行加卸载条件下不同饱和度含水合物沉积物渗透率变化规律的试验研究。由 2.4 节的结论可知，八面体剪应力变化引起的孔隙形状改变对含水合物沉积物渗透率的影响可以忽略，因此本节试验中的加卸载条件指的是有效体积应力的上升和下降过程。本节仍然利用自主研制的含水合物沉积物合成与三轴渗流试验一体化装置，进行有效体积应力升降过程中不同饱和度含水合物沉积物的三轴渗流试验，探讨加卸载条件下不同饱和度含水合物沉积物渗透率的变化机理和规律。

2.5.1 加卸载条件下不同饱和度含水合物沉积物渗透率试验步骤

（1）在室温条件下，将冰冻后的砂土试样脱模后，用橡胶管封装好安装到三轴渗透仪中，连接好试验管线后抽真空。

（2）利用供压系统缓慢施加轴压、围压和孔隙压力至设定值，并在此过程中保证围压始终稍大于孔隙压力，检查装置连接处是否有气泡冒出，确保装置不漏气后，静止放置 24 h，使气体能充分与孔隙水接触融合。

（3）启动恒温冷水箱并降温至 1 ℃（确保沉积物孔隙中不含冰相），当三轴渗透仪的孔隙压力有较大幅度降低并稳定不变后，进行多次补压，直到最后孔隙压力不再降低并保持不变后，则含水合物沉积物合成结束。

（4）向出气压力釜中注入高压甲烷气体并预冷 1 h，直至稳定后的压力值稍大于多孔介质中水合物 1 ℃时对应的相平衡压力。

（5）开启三轴渗透仪与出气压力釜之间的阀门，并打开电磁阀，设定进气压力釜和出气压力釜的压力值分别为 4.5 MPa 和 3.5 MPa，以维持渗流试验过程中三轴渗透仪内孔隙压力的平均值始终在 4 MPa 左右。

（6）按照试验方案中的轴压和围压组合，调节轴压、围压至设定值，以获得有效体积应力增大过程中的 5 级有效体积应力状态，在每级有效体积应力达到预定值一定时间，待出气压力釜排气速率稳定后，测定气体的平均流速Q_{out}并记录（测量三次取平均值）。

（7）从有效体积应力增大过程的最后一级有效体积应力点开始，通过排水管线和手动水压泵降低轴压、围压，分别完成有效体积应力减小过程中 4 级有效体积应力状态下气体的平均流速Q_{out}的测试并记录(测量三次取平均值)。

(8)重复上述步骤即可完成有效体积应力变化过程中不同饱和度含水合物沉积物的渗透率试验。试验过程中对于每一级有效体积应力,在达到预定值后均稳定 0.5 h,以确保含水合物沉积物的变形达到稳定状态。

2.5.2　试验数据及结果分析

试验结束后,根据式(2.29)即可计算得到有效体积应力变化过程中不同饱和度含水合物沉积物的渗透率,见表 2.14。

表 2.14　有效体积应力升降过程中不同饱和度含水合物沉积物渗透率

饱和度	轴压 /MPa	围压 /MPa	孔隙压力 /MPa	有效体积应力(增大过程)/MPa	渗透率 /m²	有效体积应力(减小过程)/MPa	渗透率 /m²
0	1.0	4.4	4	5.8	8.133 115e−15	8.2	2.516 315e−15
	1.4	4.6	4	6.6	5.279 215e−15	7.4	2.977 615e−15
	1.8	4.8	4	7.4	4.077 715e−15	6.6	3.779 215e−15
	2.2	5	4	8.2	3.277 315e−15	5.8	5.368 115e−15
	2.6	5.2	4	9	2.091 515e−15		
6.51%	1.0	4.4	4	5.8	5.572 415e−15	8.2	1.284 615e−15
	1.4	4.6	4	6.6	3.154 615e−15	7.4	1.636 115e−15
	1.8	4.8	4	7.4	2.087 415e−15	6.6	2.281 615e−15
	2.2	5	4	8.2	1.632 715e−15	5.8	3.314 215e−15
	2.6	5.2	4	9	1.083 915e−15		
11.21%	1.0	4.4	4	5.8	4.476 615e−15	8.2	8.512 616e−16
	1.4	4.6	4	6.6	2.313 915e−15	7.4	1.088 915e−15
	1.8	4.8	4	7.4	1.268 915e−15	6.6	1.713 815e−15
	2.2	5	4	8.2	9.739 716e−16	5.8	2.376 515e−15
	2.6	5.2	4	9	6.969 216e−16		
27.96%	1.0	4.4	4	5.8	1.698 415e−15	8.2	2.246 116e−16
	1.4	4.6	4	6.6	7.914 916e−16	7.4	3.262 916e−16
	1.8	4.8	4	7.4	4.336 216e−16	6.6	5.679 216e−16
	2.2	5	4	8.2	2.988 216e−16	5.8	7.883 016e−16
	2.6	5.2	4	9	2.047 516e−16		

由表 2.14 的数据,可以绘制出有效体积应力升降过程中不同饱和度含水合物沉积物的渗透率与有效体积应力的关系曲线,如图 2.32 所示。根据曲线的形态,将试验数据进行非线性拟合,得到含水合物沉积物的渗透率随有效体积应力的变化规律,可用下式表示:

$$K = a_1 e^{-b_1 \sigma_V} \quad (a_1 > 0, b_1 > 0) \tag{2.43}$$

式中 K——含水合物沉积物渗透率，m^2；

σ'_V——有效体积应力，MPa；

a_1、b_1——拟合常数，拟合常数及相关系数见表 2.15。

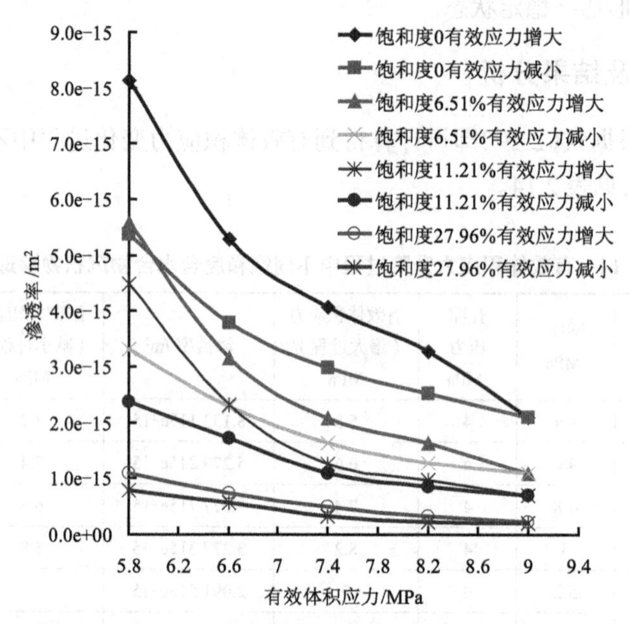

图 2.32 有效体积应力变化过程中不同饱和度含水合物沉积物渗透率变化的关系曲线

表 2.15 拟合常数及相关系数

饱和度	有效体积应力变化过程	拟合常数		相关系数 R^2
		a_1	b_1	
0	增大	8e-14	0.399 1	0.983 9
	减小	3e-14	0.286 5	0.975 4
6.51%	增大	9e-14	0.491 6	0.981 7
	减小	2e-14	0.351 2	0.977 9
11.21%	增大	1e-13	0.573 1	0.964 3
	减小	2e-14	0.394 1	0.978 7
27.96%	增大	6e-14	0.650 7	0.972 9
	减小	1e-14	0.453 0	0.958 1

由图 2.32 可以看出，在有效体积应力增大过程中，不同饱和度含水合物沉积物的渗透率均随有效体积应力的增大而减小，且在有效体积应力增大的初始阶段，渗透率的降低比较明显，此时的渗透率变化率最大，而有效体积应力增大的后期，渗透率的变化率则逐渐变小，且不同饱和度含水合物沉积物之间的渗透率差值越来越小。这是因为在有效体积应力增大的初期，试样处于初始压密和塑性变形阶段，此时含水合物沉积物的固体骨架被压缩，引起孔隙的尺寸减小甚至出现部分闭合，宏观表现为渗透率降低幅度较大；随着有效体积应力的

继续增大,试样进入塑性变形阶段,此时含水合物沉积物的固体骨架继续被压缩,孔隙尺寸继续减小,但是减小的速率越来越小,因此渗透率降低的幅度也越来越小,曲线也就变得比较平直。

在有效体积应力减小过程中,不同饱和度含水合物沉积物的渗透率随着有效体积应力的减小而增大,且在有效体积应力减小初期,渗透率恢复不明显。从整个渗透率演化特性来看,在相同的有效体积应力下,同一饱和度含水合物沉积物有效体积应力增大过程的渗透率均比有效应力减小过程的渗透率要大,即有效体积应力变化过程中渗透率的变化并不是可逆的,且有效体积应力越低,二者之间的渗透率差值越大。这是因为在有效体积应力增大的过程中,初始压密阶段和塑性变形阶段均会使含水合物沉积物产生不可恢复的变形,即使有效体积应力减小后,渗透率也不能完全恢复,造成的渗透率损害是永久的。这与煤岩体在加卸载条件下的渗透率变化规律基本一致[155-156],证明本书的试验方法是可行的。图 2.33 所示为渗流试验结束后从三轴渗透仪上拆卸下来的含水合物沉积物试样。将其迅速切开,得到如图 2.34 所示的含水合物沉积物内部剖面局部放大图,可以看到有冰状的白色固体颗粒分布于试样孔隙中。

图 2.33 渗流试验后的含水合物沉积物试样

图 2.34 含水合物沉积物剖面局部放大图

同理,由表 2.14 的数据可以绘制出有效体积应力变化过程中,含水合物沉积物的渗透率随饱和度变化的关系曲线,如图 2.35 和图 2.36 所示。根据曲线的形态,将试验数据进行非线性拟合,得到含水合物沉积物的渗透率随水合物饱和度的变化规律,可用下式表示:

$$K = a_2 \mathrm{e}^{-b_2 S_h} \quad (a_2 > 0, b_2 > 0) \tag{2.44}$$

式中 K——含水合物沉积物渗透率,m^2;

S_h——水合物的饱和度;

a_2、b_2——拟合常数,拟合常数及相关系数见表 2.16。

从图 2.35 和图 2.36 可以看出,无论是在有效体积应力增大过程还是减小过程中,有效体积应力不变时,含水合物沉积物的渗透率随水合物饱和度皆呈负指数规律变化,即在水合物含量较低时渗透率的变化率最大,随着饱和度的继续增加,曲线变化越来越平缓,不同有效体积应力之间的渗透率差值越来越小。根据 2.3 节中得到的水合物饱和度对含水合物沉积物渗透率影响的机理分析,水合物的饱和度越大,水合物在砂土颗粒之间所起的胶结作用的效果越明显,含水合物沉积物抵抗压力的能力越强,有效体积应力对渗透率的影响越小;

但与此同时，随着水合物含量的增多，水合物占据试样孔隙空间的比例增大，导致孔隙度减小，从而引起渗透率下降。

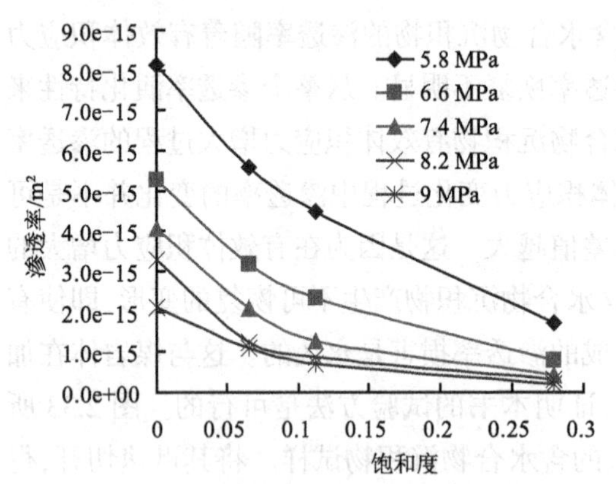

图 2.35　有效体积应力增大过程中含水合物沉积物渗透率随饱和度变化的关系曲线

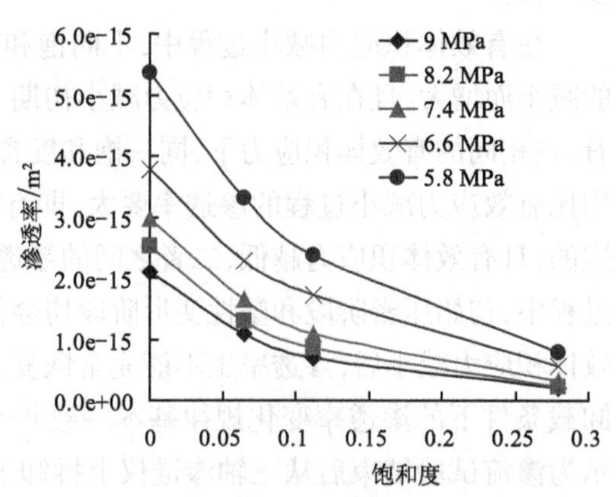

图 2.36　有效体积应力减小过程中含水合物沉积物渗透率随饱和度变化的关系曲线

表 2.16　拟合常数及相关系数

有效体积应力 /MPa	变化过程	拟合常数		相关系数 R^2
		a_2	b_2	
5.8	增大	8e−15	5.588 6	0.999 2
	减小	5e−15	6.818 0	0.987 2
6.6	增大	5e−15	6.700 7	0.997 7
	减小	4e−15	6.704 4	0.998 7
7.4	增大	4e−15	7.833 6	0.981 6
	减小	3e−15	7.805 9	0.996 0
8.2	增大	3e−15	8.067 3	0.985 7
	减小	2e−15	8.510 0	0.996 2
9	增大	2e−15	8.170 6	0.992 9
	减小	2e−15	8.169 6	0.982 9

2.5.3　含水合物沉积物的渗透率损害率及应力敏感性分析

由图 2.32 可知，有效体积应力变化过程中不同饱和度含水合物沉积物的渗透率均随有效体积应力呈负指数规律变化，但渗透率的减小幅度和恢复程度却存在差异。这里分别用最大渗透率损害率和渗透率损害率来表示含水合物沉积物渗透率降低的幅度和恢复的程度[157]。最大渗透率损害率越大，含水合物沉积物渗透率降低的幅度越大；渗透率损害率越大，含水合物沉积物渗透率恢复的程度越差。

最大渗透率损害率按下式计算：

$$D_{\max} = \frac{K_{\mathrm{up}} - K_{\max}}{K_{\mathrm{up}}} \times 100\% \tag{2.45}$$

式中　D_{max}——最大渗透率损害率；

K_{up}——有效体积应力增大过程中第一个有效体积应力点对应的渗透率，m^2；

K_{max}——最大有效体积应力点对应的渗透率，m^2。

渗透率损害率按下式计算：

$$D_k = \frac{K_{up} - K_{down}}{K_{up}} \times 100\% \tag{2.46}$$

式中　D_k——渗透率损害率；

K_{down}——有效体积应力减小过程中最后一个有效体积应力点对应的渗透率，m^2。

按式（2.45）和式（2.46）计算可得 4 种饱和度含水合物沉积物的最大渗透率损害率和渗透率损害率，并得到其随饱和度变化的关系曲线，如图 2.37 和图 2.38 所示。

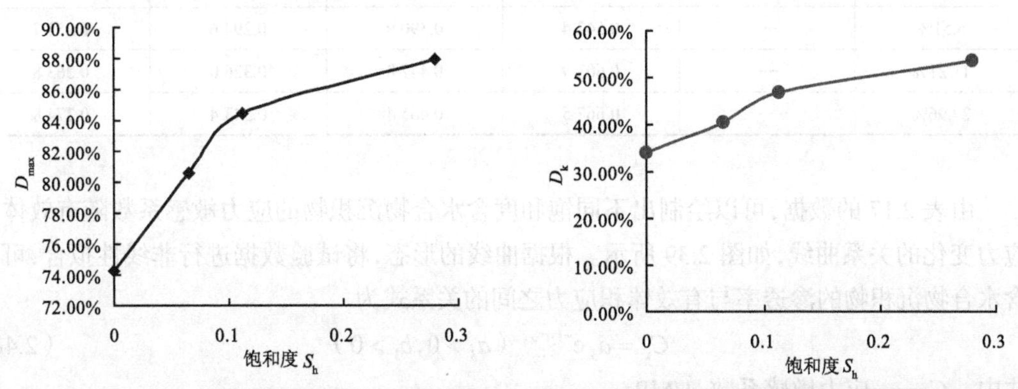

图 2.37　最大渗透率损害率随饱和度变化关系曲线　　**图 2.38　渗透率损害率随饱和度变化关系曲线**

从图 2.37 和图 2.38 可以看出，水合物饱和度越大，最大渗透率损害率越大，渗透率恢复的程度越差，且在低饱和度时，曲线变化更加明显。这是因为在水合物含量较低时，水合物在砂土颗粒之间所起的胶结作用较弱，在有效体积应力增大过程中的初始压密阶段和塑性变形阶段均会使含水合物沉积物产生更大的不可恢复变形，所以渗透率变化幅度较大。随着水合物含量的继续增加，含水合物沉积物抵抗外力的能力增强，有效体积应力的影响减弱，但由于此时水合物颗粒占据孔隙空间的比例增加，造成渗流通道尺寸减小，从而引起渗透率下降，因此水合物的饱和度越高，含水合物沉积物的渗透率最终下降幅度越大，渗透率损害率也越大。

同时，为了评价不同饱和度含水合物沉积物对有效体积应力的敏感程度，在结合原有渗透率损害率的基础上，参考岩石力学中定义的岩石渗透率对有效体积应力的敏感系数[158-159]，这里定义含水合物沉积物渗透率对有效体积应力的应力敏感系数为

$$C_k = -\frac{1}{K_i}\frac{\partial K_\sigma}{\partial \sigma'_V} \tag{2.47}$$

式中　C_k——应力敏感系数，1/MPa；

K_i——初始渗透率，m^2；

K_σ——某一有效体积应力状态下的渗透率，m^2；

σ_V'——有效体积应力,MPa。

应力敏感系数越大,表明含水合物沉积物渗透率对有效体积应力的变化越敏感,在有效体积应力变化幅度相同的条件下,含水合物沉积物的渗透率变化值越大;反之,应力敏感系数越小,表明含水合物沉积物渗透率对有效体积应力变化的敏感性越差。将表 2.14 中有效体积应力上升阶段的数据代入式(2.47)即可计算得到不同饱和度含水合物沉积物的渗透率敏感系数,见表 2.17。

表 2.17　不同饱和度含水合物沉积物渗透率的应力敏感系数

饱和度	有效体积应力 5.8 MPa	有效体积应力 6.6 MPa	有效体积应力 7.4 MPa	有效体积应力 8.2 MPa	有效体积应力 9.0 MPa
0	—	0.438 6	0.311 6	0.248 8	0.232 1
6.51%	—	0.542 4	0.390 9	0.294 6	0.251 7
11.21%	—	0.603 9	0.447 8	0.326 0	0.263 8
27.96%	—	0.667 5	0.465 4	0.343 4	0.274 8

由表 2.17 的数据,可以绘制出不同饱和度含水合物沉积物的应力敏感系数随有效体积应力变化的关系曲线,如图 2.39 所示。根据曲线的形态,将试验数据进行非线性拟合,可得含水合物沉积物的渗透率与有效体积应力之间的关系式为

$$C_k = a_3 e^{-b_3 \sigma_V'} \quad (a_3 > 0, b_3 > 0) \tag{2.48}$$

式中　C_k——应力敏感系数,1/MPa;

σ_V'——有效体积应力,MPa;

a_3、b_3——拟合常数,拟合常数及相关系数见表 2.18。

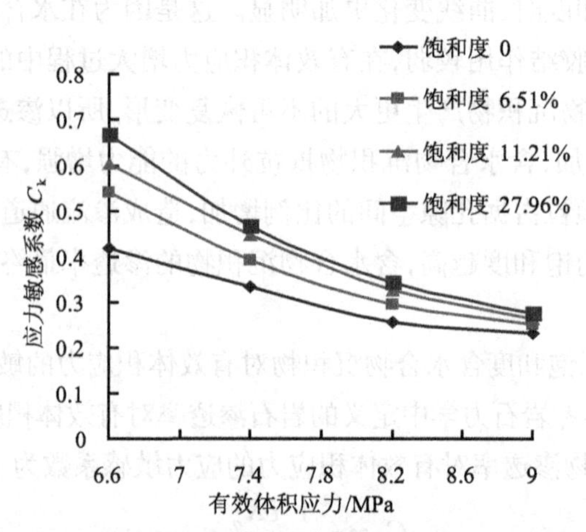

图 2.39　不同饱和度含水合物沉积物的应力敏感系数随有效体积应力变化的关系曲线

表 2.18　拟合常数及相关系数

饱和度	拟合常数		相关系数 R^2
	a_3	b_3	
0	2.176	0.253	0.973 3
6.51%	4.406	0.323	0.977 8
11.21%	5.997	0.350	0.993 2
27.96%	7.461	0.371	0.989 2

从图 2.39 可以看出，不同饱和度含水合物沉积物的应力敏感系数随有效体积应力增大而减小，且在有效体积应力小于 7.4 MPa 时，应力敏感系数下降的幅度较大，应力敏感性最强；而当有效体积应力大于 7.4 MPa 时，应力敏感系数减小幅度变缓，应力敏感性减弱，且不同饱和度之间的应力敏感系数差值越来越小，这与渗透率随有效体积应力的变化规律是一致的，这也说明了采用应力敏感系数来衡量含水合物沉积物的渗透率随有效体积应力的变化规律是可行的。

假设有效体积应力状态从σ'_{V_i}变化到$\sigma'_{V_{i+1}}$时，水合物沉积层的渗透率数值从K_i变化为K_{i+1}，则对式(2.47)两边积分，可得

$$K_{i+1}=K_i(1-\int_{\sigma'_{V_i}}^{\sigma'_{V_{i+1}}}C_k\mathrm{d}\sigma'_V) \tag{2.49}$$

事实上，对于实际的水合物沉积层，除了水合物饱和度和地层有效应力状态之外，地层孔隙结构、水合物在地层孔隙中的赋存模式以及含水合物沉积物孔隙度等也是影响含水合物沉积物渗透率的重要因素，想要一一考虑每个因素对含水合物沉积物渗透率的影响是很难实现的。但是，通过上面的分析和式(2.49)可以看出，如果能求得原状试样的应力敏感系数C_k，就可用它来对含水合物沉积物的渗透率敏感性进行评估，从而对多因素影响下的渗透率变化规律进行归一化处理，进而为开采方案的制订提供更加可靠的参考。

第3章　天然气水合物分解诱发储层变形破坏热流力耦合模型建立

在天然气水合物的开采过程中，水合物沉积层中除会有水合物相变分解现象发生外，还伴随有传热、孔隙流体渗流、水合物沉积层力学性质变化以及有效应力重新分布等物理现象，是一个含相变的非等温的温度场、渗流场以及变形场三场耦合作用过程。本章的研究重点是以多场耦合理论为基础，结合岩石力学、弹塑性力学、渗流力学以及传热学等学科理论，建立描述这一复杂过程的热流力（THM）耦合模型以及反映热流力耦合作用下固体骨架变形破坏特性的弹塑性本构模型。

3.1　热流力耦合作用关系及模型分类

含有大量孔隙的固体介质通常称作多孔介质[160]，如图3.1所示。在多孔介质中，固体介质被称为固体骨架，在固体骨架围成的孔隙结构中可以存在液体、气体或者多相流体，因此也可以说多孔介质是一个多相（固、液、气）共存的介质。

在多孔介质中，温度场、渗流场和变形场之间的相互作用及相互影响称为热流力耦合。热流力耦合作用关系如图3.2所示，具体可以表述如下：①温度场的变化在多孔介质固体骨架中产生热应力和热应变，从而影响固体骨架的变形；②固体骨架变形产生的能量耗散，影响多孔介质温度场的变化；③温度场的变化引起孔隙流体黏度和密度的变化，从而影响孔隙流体的渗流；④孔隙流体渗流过程中的传热效应（热传导和热对流），影响多孔介质温度场的变化；⑤固体骨架变形引起多孔介质孔隙度的变化，从而影响孔隙压力的变化和孔隙流体的渗流；⑥孔隙压力的变化引起多孔介质中有效应力的变化，从而影响固体骨架的变形。其中，①、②体现了温度场和变形场之间的耦合作用关系；③、④体现了温度场和渗流场之间的耦合作用关系；⑤、⑥体现了变形场和渗流场之间的耦合作用关系。

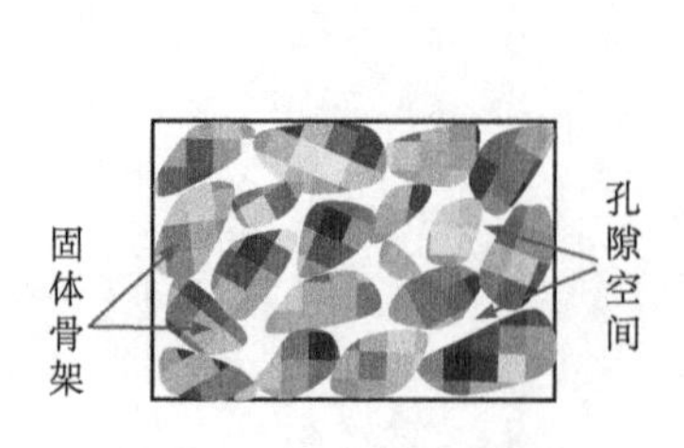

图3.1　多孔介质示意图

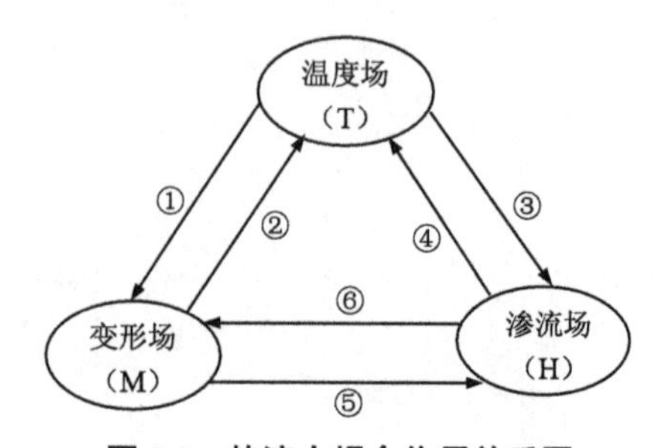

图3.2　热流力耦合作用关系图

热流力耦合模型是指将热流力耦合作用的机理用数学建模的方法表示出来，可分为非完全耦合模型和完全耦合模型两类[161]。非完全耦合模型只是将温度当作一种载荷作用于多孔介质的固体骨架上。当温度变化幅度较大时，应将其引起的固体骨架的热应变与孔隙流体压力引起的应变进行叠加，共同影响固体骨架的变形和孔隙流体的渗流；如果温度变化引起的应变与其他因素（如孔隙压力）相比很小，则可以忽略不计。非完全耦合模型除了考虑温度场对渗流场和变形场的影响以外，也考虑了渗流场与变形场之间的耦合作用，但却没有考虑渗流场和变形场对温度场的影响，因此并未实现真正意义上的三场耦合建模。此类模型的优点是可将原本复杂的热流力耦合作用过程在某种意义上进行合理的简化，以便更容易得到模型的数值解，从而有利于解决实际问题，因此其应用较为广泛。

与非完全耦合模型相比，完全耦合模型考虑了温度变化对固体骨架变形和孔隙流体渗流的影响，同时还认为固体骨架变形和孔隙流体渗流会对温度产生影响，再结合变形场和渗流场之间的双向影响，基本实现了温度场、变形场和渗流场三者的完全耦合。该类模型虽然对问题进行了较为精确的表述，但形式复杂，求解起来也费时费力。

3.2　天然气水合物分解诱发储层变形破坏热流力耦合模型建立过程

本节的热流力耦合模型主要包括水合物分解动力学方程、相平衡方程、变形场方程、渗流场方程以及温度场方程五部分，建立模型时的基本假设如下：

（1）含水合物沉积物孔隙中只含有水、甲烷气体和固体水合物三相，且水、气的渗流符合达西定律，固体水合物不随孔隙流体（气、水）运动；

（2）由水合物和沉积物骨架共同构成的固体骨架为弹塑性材料，且各向同性；

（3）沉积物骨架和固体水合物胶结在一起并共同运动，且变形过程中沉积物骨架的密度、热力学参数以及水合物的密度为常数；

（4）甲烷气体为理想气体，且不考虑其在孔隙水中的溶解；

（5）不考虑二次水合物的生成。

3.2.1　水合物分解动力学方程

天然气水合物的分解采用 Kim 等[162] 建立的分解动力学方程来描述，其表达式为

$$\dot{m}_g = K_d^0 \cdot \exp\left(-\frac{\Delta E}{R_g T}\right) M_g A_{dec} (\phi_e P_e - \phi_g P_g) \tag{3.1}$$

其中

$$A_{dec} = \varphi S_h A_{hs} \tag{3.2}$$

式中　$\dot{m}_g$——单位体积水合物分解的产气速率，kg/（m³·s）；

K_d^0——水合物本征分解速率常数，8 060 mol/（m²·Pa·s）；

ΔE——反应的活化能，77 330 J/mol；

R_g——理想气体常数，8.31 J/（mol·K）；

T——温度，K；

M_g——甲烷气体的摩尔质量，0.016 kg/mol；

A_{dec}——单位体积水合物分解的总表面积，m^2；

P_e——当前温度对应的相平衡压力，Pa；

P_g——孔隙气体压力，Pa；

ϕ_e、ϕ_g——甲烷气体在相平衡压力 P_e 和当前气体压力 P_g 下的逸度系数，近似取 1；

φ——含水合物沉积物的孔隙度；

S_h——水合物的饱和度；

A_{hs}——单位体积水合物的比表面积，3.75×10^5/m。

由化学反应方程式 $CH_4\cdot5.75H_2O=CH_4+5.75H_2O$，可得

$$\dot{m}_h=-7.47\dot{m}_g\ \dot{m}_w=-6.47\dot{m}_g \tag{3.3}$$

式中 $\dot{m}_h$——单位体积水合物的分解速率，kg/($m^3\cdot s$)；

$\dot{m}_w$——单位体积水合物分解的产水速率，kg/($m^3\cdot s$)。

3.2.2 相平衡方程

在地层孔隙中含有天然气水合物、水和甲烷气体三相物质时，温度和孔隙压力之间的关系满足 Makogon[163] 建立的相平衡方程，其表达式为

$$\lg P_e=A_e(T-T_0)+B_e(T-T_0)^2+C_e \tag{3.4}$$

式中 P_e——当前温度对应的相平衡压力，Pa；

T——温度，K；

T_0——273.15 K；

A_e、B_e、C_e——拟合系数，其中 $A_e=0.0342/\mathrm{K}$，$B_e=0.0005/\mathrm{K}^2$，$C_e=6.4804$。

3.2.3 变形场方程

含水合物沉积物可看作由沉积物骨架、天然气水合物、孔隙水和气体组成的多相体。天然气水合物与沉积物骨架胶结在一起，构成含水合物沉积物的固体骨架，孔隙流体（水、气）存在于固体骨架构成的多孔介质孔隙中。当含水合物沉积物的温度或压力发生变化，天然气水合物在相变分解过程中，含水合物沉积物的有效应力发生变化，固体骨架产生变形。变形场方程包括静力平衡方程、几何方程、本构方程及求解的边界条件。

1. 静力平衡方程

由弹性力学的静力平衡原理，可得固体骨架的静力平衡方程为

$$\frac{\partial\sigma_x}{\partial x}+\frac{\partial\tau_{xy}}{\partial y}+\frac{\partial\tau_{zx}}{\partial z}+F_x=0 \tag{3.5a}$$

$$\frac{\partial\tau_{xy}}{\partial x}+\frac{\partial\sigma_y}{\partial y}+\frac{\partial\tau_{yz}}{\partial z}+F_y=0 \tag{3.5b}$$

$$\frac{\partial\tau_{zx}}{\partial x}+\frac{\partial\tau_{yz}}{\partial y}+\frac{\partial\sigma_z}{\partial z}+F_z=0 \tag{3.5c}$$

式中　σ_x、σ_y、σ_z——x、y、z方向的正应力,MPa；

τ_{xy}、τ_{yz}、τ_{zx}——切应力,MPa；

F_x、F_y、F_z——x、y、z方向的体力分量,10^{-6} N / m³。

方程(3.5)可表示成张量形式,即

$$\sigma_{ij}^{\mathrm{T}} + F_i = 0 \tag{3.6}$$

式中　σ_{ij}^{T}——总应力张量；

F_i——体力张量。

基于岩石力学的有效应力原理,考虑温度变化的影响,固体骨架所受有效应力可用张量表示为

$$\sigma'_{ij} = \sigma_{ij}^{\mathrm{T}} - \alpha\delta_{ij}P_{\mathrm{pore}} - K_{\mathrm{sh}}\beta_{\mathrm{s}}\delta_{ij}T \tag{3.7}$$

式中　σ'_{ij}——有效应力张量,MPa；

σ_{ij}^{T}——总应力张量,MPa；

α——Biot 系数；

P_{pore}——孔隙压力,MPa；

δ_{ij}——Kronecker 符号；

β_{s}——固体骨架的热膨胀系数,1/K；

K_{sh}——固体骨架的体积模量,MPa。

孔隙中含有气、水两相,因此孔隙压力满足下式:

$$P_{\mathrm{pore}} = S_{\mathrm{g}}P_{\mathrm{g}} + S_{\mathrm{w}}P_{\mathrm{w}} \tag{3.8}$$

式中　S_{g}、S_{w}——孔隙中气体的饱和度和水的饱和度；

P_{g}、P_{w}——孔隙气压力和孔隙水压力,MPa。

将式(3.7)代入式(3.6),即可得到以有效应力表示的张量形式的静力平衡方程为

$$\sigma'_{ij} + \alpha P_{\mathrm{pore}}\delta_{ij} + K_{\mathrm{sh}}\beta_{\mathrm{s}}\delta_{ij}T + F_i = 0 \tag{3.9}$$

上式即为考虑孔隙流体渗流和温度对固体骨架变形影响的耦合控制方程,要想确定接下来的耦合渗流场和温度场方程中固体骨架的位移和变形,还需建立相应的几何方程和本构方程。

2. 几何方程

$$\varepsilon_x = \frac{\partial u}{\partial x}, \varepsilon_y = \frac{\partial v}{\partial y}, \varepsilon_z = \frac{\partial w}{\partial z} \tag{3.10a}$$

$$\gamma_{xy} = \frac{\partial u}{\partial y} + \frac{\partial v}{\partial x}, \gamma_{yz} = \frac{\partial v}{\partial z} + \frac{\partial w}{\partial y}, \gamma_{zx} = \frac{\partial w}{\partial x} + \frac{\partial u}{\partial z} \tag{3.10b}$$

式中　ε_x、ε_y、ε_z——x、y、z方向的线应变；

γ_{xy}、γ_{yz}、γ_{zx}——切应变；

u、v、w——x、y、z方向的位移。

式(3.10)可进一步表示成张量形式,即

$$\varepsilon_{ij}=\frac{1}{2}(U_{i,j}+U_{j,i}) \tag{3.11}$$

式中 ε_{ij}——总应变张量;

U——位移张量,即$U=[u \quad v \quad w]^{\mathrm{T}}$。

3. 本构方程

在天然气水合物的分解过程中,储层温度和压力会发生变化,其中温度变化会在沉积物骨架内部产生热应变,孔隙压力变化会使固体骨架产生体积应变,有效应力则控制固体骨架的总应变。

温度变化引起的沉积物骨架热应变可表示为

$$\varepsilon_{\mathrm{th}}=\beta_{\mathrm{s}}\left(T-T_{\mathrm{i}}\right) \tag{3.12}$$

式中 $\varepsilon_{\mathrm{th}}$——热应变;

β_{s}——沉积物骨架的热膨胀系数,1/K;

T——温度,K;

T_{i}——初始温度,K。

孔隙压力变化引起固体骨架的体积应变为$(P_{\mathrm{pore}}-P_{\mathrm{i}})/K_{\mathrm{sh}}$,单向应变可以表示为

$$\varepsilon_{\mathrm{P}}=\frac{1}{3K_{\mathrm{sh}}}\left(P_{\mathrm{pore}}-P_{\mathrm{i}}\right) \tag{3.13}$$

式中 ε_{P}——孔隙压力产生的单向应变;

K_{sh}——固体骨架的体积模量,MPa;

P_{i}——初始孔隙压力,MPa。

随着有效应力的变化,含水合物沉积物固体骨架将由弹性状态逐渐过渡到弹塑性状态。由于塑性变形会受到当前应力状态、载荷路径以及加卸载状态等因素的影响,且具有不可逆性[164],因此采用增量理论来描述固体骨架的弹塑性本构关系,可以更好地跟踪有效应力变化过程中固体骨架内各点的应力 - 应变规律。固体骨架的总应变包括弹性应变、塑性应变、温度产生的热应变以及孔隙压力产生的应变,其张量形式可表示为

$$\mathrm{d}\varepsilon_{kl}^{\mathrm{T}}=\mathrm{d}\varepsilon_{kl}^{\mathrm{el}}+\mathrm{d}\varepsilon_{kl}^{\mathrm{pl}}+\mathrm{d}\varepsilon_{kl}^{\mathrm{th}}+\mathrm{d}\varepsilon_{kl}^{\mathrm{p}} \tag{3.14}$$

式中 $\mathrm{d}\varepsilon_{kl}^{\mathrm{T}}$——总应变张量;

$\mathrm{d}\varepsilon_{kl}^{\mathrm{el}}$——弹性应变张量;

$\mathrm{d}\varepsilon_{kl}^{\mathrm{pl}}$——塑性应变张量;

$\mathrm{d}\varepsilon_{kl}^{\mathrm{th}}$——热应变张量;

$\mathrm{d}\varepsilon_{kl}^{\mathrm{p}}$——孔隙压力产生的压应变张量。

结合式(3.14),可得用张量形式表示的固体骨架增量形式的热流力耦合弹塑性本构方程为

$$\mathrm{d}\sigma_{ij}'=D_{ijkl}^{\mathrm{el}}\mathrm{d}\varepsilon_{kl}^{\mathrm{el}}=D_{ijkl}^{\mathrm{el}}(\mathrm{d}\varepsilon_{kl}^{\mathrm{T}}-\mathrm{d}\varepsilon_{kl}^{\mathrm{pl}}-\mathrm{d}\varepsilon_{kl}^{\mathrm{th}}-\mathrm{d}\varepsilon_{kl}^{\mathrm{p}}) \tag{3.15}$$

式中 $\mathrm{d}\sigma_{ij}'$——有效应力增量;

D_{ijkl}^{el}——弹性模量张量。

式(3.15)亦可表示成如下的矩阵形式：

$$\left\{\mathrm{d}\sigma_{ij}'\right\}=\left[D_{\mathrm{e}}\right]\left\{\mathrm{d}\varepsilon_{kl}^{\mathrm{el}}\right\}=\left[D_{\mathrm{e}}\right]\left(\left\{\mathrm{d}\varepsilon_{kl}^{\mathrm{T}}\right\}-\left\{\mathrm{d}\varepsilon_{kl}^{\mathrm{pl}}\right\}-\left\{\mathrm{d}\varepsilon_{kl}^{\mathrm{th}}\right\}-\left\{\mathrm{d}\varepsilon_{kl}^{\mathrm{p}}\right\}\right) \tag{3.16}$$

式中　$\left[D_{\mathrm{e}}\right]$——弹性矩阵；

$\left\{\mathrm{d}\varepsilon_{kl}^{\mathrm{el}}\right\}$——弹性应变矩阵。

根据有限元理论和弹性力学理论，在空间坐标系中，弹性矩阵$\left[D_{\mathrm{e}}\right]$为 6×6 的对称矩阵。对于各向同性体，其独立的材料参数只有弹性模量和泊松比两个。因此，固体骨架的弹性矩阵$\left[D_{\mathrm{e}}\right]$可表示为

$$\left[D_{\mathrm{e}}\right]=\frac{E_{\mathrm{sh}}(1-\nu_{\mathrm{sh}})}{(1+\nu_{\mathrm{sh}})(1-2\nu_{\mathrm{sh}})}\begin{bmatrix}1 & & & & & \\ \dfrac{\nu_{\mathrm{sh}}}{1-\nu_{\mathrm{sh}}} & 1 & & & & \\ \dfrac{\nu_{\mathrm{sh}}}{1-\nu_{\mathrm{sh}}} & \dfrac{\nu_{\mathrm{sh}}}{1-\nu_{\mathrm{sh}}} & 1 & & & \\ 0 & 0 & 0 & \dfrac{1-2\nu_{\mathrm{sh}}}{2(1-\nu_{\mathrm{sh}})} & & \\ 0 & 0 & 0 & 0 & \dfrac{1-2\nu_{\mathrm{sh}}}{2(1-\nu_{\mathrm{sh}})} & \\ 0 & 0 & 0 & 0 & 0 & \dfrac{1-2\nu_{\mathrm{sh}}}{2(1-\nu_{\mathrm{sh}})}\end{bmatrix} \tag{3.17}$$

式中　E_{sh}——固体骨架的弹性模量，MPa；

ν_{sh}——固体骨架的泊松比。

需要特别说明的是，式(3.17)中的弹性模量 E_{sh} 受水合物分解效应的影响是非常显著的。一方面，水合物相变分解后，水合物含量的减少会使其在沉积物骨架颗粒之间所起的胶结作用减弱甚至消失，从而使固体骨架的弹性模量下降；另一方面，孔隙流体的渗流作用和储层温度的变化会使固体骨架的有效应力发生改变，进而引起弹性模量的改变。式(3.16)最终体现了水合物分解过程中水合物饱和度变化、孔隙流体渗流以及温度改变对固体骨架应力 - 应变关系的影响。

式(3.9)、式(3.11)、式(3.16)即构成了变形场控制方程。

4. 边界条件

第一类：位移边界条件，即固体骨架的边界位移是已知的。

$$U_i=\bar{U}_i\quad(i=x,y,z) \tag{3.18}$$

式中　$\bar{U}_i$——固体骨架的边界位移。

第二类：应力边界条件，即固体骨架边界上的应力是已知的。

$$l\sigma_x+m\tau_{xy}+n\tau_{xz}+F_{\mathrm{s}x}=0 \tag{3.19a}$$

$$l\tau_{xy} + m\sigma_y + n\tau_{yz} + F_{sy} = 0 \tag{3.19b}$$

$$l\tau_{xz} + m\tau_{yz} + n\sigma_z + F_{sz} = 0 \tag{3.19c}$$

式中 l、m、n——面上的方向余弦；

F_{sx}、F_{sy}、F_{sz}——x、y、z 方向的面力。

第三类:混合边界条件,即一部分边界上应力是已知的,一部分边界上位移是已知的。

3.2.4 渗流场方程

沉积物骨架的质量连续方程为

$$\frac{\partial\left[\rho_{sh}(1-\varphi)\right]}{\partial t} + \nabla\cdot\left[\rho_{sh}(1-\varphi)v_{sh}\right] = 0 \tag{3.20}$$

式中 φ——固体骨架的孔隙度；

ρ_{sh}——固体骨架的密度,kg/m³；

v_{sh}——固体骨架的运动速度,m/s。

根据假设(3),式(3.20)可进一步简化为

$$\frac{\partial(1-\varphi)}{\partial t} + \nabla\cdot[(1-\varphi)v_{sh}] = 0 \tag{3.21}$$

式(3.21)体现了固体骨架变形对含水合物沉积物孔隙度的影响。

水合物相变分解产生的水、气在储层孔隙渗流的过程中,由于有效应力的变化,固体骨架本身会产生刚体位移和变形。下面以孔隙气体为例,分析其在变形多孔介质中的运动规律。

由于固体骨架发生变形,因此气体的运动速度与固体骨架质点的运动速度之间的关系为

$$v_g = v_{rg} + v_{sh} \tag{3.22}$$

式中 v_g——孔隙气体的真实运动速度,m/s；

v_{rg}——孔隙气体相对于固体骨架质点的运动速度,m/s；

v_{sh}——固体骨架的运动速度,m/s。

由于渗流发生在储层孔隙中,因此孔隙气体相对于固体骨架质点的运动速度还可以表示为

$$v_{rg} = \frac{Q_g}{A_p S_g} \tag{3.23}$$

式中 Q_g——气体渗流量,m³/s；

A_p——渗流截面的孔隙面积,m²；

S_g——孔隙气体饱和度。

由达西定律可得孔隙气体的达西渗流速度为

$$V_g = \frac{Q_g}{A_{sp}} = -\frac{K_g}{\mu_g}(\nabla P_g - \rho_g g) \tag{3.24}$$

式中　V_g——孔隙气体的达西渗流速度，m/s；

A_{sp}——渗流截面面积，m^2；

K_g——孔隙气体渗透率，m^2；

μ_g——孔隙气体的黏滞系数，Pa·s；

ρ_g——甲烷气体的密度，kg/m^3；

g——重力加速度，m/s^2。

孔隙度定义为

$$\varphi=\frac{A_p}{A_{sp}} \tag{3.25}$$

因此，由式（3.23）、式（3.24）和式（3.25），可得

$$V_g=\varphi S_g v_{rg} \tag{3.26}$$

将式（3.26）代入式（3.22），可得孔隙气体的真实渗流速度与达西渗流速度之间的关系为

$$v_g=\frac{V_g}{\varphi S_g}+v_{sh} \tag{3.27}$$

同理，孔隙水的运动速度与固体骨架质点的运动速度之间的关系为

$$v_w=v_{rw}+v_{sh} \tag{3.28}$$

式中　v_w——孔隙水的真实运动速度，m/s；

v_{rw}——孔隙水相对于固体骨架质点的运动速度，m/s。

同理，以孔隙水为研究对象，重复式（3.23）至式（3.27）的推导过程，可得孔隙水的真实渗流速度与达西渗流速度之间的关系为

$$v_w=\frac{V_w}{\varphi S_w}+v_{sh} \tag{3.29}$$

式中　V_w——孔隙水的达西渗流速度，m/s；

S_w——水的饱和度。

从水合物沉积层中某点取一个无限小的单元体作为研究对象（图 3.3），在其孔隙中含有气、水和水合物三相，彼此之间不会发生质量传递现象，则同一时间内每一相流入流出单元体的质量变化率应该等于单元体内该相的质量变化率。基于这一思想，可分别建立气、水和水合物三相的质量连续方程。下面以孔隙气体为例，推导其质量连续方程。

已知单元体的边长分别为dx、dy和dz，设单位时间内沿 x 方向从左侧截面流入单元体的孔隙气体质量速率为

$$(\rho_g\varphi S_g v_{gx})\mathrm{d}y\mathrm{d}z \tag{3.30}$$

式中　v_{gx}——气体渗流速度沿x方向的分量。

从右侧截面流出单元体的孔隙气体质量速率为

$$[(\rho_g\varphi S_g v_{gx})+\frac{\partial(\rho_g\varphi S_g v_{gx})}{\partial x}dx]dydz \tag{3.31}$$

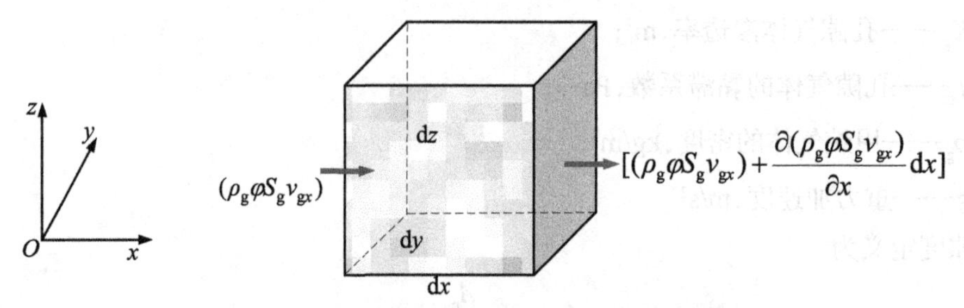

图 3.3　孔隙气体在单元体内渗流过程示意图

则沿着 x 方向流入单元体的气体质量与流出单元体的气体质量速率的差值为

$$-\frac{\partial(\rho_g\varphi S_g v_{gx})}{\partial x}dxdydz \tag{3.32}$$

同理,可得 y 方向和 z 方向的气体质量速率的差值如下。

y 方向:

$$-\frac{\partial(\rho_g\varphi S_g v_{gy})}{\partial y}dxdydz \tag{3.33}$$

z 方向:

$$-\frac{\partial(\rho_g\varphi S_g v_{gz})}{\partial z}dxdydz \tag{3.34}$$

式中　v_{gy}、v_{gz}——气体渗流速度沿y、z方向的分量。

则单位时间内沿着三个方向同时流入与流出单元体的总的质量速率差值为

$$-[\frac{\partial(\rho_g\varphi S_g v_{gx})}{\partial x}+\frac{\partial(\rho_g\varphi S_g v_{gy})}{\partial y}+\frac{\partial(\rho_g\varphi S_g v_{gz})}{\partial z}]dxdydz \tag{3.35}$$

设 t 时刻,单元体内孔隙气体的质量为

$$(\rho_g\varphi S_g)dxdydz \tag{3.36}$$

设$t+dt$时刻,单元体内孔隙气体的质量为

$$[(\rho_g\varphi S_g)+\frac{\partial(\rho_g\varphi S_g)}{\partial t}dt]dxdydz \tag{3.37}$$

则dt时间内单元体内孔隙气体的质量变化率为

$$\frac{[(\rho_g\varphi S_g)+\frac{\partial(\rho_g\varphi S_g)}{\partial t}dt]dxdydz-(\rho_g\varphi S_g)dxdydz}{dt}=\frac{\partial(\rho_g\varphi S_g)}{\partial t} \tag{3.38}$$

根据任意时刻流入与流出单元体的孔隙气体质量速率等于单元体内质量变化率这一原则,再考虑水合物相变分解的影响项,最后可得孔隙气体的质量守恒方程为

$$\frac{\partial\left(\varphi S_g\rho_g\right)}{\partial t}+\nabla\cdot\left(\varphi S_g\rho_g v_g\right)+\dot{m}_g=0 \tag{3.39}$$

式中　φ——含水合物沉积物的孔隙度；

ρ_g——甲烷气体的密度，kg/m^3；

S_g——甲烷气体的饱和度；

v_g——甲烷气体的真实渗流速度，m/s。

同理，可推导得到孔隙水相和水合物相的质量守恒方程如下。

水相：

$$\frac{\partial(\varphi S_w\rho_w)}{\partial t}+\nabla\cdot(\varphi S_w\rho_w v_w)+\dot{m}_w=0 \tag{3.40}$$

水合物相：

$$\frac{\partial(\varphi S_h\rho_h)}{\partial t}+\nabla\cdot(\varphi S_h\rho_h v_h)+\dot{m}_h=0 \tag{3.41}$$

式中　ρ_w——水的密度，kg/m^3；

S_w——水的饱和度；

v_w——水的真实渗流速度，m/s；

ρ_h——水合物的密度，kg/m^3；

S_h——水合物的饱和度；

v_h——水合物的运动速度，m/s。

根据假设（1），在孔隙流体渗流过程中，由于固体骨架本身也有形变，因此孔隙流体的渗流速度应采用其真实渗流速度。

将式（3.22）代入式（3.39）、式（3.28）代入式（3.40），可得如下方程。

气相：

$$\frac{\partial(\varphi S_g\rho_g)}{\partial t}+\nabla\cdot(\varphi S_g\rho_g v_{rg})+\nabla\cdot(\varphi S_g\rho_g v_{sh})+\dot{m}_g=0 \tag{3.42a}$$

水相：

$$\frac{\partial(\varphi S_w\rho_w)}{\partial t}+\nabla\cdot(\varphi S_w\rho_w v_{rw})+\nabla\cdot(\varphi S_w\rho_w v_{sh})+\dot{m}_w=0 \tag{3.42b}$$

根据达西定律，可得孔隙流体（气、水）的渗流方程如下。

气相：

$$\varphi S_g v_{rg}=V_g=-\frac{K_{rg}K}{\mu_g}(\nabla P_g+\rho_g g) \tag{3.43a}$$

水相：

$$\varphi S_w v_{rw}=V_w=-\frac{K_{rw}K}{\mu_w}(\nabla P_w+\rho_w g) \tag{3.43b}$$

式中　∇P_g、∇P_w——气、水相的压力梯度，Pa/m；

μ_g、μ_w——气、水相的黏滞系数，Pa·s；

K_{rg}、K_{rw}——气、水相的相对渗透率；

K——含水合物沉积物的渗透率，m^2；

g——重力加速度，m/s^2。

将式(3.43a)代入式(3.42a)、式(3.43b)代入式(3.42b)，可得如下方程。

气相：

$$\frac{\partial(\varphi S_g\rho_g)}{\partial t}-\nabla\cdot\left[\frac{KK_{rg}\rho_g}{\mu_g}(\nabla P_g+\rho_g g)\right]+\nabla\cdot(\varphi S_g\rho_g v_{sh})+\dot{m}_g=0 \tag{3.44a}$$

水相：

$$\frac{\partial(\varphi S_w\rho_w)}{\partial t}-\nabla\cdot\left[\frac{KK_{rw}\rho_w}{\mu_w}(\nabla P_w+\rho_w g)\right]+\nabla\cdot(\varphi S_w\rho_w v_{sh})+\dot{m}_w=0 \tag{3.44b}$$

式(3.42a)和式(3.42b)中左侧第三项可进一步分别整理为

$$\nabla\cdot(\varphi S_g\rho_g v_{sh})=\nabla\cdot(\varphi S_g\rho_g)v_{sh}+(\varphi S_g\rho_g)\nabla\cdot v_{sh} \tag{3.45a}$$

$$\nabla\cdot(\varphi S_w\rho_w v_{sh})=\nabla\cdot(\varphi S_w\rho_w)v_{sh}+(\varphi S_w\rho_w)\nabla\cdot v_{sh} \tag{3.45b}$$

式(3.45a)和式(3.45b)右侧第一项为单元体内孔隙流体(气、水)相对于固体骨架的渗流量，忽略此项的影响，式(3.44a)和式(3.44b)可化简如下。

气相：

$$\frac{\partial(\varphi S_g\rho_g)}{\partial t}-\nabla\cdot\left[\frac{KK_{rg}\rho_g}{\mu_g}(\nabla P_g+\rho_g g)\right]+(\varphi S_g\rho_g)\nabla\cdot v_{sh}+\dot{m}_g=0 \tag{3.46a}$$

水相：

$$\frac{\partial(\varphi S_w\rho_w)}{\partial t}-\nabla\cdot\left[\frac{KK_{rw}\rho_w}{\mu_w}(\nabla P_w+\rho_w g)\right]+(\varphi S_w\rho_w)\nabla\cdot v_{sh}+\dot{m}_w=0 \tag{3.46b}$$

根据小变形假设，得

$$\nabla\cdot v_{sh}=\frac{\partial}{\partial t}\left(\frac{\partial u}{\partial x}+\frac{\partial v}{\partial y}+\frac{\partial w}{\partial z}\right)=\frac{\partial}{\partial t}(\varepsilon_x+\varepsilon_y+\varepsilon_z)=\frac{\partial\varepsilon_V}{\partial t} \tag{3.47}$$

式中　ε_V——固体骨架的体积应变。

将式(3.47)代入式(3.46a)和式(3.46b)，可得如下方程。

气相：

$$\frac{\partial(\varphi S_g\rho_g)}{\partial t}-\nabla\cdot\left[\frac{KK_{rg}\rho_g}{\mu_g}(\nabla P_g+\rho_g g)\right]+(\varphi S_g\rho_g)\frac{\partial\varepsilon_V}{\partial t}+\dot{m}_g=0 \tag{3.48a}$$

水相：

$$\frac{\partial(\varphi S_w\rho_w)}{\partial t}-\nabla\cdot\left[\frac{KK_{rw}\rho_w}{\mu_w}(\nabla P_w+\rho_w g)\right]+(\varphi S_w\rho_w)\frac{\partial\varepsilon_V}{\partial t}+\dot{m}_w=0 \tag{3.48b}$$

根据式(3.47)可将之前的沉积物骨架质量连续方程(3.21)化简为

$$\frac{\partial\varphi}{\partial t}=\frac{\partial\varepsilon_V}{\partial t}-\varphi\frac{\partial\varepsilon_V}{\partial t} \tag{3.49}$$

将式(3.48a)和式(3.48b)左侧第一项分别展开，并根据式(3.49)整理，可得

$$\frac{\partial(\varphi S_{g}\rho_{g})}{\partial t}=S_{g}\rho_{g}(\frac{\partial\varepsilon_{V}}{\partial t}-\varphi\frac{\partial\varepsilon_{V}}{\partial t})+\varphi\frac{\partial(S_{g}\rho_{g})}{\partial t} \tag{3.50a}$$

$$\frac{\partial(\varphi S_{w}\rho_{w})}{\partial t}=S_{w}\rho_{w}(\frac{\partial\varepsilon_{V}}{\partial t}-\varphi\frac{\partial\varepsilon_{V}}{\partial t})+\varphi\frac{\partial(S_{w}\rho_{w})}{\partial t} \tag{3.50b}$$

将式(3.50a)代入式(3.48a)、式(3.50b)代入式(3.48b),可得

$$S_{g}\rho_{g}\frac{\partial\varepsilon_{V}}{\partial t}+\frac{\partial(\varphi S_{g}\rho_{g})}{\partial t}-\nabla\cdot\left[\frac{KK_{rg}\rho_{g}}{\mu_{g}}(\nabla P_{g}+\rho_{g}g)\right]+\dot{m}_{g}=0 \tag{3.51a}$$

$$S_{w}\rho_{w}\frac{\partial\varepsilon_{V}}{\partial t}+\frac{\partial(\varphi S_{w}\rho_{w})}{\partial t}-\nabla\cdot\left[\frac{KK_{rw}\rho_{w}}{\mu_{w}}(\nabla P_{w}+\rho_{w}g)\right]+\dot{m}_{w}=0 \tag{3.51b}$$

将式(3.51a)和式(3.51b)相加后,可得

$$(S_{g}\rho_{g}+S_{w}\rho_{w})\frac{\partial\varepsilon_{V}}{\partial t}+\left[\frac{\partial(\varphi S_{g}\rho_{g})}{\partial t}+\frac{\partial(\varphi S_{w}\rho_{w})}{\partial t}\right]-\nabla\cdot\left[\frac{KK_{rg}\rho_{g}}{\mu_{g}}(\nabla P_{g}+\rho_{g}g)\right]-$$

$$\nabla\cdot\left[\frac{KK_{rw}\rho_{w}}{\mu_{w}}(\nabla P_{w}+\rho_{w}g)\right]+\dot{m}_{g}+\dot{m}_{w}=0 \tag{3.52}$$

式(3.52)即为水合物沉积层气、水两相热流力耦合渗流的总控制方程。其中的$\frac{\partial\varepsilon_{V}}{\partial t}$项体现了变形场对渗流场的影响;$\mu_{w}$和$\mu_{g}$皆为温度的函数,体现了温度对渗流的影响。

孔隙气体和孔隙水的相对渗透率分别为[165-166]

$$K_{rg}=\left(\frac{\dfrac{S_{g}}{S_{g}+S_{w}}-S_{gr}}{1-S_{wr}-S_{gr}}\right)^{n_{g}} \tag{3.53a}$$

$$K_{rw}=\left(\frac{\dfrac{S_{w}}{S_{g}+S_{w}}-S_{wr}}{1-S_{wr}-S_{gr}}\right)^{n_{w}} \tag{3.53b}$$

式中 S_{wr}——残余水饱和度;

S_{gr}——残余气饱和度;

n_{g}——经验指数,取2.0;

n_{w}——经验指数,取4.0。

在气、水两相渗流条件下,孔隙水压力P_{w}和孔隙气压力P_{g}之间满足如下关系:

$$P_{c}=P_{g}-P_{w} \tag{3.54}$$

且有

$$P_{c}=P_{ci}\left(\frac{\dfrac{S_{w}}{S_{g}+S_{w}}-S_{wr}}{1-S_{wr}}\right)^{-n_{c}} \tag{3.55}$$

式中 P_{c}——毛细力,MPa;

P_{ci}——名义毛细力，MPa；

n_c——经验指数，取 0.65。

甲烷气体的动力黏度为[167]

$$\mu_g = 2.45\times10^{-6} + 2.88\times10^{-8}T + 3.28\times10^{-12}T^2 - 3.78\times10^{-15}T^3 + 2.09\times10^{-8}\rho_g + 2.51\times10^{-10}\rho_g^2 - 5.82\times10^{-13}\rho_g^3 + 1.84\times10^{-16}\rho_g^4 \quad (3.56)$$

孔隙水的动力黏度为[168-169]

$$\mu_w = \frac{0.017\,75}{1+0.033T+0.000\,221T^2}\rho_w \quad (3.57)$$

渗流场初始条件为

$$P\big|_{t=0} = P_i \quad (3.58)$$

式中 P_i——初始孔隙压力。

渗流场的边界条件如下。

（1）压力边界：给定边界上流体的压力值。

$$P = \bar{P} \quad (3.59)$$

（2）流量边界条件：给定边界上气和水的定流量。

$$\frac{k_g}{\gamma_g}\left(\frac{\partial P_g}{\partial x}l + \frac{\partial P_g}{\partial y}m + \frac{\partial P_g}{\partial z}n\right) + \bar{q}_g = 0 \quad (3.60a)$$

$$\frac{k_w}{\gamma_w}\left(\frac{\partial P_w}{\partial x}l + \frac{\partial P_w}{\partial y}m + \frac{\partial P_w}{\partial z}n\right) + \bar{q}_w = 0 \quad (3.60b)$$

式中 k_w、k_g——孔隙水、气的渗透系数，m/s；

γ_g、γ_w——气、水相的重度，N/m³；

l、m、n——方向余弦；

$\bar{q}_g$、$\bar{q}_w$——边界上的气相和水相流量，m/s。

（3）混合边界条件：一部分边界上的流量已知，一部分边界上的压力已知。

3.2.5 温度场方程

1. 固体骨架的温度场方程

从含水合物沉积物固体骨架中取一个无限小的单元体作为研究对象（图 3.4），由能量守恒定律可知，流入和流出单元体的热量变化量等于单元体内固体骨架由于温度变化引起的热量变化。固体骨架的热量变化主要受热传导、孔隙流体渗流和水合物吸热分解的影响。另外，固体骨架变形对温度场也有影响。

设单位时间、单元体内由于热传导作用沿 x 轴方向从左侧截面流入单元体的热量为

$$Q_x = -[(1-\varphi)\lambda_s + \varphi S_h\lambda_h]\frac{\partial T_s}{\partial x}\mathrm{d}y\mathrm{d}z \quad (3.61)$$

式中 Q_x——沿x方向流入单元体的热量，J；

T_s——固体骨架温度，K。

则从右侧截面流出单元体的热量为

$$Q_{x+\mathrm{d}x}=-\{[(1-\varphi)\lambda_{\mathrm{s}}+\varphi S_{\mathrm{h}}\lambda_{\mathrm{h}}]\frac{\partial T_{\mathrm{s}}}{\partial x}+\frac{\partial[((1-\varphi)\lambda_{\mathrm{s}}+\varphi S_{\mathrm{h}}\lambda_{\mathrm{h}})\frac{\partial T_{\mathrm{s}}}{\partial x}]}{\partial x}\mathrm{d}x\}\mathrm{d}y\mathrm{d}z \tag{3.62}$$

式中　$Q_{x+\mathrm{d}x}$——x方向流出单元体的热量,J。

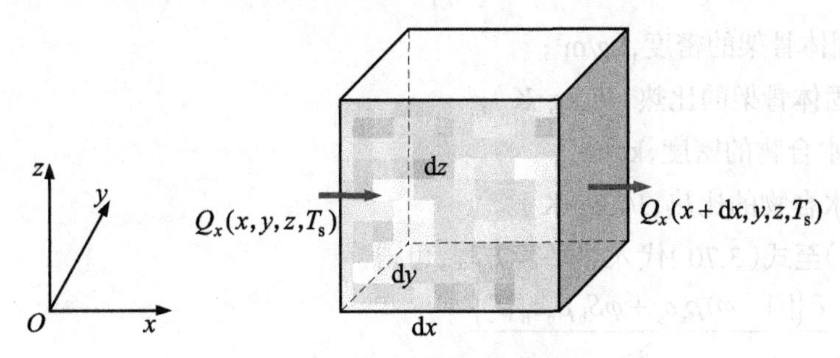

图3.4　传热过程示意图

则由于热传导作用沿着x方向流入与流出单元体的热量差值为

$$\frac{\partial[((1-\varphi)\lambda_{\mathrm{s}}+\varphi S_{\mathrm{h}}\lambda_{\mathrm{h}})\frac{\partial T_{\mathrm{s}}}{\partial x}]}{\partial x}\mathrm{d}x\mathrm{d}y\mathrm{d}z \tag{3.63}$$

同理,可得由于热传导作用沿着y、z方向流入与流出单元体的热量差值分别为

$$\frac{\partial[((1-\varphi)\lambda_{\mathrm{s}}+\varphi S_{\mathrm{h}}\lambda_{\mathrm{h}})\frac{\partial T_{\mathrm{s}}}{\partial y}]}{\partial y}\mathrm{d}x\mathrm{d}y\mathrm{d}z \tag{3.64}$$

$$\frac{\partial[((1-\varphi)\lambda_{\mathrm{s}}+\varphi S_{\mathrm{h}}\lambda_{\mathrm{h}})\frac{\partial T_{\mathrm{s}}}{\partial z}]}{\partial z}\mathrm{d}x\mathrm{d}y\mathrm{d}z \tag{3.65}$$

则在热传导作用下单位时间内流入与流出单元体的热量差值之和为

$$Q_{\lambda}=\nabla\cdot\{[(1-\varphi)\lambda_{\mathrm{s}}+\varphi S_{\mathrm{h}}\lambda_{\mathrm{h}}]\nabla T_{\mathrm{s}}\}\mathrm{d}x\mathrm{d}y\mathrm{d}z \tag{3.66}$$

式中　λ_{s}——固体骨架的热传导系数,W/(m·K);

λ_{h}——水合物的热传导系数,W/(m·K)。

单位时间内单元体由于固体骨架变形而引起的热量变化为

$$Q_{\varepsilon}=\nabla\cdot\{[(1-\varphi)\rho_{\mathrm{s}}c_{\mathrm{s}}+\varphi S_{\mathrm{h}}\rho_{\mathrm{h}}c_{\mathrm{h}}]v_{\mathrm{sh}}T_{\mathrm{s}}\}\mathrm{d}x\mathrm{d}y\mathrm{d}z \tag{3.67}$$

单位时间内单元体内水合物相变分解吸收的热量为

$$Q_{\mathrm{h}}=(H_0+C_0T)\dot{m}_{\mathrm{h}}\mathrm{d}x\mathrm{d}y\mathrm{d}z \tag{3.68}$$

式中　Q_{h}——水合物的相变潜热[170],J;

$H_0=3.53\times10^6$;

$C_0=-1.05\times10^3$。

单位时间内孔隙流体渗流过程中孔隙流体与固体骨架之间的热交换为

$$Q_{\mathrm{ex}}=\left[\alpha_{\mathrm{ex}}(1-\varphi)(T_{\mathrm{s}}-T_{\mathrm{f}})\right]\mathrm{d}x\mathrm{d}y\mathrm{d}z \tag{3.69}$$

式中 α_{ex}——有效热交换系数，J / (m^3·s·K)；

T_f——孔隙流体温度，K。

单位时间内单元体由于温度变化引起的热量变化为

$$Q_{sh}=\frac{\partial\left\{[(1-\varphi)\rho_s c_s+\varphi S_h\rho_h c_h]T_s\right\}}{\partial t}\mathrm{d}x\mathrm{d}y\mathrm{d}z \tag{3.70}$$

式中 ρ_s——固体骨架的密度，kg/m^3；

c_s——固体骨架的比热，J/(kg·K)；

ρ_h——水合物的密度，kg/m^3；

c_h——水合物的比热，J/(kg·K)。

将式(3.67)至式(3.70)代入热平衡方程，可得

$$\begin{aligned}&\frac{\partial\left\{[(1-\varphi)\rho_s c_s+\varphi S_h\rho_h c_h]T_s\right\}}{\partial t}\\&=\nabla\cdot\left\{[(1-\varphi)\lambda_s+\varphi S_h\lambda_h]\nabla T_s\right\}+\nabla\cdot\left\{[(1-\varphi)\rho_s c_s+\varphi S_h\rho_h c_h]v_{sh}T_s\right\}\cdot\\&\left[\alpha_{ex}(1-\varphi)(T_s-T_f)\right]-(H_0+C_0T)\dot{m}_h\end{aligned} \tag{3.71}$$

2. 孔隙流体的温度场方程

以孔隙流体（气、水）为研究对象，单元体内流体的热量变化包括孔隙流体之间的热传导、热对流以及孔隙流体与固体骨架之间的热交换。

单位时间内单元体内孔隙流体由于热传导而引起的热量变化为

$$Q'_\lambda=\nabla\cdot[(\varphi S_g\lambda_g+\varphi S_w\lambda_w)\nabla T_f]\mathrm{d}x\mathrm{d}y\mathrm{d}z \tag{3.72}$$

式中 λ_g——孔隙气体的热传导系数，W/(m·K)；

λ_w——孔隙水的热传导系数，W/(m·K)。

单位时间内单元体内孔隙流体渗流过程中孔隙流体与固体骨架之间的热交换量为

$$Q'_{ex}=\alpha_{ex}(1-\varphi)(T_f-T_s)\mathrm{d}x\mathrm{d}y\mathrm{d}z \tag{3.73}$$

式中 α_{ex}——有效热交换系数，J/(m^2·s·K)。

单位时间内单元体内孔隙流体由于热对流而产生的热量变化为

$$Q'_{hf}=\nabla\cdot[(\varphi S_g c_g\rho_g v_g+\varphi S_w c_w\rho_w v_w)T_f]\mathrm{d}x\mathrm{d}y\mathrm{d}z \tag{3.74}$$

单位时间内单元体内孔隙流体由于温度变化引起的热量变化为

$$Q'_f=\frac{\partial[(\varphi S_g\rho_g c_g+\varphi S_w\rho_w c_w)T_f]}{\partial t}\mathrm{d}x\mathrm{d}y\mathrm{d}z \tag{3.75}$$

将式(3.72)至式(3.75)代入热平衡方程$Q'_f=Q'_\lambda+Q'_{ex}-Q'_{hf}$，可得

$$\begin{aligned}\frac{\partial[(\varphi S_g\rho_g c_g+\varphi S_w\rho_w c_w)T_f]}{\partial t}&=\nabla\cdot[(\varphi S_g\lambda_g+\varphi S_w\lambda_w)\nabla T_f]+\alpha_{ex}(1-\varphi)(T_f-T_s)-\\&\nabla\cdot[(\varphi S_g c_g\rho_g v_g+\varphi S_w c_w\rho_w v_w)T_f]\end{aligned} \tag{3.76}$$

在固体骨架与孔隙流体之间满足热平衡状态的条件下[171]，将式(3.71)和式(3.76)相加得水合物沉积层混相形式的热流力耦合温度场总控制方程为

$$\frac{\partial(\rho cT)}{\partial t}=\nabla\cdot(\lambda_{\text{eff}}\nabla T)+\nabla\cdot\{[(1-\varphi)\rho_s c_s+\varphi S_h\rho_h c_h]v_{sh}T\}-$$
$$\nabla\cdot[(\varphi S_g c_g\rho_g v_g+\varphi S_w c_w\rho_w v_w)T]-(H_0+C_0T)\dot{m}_h \tag{3.77}$$

其中

$$T=T_s=T_f \tag{3.78a}$$
$$\rho c=(1-\varphi)\rho_s c_s+\varphi S_h\rho_h c_h+\varphi S_w\rho_w c_w+\varphi S_g\rho_g c_g \tag{3.78b}$$
$$\lambda_{\text{eff}}=(1-\varphi)\lambda_s+\varphi S_h\lambda_h+\varphi S_w\lambda_w+\varphi S_g\lambda_g \tag{3.78c}$$

式(3.77)右侧第一项为混相形式的热传导项；第二项为固体骨架变形的影响项，但是由于该项对温度场的影响较小，在实际计算中忽略其对温度场的影响；第三项为孔隙流体渗流影响项；第四项为水合物分解的相变潜热项。

温度场的初始条件为

$$T|_{t=0}=T_i \tag{3.79}$$

式中　T_i——初始温度，K。

3. 温度场的边界条件

（1）温度边界：给定边界上的温度值。

$$T=\bar{T}_k \tag{3.80}$$

式中　$\bar{T}_k$——边界上的温度，K。

（2）流量边界条件：给定边界上的热流量。

$$\lambda_{\text{eff}}(\frac{\partial T}{\partial x}l+\frac{\partial T}{\partial y}m+\frac{\partial T}{\partial z}n)+\bar{q}_T=0 \tag{3.81}$$

式中　l、m、n——方向余弦；

$\bar{q}_T=\bar{q}_T(\Gamma,t)$——边界上的热流量。

（3）混合边界条件：一部分边界上的温度已知，一部分边界上的热流量已知。

3.3　水合物分解区储层变形破坏准则

法国科学家库伦通过对土体破坏现象的总结和影响其破坏因素的分析，提出了土体的破坏公式，即

$$\tau_f=C_s+\sigma_n\tan\phi_s \tag{3.82}$$

式中　τ_f——剪切破坏面上土体的抗剪强度，MPa；

C_s——土体的黏聚力，MPa；

σ_n——剪切破坏面上土体的法向应力，MPa；

ϕ_s——土体的摩擦角。

式(3.82)表明，通过土体中某点的任何一个面上的剪应力达到其抗剪强度时，土体即会发生剪切破坏。

在此基础上，摩尔提出了材料的破坏是剪切破坏的理论，即认为在土体的破坏面上，法

向应力 σ_n 和抗剪强度 τ_f 之间满足如下的函数关系：

$$\tau_f = f(\sigma_n) \tag{3.83}$$

二者之间的关系可定义成如图 3.5 所示的曲线，称为摩尔 - 库伦破坏包线。如果土体中某点的应力状态在曲线的下方，土体不会发生剪切破坏，但是如果应力状态点正好在曲线上，则土体将发生剪切破坏。一般情况下，摩尔 - 库伦破坏包线可能是双曲线、抛物线、摆线等非线性曲线。当应力变化不大时，可将摩尔 - 库伦破坏包线简化为式（3.82）的直线形式（图 3.6），这种以剪应力是否达到抗剪强度作为破坏标准的理论就称为摩尔 - 库伦破坏理论。

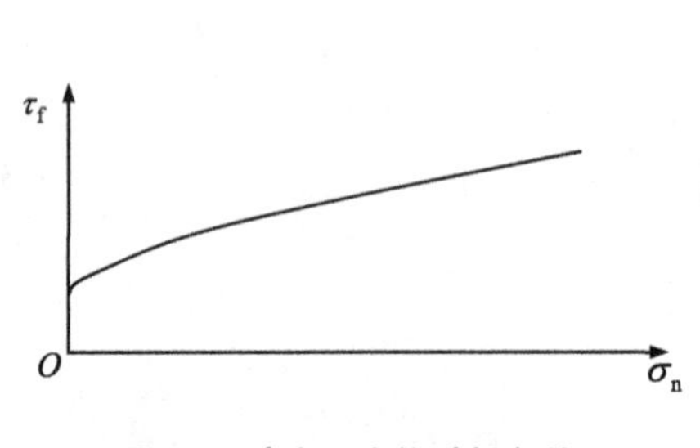

图 3.5 摩尔 - 库伦破坏包线

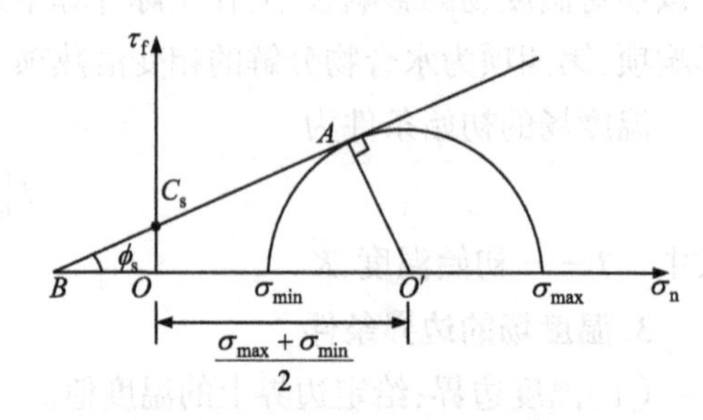

图 3.6 摩尔 - 库伦屈服条件

式（3.82）适用于土体的剪切破坏面已事先确定的情况，但是在实际情况下，一般不可能预先确定土体的剪切破坏面，只可以计算得到垂直于坐标轴平面上的应力（正应力和剪应力）或主应力。因此，在极限平衡条件下，需要将式（3.82）表示成主应力的形式。

由图 3.6 可得

$$\sin\phi_s = \frac{O'A}{O'B} = \frac{\dfrac{\sigma_{max}-\sigma_{min}}{2}}{\dfrac{C_s}{\tan\phi_s}+\dfrac{\sigma_{max}+\sigma_{min}}{2}} \tag{3.84}$$

将式（3.84）进一步整理，可得

$$\sigma_{max} = \frac{1+\sin\phi_s}{1-\sin\phi_s}\sigma_{min} + \frac{2C_s\cos\phi_s}{1-\sin\phi_s} \tag{3.85}$$

在本研究中，采用式（3.85）表示的摩尔 - 库伦破坏准则作为水合物沉积层分解区储层变形破坏的判定准则。针对水合物沉积层，将土体的抗剪强度参数用含水合物沉积物的抗剪强度参数替换后，可得

$$\sigma_{max} = \frac{1+\sin\phi_h}{1-\sin\phi_h}\sigma_{min} + \frac{2C_h\cos\phi_h}{1-\sin\phi_h} \tag{3.86}$$

式中 σ_{max}——最大主应力，MPa；

σ_{min}——最小主应力，MPa；

ϕ_h——含水合物沉积物的摩擦角；

C_h——含水合物沉积物的黏聚力，MPa。

在 ABAQUS 软件中 [172]，摩尔 - 库伦模型的屈服函数被定义为

$$F_{\mathrm{m}} = R_{\mathrm{mc}} q_{\mathrm{m}} - p_{\mathrm{m}} \tan \phi_{\mathrm{m}} - C_{\mathrm{m}} = 0 \tag{3.87}$$

其中

$$R_{\mathrm{mc}} = \frac{1}{\sqrt{3}\cos\phi_{\mathrm{m}}} \sin\left(\Theta + \frac{\pi}{3}\right) + \frac{1}{3}\cos\left(\Theta + \frac{\pi}{3}\right)\phi_{\mathrm{m}} \tag{3.88a}$$

$$\cos(3\Theta) = \frac{J_3}{q_{\mathrm{m}}^3} \tag{3.88b}$$

式中　F_{m}——屈服函数；

R_{mc}——控制屈服面在 π 平面上形状的系数；

q_{m}——Mises 等效应力，MPa；

ϕ_{m}——摩擦角；

C_{m}——黏聚力，MPa；

Θ——极偏角；

J_3——应力偏张量第三不变数，MPa。

图 3.7 为摩尔 - 库伦模型屈服面在子午面和 π 平面上的形状。可以看出，由于在 π 平面上的摩尔 - 库伦屈服面有尖点存在，因此如果采用相关联的流动法则，即选取屈服函数作为塑性势函数，则会在尖点处引起塑性应变增量的向量方向不唯一的问题，进而导致在进行数值计算时，出现收敛缓慢甚至不收敛的现象。为了解决这一问题，ABAQUS 软件采用非关联的流动法则，定义如下椭圆函数作为塑性势函数：

$$G_{\mathrm{m}} = \sqrt{(\varepsilon_{\mathrm{m}} C_0 \tan\theta_{\mathrm{m}})^2 + (R_{\mathrm{mg}} q_{\mathrm{m}})^2} - p_{\mathrm{m}} \tan\theta_{\mathrm{m}} \tag{3.89}$$

其中

$$R_{\mathrm{mg}} = \frac{4(1-e_{\mathrm{m}})^2\cos^2\Theta + (2e_{\mathrm{m}}-1)^2}{2(1-e_{\mathrm{m}})^2\cos\Theta + (2e_{\mathrm{m}}-1)\sqrt{4(1-e_{\mathrm{m}}^2)\cos^2\Theta + 5e_{\mathrm{m}}^2 - 4e_{\mathrm{m}}}} R_{\mathrm{mc}}\left(\frac{\pi}{3}, \phi_{\mathrm{m}}\right) \tag{3.90a}$$

$$e_{\mathrm{m}} = \frac{3-\sin\phi_{\mathrm{m}}}{3+\sin\phi_{\mathrm{m}}} \tag{3.90b}$$

式中　G_{m}——塑性势函数；

ε_{m}——子午面上的偏心率，可控制塑性势函数在子午面上的形状以及与函数渐近线之间的相似程度；

C_0——初始黏聚力，MPa；

θ_{m}——剪胀角；

e_{m}——π 平面上的偏心率，可控制塑性势面在 π 平面上的形状。

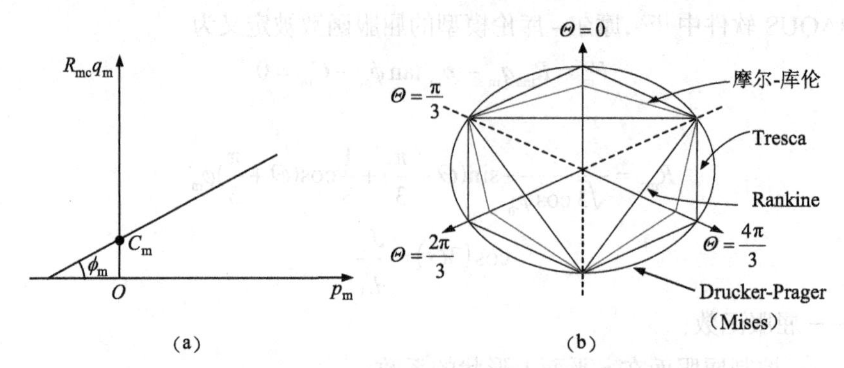

图 3.7 摩尔 - 库伦模型屈服面以及与其他模型屈服面对比

(a)子午面 (b)π 平面

图 3.8 为摩尔 - 库伦模型塑性势面在子午面和 π 平面上的形状。

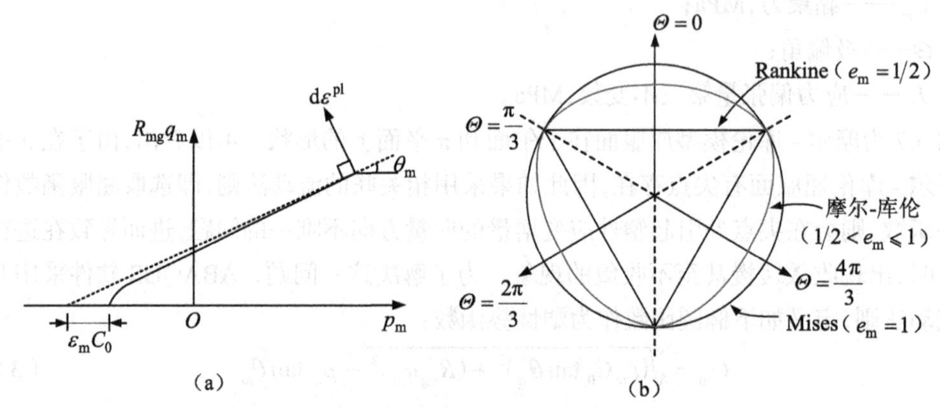

图 3.8 摩尔 - 库伦模型塑性势面以及与其他模型塑性势面对比

(a)子午面 (b)π 平面

3.4 储层力学参数动态变化关系模型建立

天然气水合物分解过程中,会引起储层力学参数的变化,因此还需要建立弹性模量、黏聚力以及渗透率等相关力学参数的动态变化关系模型作为数值求解的补充方程,以反映水合物分解过程中储层力学性质的变化规律。水合物分解之所以会使储层力学性质发生改变是因为受以下两个因素的影响:一是水合物饱和度的变化;二是水合物分解过程中的传热和渗流效应引起的地层有效应力变化。因此,在建立模型时应考虑对这些力学参数与上述其中一个因素或两个因素建立联系。

1. 弹性模量动态变化关系模型的建立

弹性模量是衡量物体变形特性的一个重要参数,为了分析水合物分解过程中水合物沉积层的变形规律,还需要获取含水合物沉积物的弹性模量。在本研究中,侧重于考虑水合物饱和度、纯水合物弹性模量以及沉积物骨架的弹性模量对含水合物沉积物弹性模量的影响,由细观力学的混相理论,可得各向同性条件下含水合物沉积物的等效弹性模量为 [75,173]

$$E_{eq}=n_s E_s+n_h E_h \tag{3.91}$$

式中 E_{eq}——等效弹性模量,MPa;

n_s——砂土沉积物骨架的体积分数;

n_h——天然气水合物的体积分数;

E_s、E_h——砂土沉积物骨架和水合物弹性模量,MPa。

海洋天然气水合物主要赋存于粉岩和黏土组成的松散沉积物(砂土沉积物)孔隙中,在进行水合物开采时,地层有效应力变化对沉积物骨架弹性模量的影响与常规油气开采过程中有效应力对疏松砂岩的影响规律类似[174]。因此,这里借鉴疏松砂岩弹性模量随有效体积应力变化的关系方程[175]:

$$E_{\sigma'} = E_{eq}[a_E(\sigma'_V)^2 + b_E\sigma'_V + c_E] \tag{3.92}$$

式中 $E_{\sigma'}$——有效体积应力影响下砂岩的弹性模量,MPa;

σ'_V——有效体积应力,MPa;

$a_E = -0.002\,3$;$b_E = 0.167\,4$;$c_E = -1.006\,5$。

因此,综合考虑水合物饱和度和有效体积应力变化对含水合物沉积物弹性模量的影响,可得含水合物沉积物弹性模量动态变化关系方程为

$$E_{sh} = (n_s E_s + n_h E_h)[a_E(\sigma'_V)^2 + b_E\sigma'_V + c_E] \tag{3.93}$$

式中 E_{sh}——在水合物饱和度和有效体积应力共同影响下含水合物沉积物的弹性模量,MPa。

2. 黏聚力动态变化关系模型的建立

随着水合物的分解,其在沉积物颗粒之间的胶结作用减弱,含水合物沉积物的黏聚力降低,这里采用 Freij-Ayoub 等[82]建立的黏聚力与水合物饱和度的变化关系模型,其表达式为

$$C_h = C_{h_0} \times [1 - 1.2\varphi(S_{h_0} - S_h)] \tag{3.94}$$

式中 C_h——含水合物沉积物的黏聚力,Pa;

C_{h_0}——含水合物沉积物的初始黏聚力,MPa;

φ——含水合物沉积物的孔隙度;

S_{h_0}——初始水合物的饱和度;

S_h——水合物的饱和度。

3. 渗率动态变化关系模型的建立

根据第2章得到的水合物饱和度和有效体积应力对含水合物沉积物渗透率的影响规律,可建立含水合物沉积物渗透率动态变化关系方程为

$$K = K_0 \exp[-(d_K S_h + e_K\sigma'_V)] \tag{3.95}$$

式中 K——含水合物沉积物的渗透率,m^2;

K_0——沉积物中不含水合物时的绝对渗透率,m^2;

σ'_V——有效体积应力,MPa;

S_h——水合物的饱和度;

$d_K = 6.836\,4$;$e_K = 0.106$。

第4章　天然气水合物分解诱发储层变形破坏热流力耦合模型离散

在第3章中已经建立了描述天然气水合物分解导致储层变形破坏的热流力(THM)耦合模型,并给出了相应的边界条件。但是由于模型中的数学方程为偏微分方程,具有较强的非线性,因此很难求得模型的解析解,只能采用数值计算方法求得近似解。有限元法是以变分法和加权余量法为理论基础,应用极为广泛的一种求解偏微分方程的数值计算方法。本章主要讨论应用 Galerkin(伽辽金)有限元法对热流力耦合模型分别进行空间域和时间域的离散,从而建立数值求解的有限元方程。

4.1　Galerkin 有限元法

采用有限元法进行数值求解的基本步骤:首先将一个连续体(或求解区域)离散化为若干个只通过节点连接的组合单元体(或子区域);然后针对每一个单元,用假设的近似函数来表示待求解的未知量,从而将一个具有无限个自由度的连续体转换为具有有限个自由度的组合单元体;最后通过变分法或者加权余量法将原来的偏微分方程等效为用来求解基本未知量的常微分方程组。求出每个单元节点的基本未知量,就可插值得到每个单元的近似解,并最终得到整个求解区域的近似解。如果单元的近似解满足收敛准则,则最后得到的整个求解区域的近似解也将收敛于精确解。很明显,划分的单元数量越多(或尺寸越小),求解得到的解的精度越高。有限元法不但对于几何形状复杂区域的求解具有非常明显的优势,而且求解各种复杂物理问题时的应用性和可靠性更强,更适合与计算机编程相结合来提高求解效率。

有限元法的典型代表就是以加权余量法为理论基础的加权余量有限元法,其求解的基本原理是通过选择不同的权函数使余量的加权积分为零来求解微分方程的数值解。根据选择的权函数不同,加权余量法可分为配点法、子域法、最小二乘法、力矩法以及 Galerkin 法[176]。其中,Galerkin 法的应用最为广泛,下面对其计算的原理进行介绍。

设在求解区域上的微分方程和边界条件分别为

$$A(x^*)-\eta_\Omega=0 \tag{4.1}$$

$$B(x^*)-\eta_\Gamma=0 \tag{4.2}$$

式中　x^*——基本未知量;

$A(x^*)$、$B(x^*)$——微分方程;

η_Ω、η_Γ——不含 x^* 的项。

基本未知量 x^* 的近似表达式为

$$x^* \approx \bar{x} = \sum_{i=1}^{n_i} N_i a_i \tag{4.3}$$

式中　$\bar{x}$——基本未知量 x^* 的近似函数；

n_i——节点个数；

N_i——形函数（或试探函数）；

a_i——待定系数。

将式（4.3）代入微分方程式（4.1）和边界条件式（4.2）中，由于 $\bar{x}$ 为近似解，所以方程不会等于零，而是得到求解区域内部残差和边界残差，两者分别为

$$\bar{R}_\Omega = A(\bar{x}) - \eta_\Omega \tag{4.4}$$

$$\bar{R}_\Gamma = B(\bar{x}) - \eta_\Gamma \tag{4.5}$$

式中　$\bar{R}_\Omega$——求解区域内部残差；

$\bar{R}_\Gamma$——求解区域边界残差。

由加权余量，写出式（4.4）和式（4.5）的余量形式为

$$\int_\Omega W_j R_\Omega \mathrm{d}V + \int_\Gamma \bar{W}_j R_\Gamma \mathrm{d}S = 0 \quad (j = 1, 2, \cdots, n) \tag{4.6}$$

式中　Ω——求解区域的空间体积；

Γ——求解区域的边界；

W_j，$\bar{W}_j$——权函数。

根据 Galerkin 法，选取形函数 N_i 作为权函数，即 $W_j = -\bar{W}_j = N_i$，式（4.6）的近似等效积形式可进一步表述为

$$\int_\Omega N_i [A(\sum_{i=1}^{n} N_i a_i) - \eta_\Omega] \mathrm{d}V - \int_\Gamma N_i [B(\sum_{i=1}^{n} N_i a_i) - \eta_\Gamma] \mathrm{d}S = 0 \tag{4.7}$$

式（4.7）即为仅含有节点未知量 a_i 的线性方程组，将求解得到的 a_i 代入式（4.1）中就可得到未知量的近似解。

4.2　变形场方程的空间域离散

4.2.1　单元刚度矩阵及总体刚度矩阵的建立

假设单元体内任意一点位移与节点位移之间满足如下关系：

$$u \approx \bar{u} = \sum_{i=1}^{n} N_i u_i \tag{4.8a}$$

$$v \approx \bar{v} = \sum_{i=1}^{n} N_i v_i \tag{4.8b}$$

$$w \approx \bar{w} = \sum_{i=1}^{n} N_i w_i \tag{4.8c}$$

式中　u、v、w——单元体内任一点沿 x、y、z 方向的位移分量；

u_i、v_i、w_i——节点沿 x、y、z 方向的位移分量；

$\bar{u}$、$\bar{v}$、$\bar{w}$——单元体内任一点位移分量的近似解。

式(4.8)的矩阵形式为

$$\{f\}=\begin{Bmatrix} u \\ v \\ w \end{Bmatrix} \approx \{\bar{f}\}=\begin{Bmatrix} \bar{u} \\ \bar{v} \\ \bar{w} \end{Bmatrix}=[N]\{\delta_e\} \tag{4.9}$$

式中 $\{f\}=[u \quad v \quad w]^T$，单元内任一点位移向量；

$\{\bar{f}\}=[\bar{u} \quad \bar{v} \quad \bar{w}]^T$，单元内任一点位移向量的近似解；

$[N]$——形函数矩阵，$[N]=[N_1 \quad N_2 \quad \cdots \quad N_n]$；

$\{\delta_e\}$——单元节点位移矩阵，$\{\delta_e\}=\begin{bmatrix} \delta_1 \\ \delta_2 \\ \vdots \\ \delta_n \end{bmatrix}$；

$\{\delta_i\}$——单元节点位移子矩阵，$\{\delta_i\}=\begin{bmatrix} u_i \\ v_i \\ w_i \end{bmatrix}$ （$i=1,2\cdots,n$）。

将式(4.8)代入几何方程即可得到节点位移与单元应变之间的关系式为

$$\{\varepsilon\}=\begin{Bmatrix} \varepsilon_x \\ \varepsilon_y \\ \varepsilon_z \\ \gamma_{xy} \\ \gamma_{yz} \\ \gamma_{zx} \end{Bmatrix} \approx \begin{bmatrix} \frac{\partial}{\partial x} & 0 & 0 \\ 0 & \frac{\partial}{\partial y} & 0 \\ 0 & 0 & \frac{\partial}{\partial z} \\ \frac{\partial}{\partial y} & \frac{\partial}{\partial x} & 0 \\ 0 & \frac{\partial}{\partial z} & \frac{\partial}{\partial y} \\ \frac{\partial}{\partial z} & 0 & \frac{\partial}{\partial x} \end{bmatrix} \begin{Bmatrix} \bar{u} \\ \bar{v} \\ \bar{w} \end{Bmatrix}=[B]\{\delta_e\}=[B_1 \quad B_2 \quad \cdots \quad B_n]\begin{Bmatrix} \delta_1 \\ \delta_2 \\ \vdots \\ \delta_n \end{Bmatrix} \tag{4.10}$$

式中 $\{\varepsilon\}=[\varepsilon_x \quad \varepsilon_y \quad \varepsilon_z \quad \gamma_{xy} \quad \gamma_{yz} \quad \gamma_{zx}]^T$——单元体内任一点应变状态；

$[B]$——应变矩阵，其子矩阵形式为

$$[B_i]=\begin{bmatrix} N_{i,x} & 0 & 0 \\ 0 & N_{i,y} & 0 \\ 0 & 0 & N_{i,z} \\ N_{i,y} & N_{i,x} & 0 \\ 0 & N_{i,z} & N_{i,y} \\ N_{i,z} & 0 & N_{i,x} \end{bmatrix} \quad (i=1,2,\cdots,n) \tag{4.11}$$

将式(4.10)代入本构方程中即可得到单元有效应力与节点位移的关系为

$$\{\sigma'\}=[D_e]\{\varepsilon\}=[D_e][B]\{\delta_e\} \tag{4.12}$$

令 $[W]=[D_e][B]$，其子矩阵表达式为

$$[W_i]=[D_e][B_i]=[D_e]\begin{bmatrix} N_{i,x} & 0 & 0 \\ 0 & N_{i,y} & 0 \\ 0 & 0 & N_{i,z} \\ N_{i,y} & N_{i,x} & 0 \\ 0 & N_{i,z} & N_{i,y} \\ N_{i,z} & 0 & N_{i,x} \end{bmatrix} \quad (i=1,2,\cdots,n) \tag{4.13}$$

式中　$[W]$——应力矩阵；

$[D_e]$——弹性矩阵。

对于含水合物沉积物中处于静力平衡状态的固体骨架单元来说，作用在其上的外力包括体力和面力。假设在约束允许的条件下，单元体在外载荷的作用下产生虚位移，则单元体在内部应力的作用下会产生相应的虚应变。根据虚位移原理，外力在虚位移上所做虚功的代数和应该等于单元体内应力在虚应变上所做的虚功，即

$$\iiint_{\Omega_e}\{f^*\}^{\mathrm{T}}\{F_\Omega\}\mathrm{d}V+\iint_{\Gamma_e}\{f^*\}^{\mathrm{T}}\{F_\Gamma\}\mathrm{d}S=\iiint_{\Omega_e}\{\varepsilon^*\}^{\mathrm{T}}\{\sigma\}\mathrm{d}V \tag{4.14}$$

式中　Ω_e——单元体的空间体积；

Γ_e——单元体的边界；

$\{f^*\}$——单元体内任一点的虚位移；

$\{F_\Omega\}$——作用于单元体的体力；

$\{F_\Gamma\}$——作用于单元体表面的面力；

$\{\varepsilon^*\}$——单元体内任一点的虚应变；

$\{\sigma\}$——单元体内应力。

将有效应力表达式(3.7)代入式(4.14)，可得

$$\iiint\limits_{\Omega_e}\{\varepsilon^*\}^{\mathrm{T}}\{\sigma'\}\mathrm{d}V=\iiint\limits_{\Omega_e}\{f^*\}^{\mathrm{T}}\{F_\Omega\}\mathrm{d}V+\iint\limits_{\Gamma_e}\{f^*\}^{\mathrm{T}}\{F_\Gamma\}\mathrm{d}S-\iiint\limits_{\Omega_e}\{\varepsilon^*\}^{\mathrm{T}}\alpha\{P_{\mathrm{pore}}\}\mathrm{d}V-$$
$$\iiint\limits_{\Omega_e}\{\varepsilon^*\}^{\mathrm{T}}\beta_{\mathrm{s}}\{T\}\mathrm{d}V \tag{4.15}$$

由虚功等效原则可知,外力在相应虚位移上所做虚功等于等效节点力所做虚功,即

$$\{\delta_{\mathrm{e}}^*\}^{\mathrm{T}}\{F\}^{\mathrm{e}}=\iiint\limits_{\Omega_e}\{f^*\}^{\mathrm{T}}\{F_\Omega\}\mathrm{d}V+\iint\limits_{\Gamma_e}\{f^*\}^{\mathrm{T}}\{F_\Gamma\}\mathrm{d}S-\iiint\limits_{\Omega_e}\{\varepsilon^*\}^{\mathrm{T}}\alpha\{P_{\mathrm{pore}}\}\mathrm{d}V-$$
$$\iiint\limits_{\Omega_e}\{\varepsilon^*\}^{\mathrm{T}}\beta_{\mathrm{s}}\{T\}\mathrm{d}V \tag{4.16}$$

式中 $\{\delta_{\mathrm{e}}^*\}$——单元节点虚位移;

$\{F\}^{\mathrm{e}}$——单元等效节点力。

由式(4.15)和式(4.16),可得

$$\{\delta_{\mathrm{e}}^*\}^{\mathrm{T}}\{F\}^{\mathrm{e}}=\iiint\limits_{\Omega_e}\{\varepsilon^*\}^{\mathrm{T}}\{\sigma'\}\mathrm{d}V \tag{4.17}$$

由式(4.9)、式(4.10)以及式(4.12)可推导得到单元内任一点虚位移、虚应变、有效应力与节点虚位移的关系分别为

$$\{f^*\}=[N]\{\delta_{\mathrm{e}}^*\} \tag{4.18}$$

$$\{\varepsilon^*\}=[B]\{\delta_{\mathrm{e}}^*\} \tag{4.19}$$

$$\{\sigma'\}=[D_{\mathrm{e}}]\{\varepsilon\}=[D_{\mathrm{e}}][B]\{\delta_{\mathrm{e}}\} \tag{4.20}$$

将式(4.18)和式(4.19)代入式(4.16),可得

$$\{\delta_{\mathrm{e}}^*\}^{\mathrm{T}}\{F\}^{\mathrm{e}}=\iiint\limits_{\Omega_e}\{\delta_{\mathrm{e}}^*\}^{\mathrm{T}}[N]\{F_\Omega\}\mathrm{d}V+\iint\limits_{\Gamma_e}\{\delta_{\mathrm{e}}^*\}^{\mathrm{T}}[N]\{F_\Gamma\}\mathrm{d}S-\iiint\limits_{\Omega_e}\{\delta_{\mathrm{e}}^*\}^{\mathrm{T}}[B]^{\mathrm{T}}\alpha\{P_{\mathrm{pore}}\}\mathrm{d}V-$$
$$\iiint\limits_{\Omega_e}\{\delta_{\mathrm{e}}^*\}^{\mathrm{T}}[B]^{\mathrm{T}}\beta_{\mathrm{s}}\{T\}\mathrm{d}V \tag{4.21}$$

消去式(4.21)中任意的虚位移,可进一步得到

$$\{F\}^{\mathrm{e}}=\iiint\limits_{\Omega_e}[N]\{F_\Omega\}\mathrm{d}V+\iint\limits_{\Gamma_e}[N]\{F_\Gamma\}\mathrm{d}S-\iiint\limits_{\Omega_e}[B]^{\mathrm{T}}\alpha\{P_{\mathrm{pore}}\}\mathrm{d}V-\iiint\limits_{\Omega_e}[B]^{\mathrm{T}}\beta_{\mathrm{s}}\{T\}\mathrm{d}V \tag{4.22}$$

该式即为单元等效节点力与作用于单元体上的体力和面力之间的关系式。

将式(4.19)、式(4.20)代入式(4.17),可得

$$\{\delta_{\mathrm{e}}^*\}^{\mathrm{T}}\{F\}^{\mathrm{e}}=\iiint\limits_{\Omega_e}\{\delta_{\mathrm{e}}^*\}^{\mathrm{T}}[B]^{\mathrm{T}}[D_{\mathrm{e}}][B]\{\delta_{\mathrm{e}}\}\mathrm{d}V \tag{4.23}$$

消去虚位移得

$$\{F\}^{\mathrm{e}}=\iiint\limits_{\Omega_e}[B]^{\mathrm{T}}[D_{\mathrm{e}}][B]\{\delta_{\mathrm{e}}\}\mathrm{d}V \tag{4.24}$$

令

$$[K]^{\mathrm{e}}=\iiint\limits_{\Omega_e}[B]^{\mathrm{T}}[D_{\mathrm{e}}][B]\mathrm{d}V \tag{4.25}$$

则式（4.23）变为

$$\{F\}^{e}=[K]^{e}\{\delta_{e}\} \tag{4.26}$$

该式即为基于有效应力原理得到的固体骨架单元的等效节点力与节点位移之间的关系式，其中 $[K]^{e}$ 称为单元刚度矩阵。

将所有元的单元刚度矩阵集合在一起后，即可得到总体刚度矩阵为

$$\{F\}_{eq}=[K]\{\delta\} \tag{4.27}$$

式中　$\{F\}_{eq}$——整个区域的等效节点载荷矩阵；

$[K]$——总体刚度矩阵；

$\{\delta\}$——整个区域的单元节点位移矩阵。

将方程（4.27）求解后，就可得到整个求解区域内各单元节点的位移，从而利用式（4.10）和式（4.12）可求得应变和应力。

4.2.2　固体骨架静力平衡方程的空间离散

设 $\{\bar{\sigma}\}$ 为静力平衡方程中各应力分量近似解，即二者之间满足如下关系：

$$\{\sigma\}\approx\{\bar{\sigma}\} \tag{4.28}$$

式中　$\{\sigma\}=[\sigma_{x}\quad\sigma_{y}\quad\sigma_{y}\quad\tau_{xy}\quad\tau_{yz}\quad\tau_{zx}]^{T}$——单元体内一点应力状态；

$\{\bar{\sigma}\}=[\bar{\sigma}_{x}\quad\bar{\sigma}_{y}\quad\bar{\sigma}_{z}\quad\bar{\tau}_{xy}\quad\bar{\tau}_{yz}\quad\bar{\tau}_{zx}]^{T}$——单元体内一点应力状态的近似解。

基于 Galerkin 原理，将式（4.28）代入式（3.5a），可得

$$\iiint_{\Omega_e}[N](\frac{\partial\bar{\sigma}_{x}}{\partial x}+\frac{\partial\bar{\tau}_{xy}}{\partial y}+\frac{\partial\bar{\tau}_{zx}}{\partial z}+F_{x})\mathrm{d}x\mathrm{d}y\mathrm{d}z=0 \tag{4.29}$$

根据 Green 公式的分部积分原理以及边界条件式（3.40），将式（4.29）左侧第一项展开得

$$\begin{aligned}\iiint_{\Omega_e}[N]\frac{\partial\bar{\sigma}_{x}}{\partial x}\mathrm{d}x\mathrm{d}y\mathrm{d}z&=\iint_{\Gamma_e}[N]\bar{\sigma}_{x}\mathrm{d}y\mathrm{d}z-\iiint_{\Omega_e}\bar{\sigma}_{x}\frac{\partial[N]}{\partial x}\mathrm{d}x\mathrm{d}y\mathrm{d}z\\&=\iint_{\Gamma_e}[N]\bar{\sigma}_{x}\cdot l\mathrm{d}S-\iiint_{\Omega_e}\bar{\sigma}_{x}\frac{\partial[N]}{\partial x}\mathrm{d}x\mathrm{d}y\mathrm{d}z\end{aligned} \tag{4.30a}$$

同理，可将式（4.29）左侧第二项、第三项分别展开得

$$\iiint_{\Omega_e}[N]\frac{\partial\bar{\tau}_{xy}}{\partial y}\mathrm{d}x\mathrm{d}y\mathrm{d}z=\iint_{\Gamma_e}[N]\bar{\tau}_{xy}\cdot m\mathrm{d}S-\iiint_{\Omega_e}\bar{\tau}_{xy}\frac{\partial[N]}{\partial y}\mathrm{d}x\mathrm{d}y\mathrm{d}z \tag{4.30b}$$

$$\iiint_{\Omega_e}[N]\frac{\partial\bar{\tau}_{zx}}{\partial z}\mathrm{d}x\mathrm{d}y\mathrm{d}z=\iint_{\Gamma_e}[N]\bar{\tau}_{zx}\cdot n\mathrm{d}S-\iiint_{\Omega_e}\bar{\tau}_{zx}\frac{\partial[N]}{\partial z}\mathrm{d}x\mathrm{d}y\mathrm{d}z \tag{4.30c}$$

将式（4.30a）、式（4.30b）、式（4.30c）代入式（4.29），整理可得

$$\iiint_{\Omega_e}\left(\frac{\partial[N]}{\partial x}\bar{\sigma}_{x}+\frac{\partial[N]}{\partial y}\bar{\tau}_{xy}+\frac{\partial[N]}{\partial z}\bar{\tau}_{zx}\right)\mathrm{d}x\mathrm{d}y\mathrm{d}z=\iint_{\Gamma_e}[N](l\bar{\sigma}_{x}+m\bar{\tau}_{xy}+n\bar{\tau}_{zx})\mathrm{d}S \tag{4.31a}$$

重复式（4.28）至式（4.30）的推导过程，可将静力平衡方程中的式（3.5b）、式（3.5c）分别

整理为

$$\iiint_{\Omega_e}\left(\frac{\partial[N]}{\partial x}\bar{\tau}_{xy}+\frac{\partial[N]}{\partial y}\bar{\sigma}_y+\frac{\partial[N]}{\partial z}\bar{\tau}_{yz}\right)\mathrm{d}x\mathrm{d}y\mathrm{d}z=\iint_{\Gamma_e}[N](l\bar{\tau}_{xy}+m\bar{\sigma}_y+n\bar{\tau}_{yz})\mathrm{d}S \quad (4.31\mathrm{b})$$

$$\iiint_{\Omega_e}\left(\frac{\partial[N]}{\partial x}\bar{\tau}_{zx}+\frac{\partial[N]}{\partial y}\bar{\tau}_{yz}+\frac{\partial[N]}{\partial z}\bar{\sigma}_z\right)\mathrm{d}x\mathrm{d}y\mathrm{d}z=\iint_{\Gamma_e}[N](l\bar{\tau}_{zx}+m\bar{\tau}_{yz}+n\bar{\sigma}_z)\mathrm{d}S \quad (4.31\mathrm{c})$$

将式(4.31a)、式(4.31b)以及式(4.31c)的三个方程统一表示成矩阵形式为

$$\iiint_{\Omega_e}[N]([\partial]^{\mathrm{T}}\{\bar{\sigma}\})\mathrm{d}x\mathrm{d}y\mathrm{d}z=\iint_{\Gamma_e}[N]([L]^{\mathrm{T}}\{\bar{\sigma}\})\mathrm{d}S \quad (4.32)$$

其中

$$[\partial]=\begin{bmatrix}\frac{\partial}{\partial x} & 0 & 0\\ 0 & \frac{\partial}{\partial y} & 0\\ 0 & 0 & \frac{\partial}{\partial z}\\ \frac{\partial}{\partial y} & \frac{\partial}{\partial x} & 0\\ 0 & \frac{\partial}{\partial z} & \frac{\partial}{\partial y}\\ \frac{\partial}{\partial z} & 0 & \frac{\partial}{\partial x}\end{bmatrix},[L]=\begin{bmatrix}l\\ m\\ n\end{bmatrix}$$

同时，基于 Galerkin 原理将静力平衡的应力边界条件表示成矩阵形式为

$$\iint_{\Gamma_e}[N]([L]^{\mathrm{T}}\{\bar{\sigma}\}+\{F_{\mathrm{S}}\})\mathrm{d}S=0 \quad (4.33)$$

式中 $\{F_{\mathrm{S}}\}$——边界上的面力矩阵。

令

$$[B]=[\partial][N]=[B_1 \quad B_2 \quad \cdots \quad B_n] \quad (4.34)$$

其中

$$[B_i]=[\partial]N_i=\begin{bmatrix}N_{i,x} & 0 & 0\\ 0 & N_{i,y} & 0\\ 0 & 0 & N_{i,z}\\ N_{i,y} & N_{i,x} & 0\\ 0 & N_{i,z} & N_{i,y}\\ N_{i,z} & 0 & N_{i,x}\end{bmatrix} \quad (i=1,2,\cdots,n) \quad (4.35)$$

由式(4.32)和式(4.33)，可得

$$\iiint_{\Omega_e}[B]^{\mathrm{T}}\{\bar{\sigma}\}\mathrm{d}x\mathrm{d}y\mathrm{d}z=\iint_{\Gamma_e}[N]\{F_S\}\mathrm{d}S \tag{4.36}$$

该式即为离散后以总应力表示的静力平衡方程。

根据有效应力原理，总应力可表示为

$$\{\bar{\sigma}\}=\{\bar{\sigma}'\}+\alpha[I]\{P\}^{\mathrm{e}}+\beta_{\mathrm{s}}[I]\{T\}^{\mathrm{e}} \tag{4.37}$$

式中　$\{\bar{\sigma}'\}$——有效应力向量的近似解；

$\{I\}$——单位矩阵；

$\{P\}^{\mathrm{e}}=\{S_{\mathrm{w}}\}^{\mathrm{e}}\{P_{\mathrm{w}}\}^{\mathrm{e}}+\{S_{\mathrm{g}}\}^{\mathrm{e}}\{P_{\mathrm{g}}\}^{\mathrm{e}}$——单元节点孔隙压力矩阵，$\{S_{\mathrm{w}}\}^{\mathrm{e}}$、$\{S_{\mathrm{g}}\}^{\mathrm{e}}$分别为水、气相饱和度矩阵，$\{P_{\mathrm{w}}\}^{\mathrm{e}}$、$\{P_{\mathrm{g}}\}^{\mathrm{e}}$分别为单元节点孔隙水压力矩阵和孔隙气压力矩阵；

$\{T\}^{\mathrm{e}}$——单元节点温度矩阵。

将式(4.12)代入式(4.37)，可得

$$\{\bar{\sigma}\}=[D_{\mathrm{e}}][B]\{\delta_{\mathrm{e}}\}+\alpha[I]\{P\}^{\mathrm{e}}+\beta_{\mathrm{s}}[I]\{T\}^{\mathrm{e}} \tag{4.38}$$

将式(4.38)代入式(4.36)，可得

$$\iiint_{\Omega_e}[B]^{\mathrm{T}}[D_{\mathrm{e}}][B]\mathrm{d}x\mathrm{d}y\mathrm{d}z\{\delta_{\mathrm{e}}\}+\iiint_{\Omega_e}[B]^{\mathrm{T}}\alpha[I]\mathrm{d}x\mathrm{d}y\mathrm{d}z\{P\}^{\mathrm{e}}+\iiint_{\Omega_e}[B]^{\mathrm{T}}\beta_{\mathrm{s}}[I]\mathrm{d}x\mathrm{d}y\mathrm{d}z\{T\}^{\mathrm{e}}$$

$$=\iint_{\Gamma_e}[N]\{F_S\}\mathrm{d}S \tag{4.39}$$

令

$$[K_1]=\iiint_{\Omega_e}[B]^{\mathrm{T}}[D_{\mathrm{e}}][B]\mathrm{d}x\mathrm{d}y\mathrm{d}z \tag{4.40a}$$

$$[K_2]=\iiint_{\Omega_e}[B]^{\mathrm{T}}\alpha[I]\mathrm{d}x\mathrm{d}y\mathrm{d}z \tag{4.40b}$$

$$[K_3]=\iiint_{\Omega_e}[B]^{\mathrm{T}}\beta_{\mathrm{s}}[I]\mathrm{d}x\mathrm{d}y\mathrm{d}z \tag{4.40c}$$

$$[R_{\mathrm{f}}]=\iint_{\Gamma_e}[N]\{F_S\}\mathrm{d}S \tag{4.40d}$$

则式(4.39)最后整理为

$$[K_1]\{\delta_{\mathrm{e}}\}+[K_2]\{P\}^{\mathrm{e}}+[K_3]\{T\}^{\mathrm{e}}=[R_{\mathrm{f}}] \tag{4.41}$$

式(4.41)即为离散后的以节点位移、节点孔隙压力和节点温度表示的耦合变形场方程，需要结合后面的渗流场方程和温度场方程联合进行求解。式(4.41)左侧第二项和第三项反映了水合物分解过程中储层孔隙压力和温度变化对固体骨架变形的影响。

4.3　渗流场方程的空间域离散

单元体内任一点的孔隙气压力$P_{\mathrm{g}}^{\mathrm{e}}$和孔隙水压力$P_{\mathrm{w}}^{\mathrm{e}}$可近似地用节点插值表示为

$$P_{\mathrm{g}}^{\mathrm{e}}\approx\bar{P}_{\mathrm{g}}^{\mathrm{e}}=\sum_{i=1}^{n}N_iP_{gi}=[N]\{P_{\mathrm{g}}\}^{\mathrm{e}} \tag{4.42a}$$

$$P_{\mathrm{w}}^{\mathrm{e}} \approx \bar{P}_{\mathrm{w}}^{\mathrm{e}} = \sum_{i=1}^{n} N_i P_{\mathrm{w}i} = [N]\{P_{\mathrm{w}}\}^{\mathrm{e}} \tag{4.42b}$$

其中

$$\{P_{\mathrm{g}}\}^{\mathrm{e}} = [P_{\mathrm{g}1} \quad P_{\mathrm{g}2} \quad \cdots \quad P_{\mathrm{g}n}]^{\mathrm{T}}$$
$$\{P_{\mathrm{w}}\}^{\mathrm{e}} = [P_{\mathrm{w}1} \quad P_{\mathrm{w}2} \quad \cdots \quad P_{\mathrm{w}n}]^{\mathrm{T}}$$

式中　$P_{\mathrm{g}}^{\mathrm{e}}$、$P_{\mathrm{w}}^{\mathrm{e}}$——单元体内任一点孔隙气压力和孔隙水压力；

$\bar{P}_{\mathrm{g}}^{\mathrm{e}}$、$\bar{P}_{\mathrm{w}}^{\mathrm{e}}$——单元体内任一点孔隙气压力和孔隙水压力的近似解；

$\bar{P}_{\mathrm{g}i}$、$\bar{P}_{\mathrm{w}i}$——单元节点孔隙气压力和孔隙水压力；

$[N]$——形函数矩阵，$[N]=[N_1 \quad N_2 \quad \cdots \quad N_n]$；

$\{P_{\mathrm{g}}\}^{\mathrm{e}}$——单元节点孔隙气压力矩阵；

$\{P_{\mathrm{w}}\}^{\mathrm{e}}$——单元节点孔隙水压力矩阵。

根据 Galerkin 法，选取形函数 N_i 作为求解区域和边界的权函数，并引入气体渗流的流量边界条件，可写出方程（3.51a）的近似等效积分形式为

$$\iiint_{\Omega_{\mathrm{e}}} N_i (S_{\mathrm{g}}\rho_{\mathrm{g}} \frac{\partial \varepsilon_{\mathrm{V}}}{\partial t}) \mathrm{d}V + \iiint_{\Omega_{\mathrm{e}}} N_i \frac{\partial(\varphi S_{\mathrm{g}}\rho_{\mathrm{g}})}{\partial t} \mathrm{d}V + \iiint_{\Omega_{\mathrm{e}}} N_i \nabla \cdot [-\frac{KK_{\mathrm{rg}}\rho_{\mathrm{g}}}{\mu_{\mathrm{g}}}(\nabla \bar{P}_{\mathrm{g}} + \rho_{\mathrm{g}} g)] \mathrm{d}V +$$
$$\iiint_{\Omega_{\mathrm{e}}} N_i \dot{m}_{\mathrm{g}} \mathrm{d}V - \iint_{\Gamma_{\mathrm{e}}} N_i [k_{\mathrm{g}}(\frac{\partial \bar{P}_{\mathrm{g}}}{\partial x} l + \frac{\partial \bar{P}_{\mathrm{g}}}{\partial y} m + \frac{\partial \bar{P}_{\mathrm{g}}}{\partial z} n) + \bar{q}_{\mathrm{g}}] \mathrm{d}S = 0 \tag{4.43}$$

应用分部积分法，将式（4.43）左侧的第三项进行展开可得

$$\iiint_{\Omega_{\mathrm{e}}} N_i (-\frac{KK_{\mathrm{rg}}\rho_{\mathrm{g}}}{\mu_{\mathrm{g}}})(\frac{\partial^2 \bar{P}_{\mathrm{g}}^{\mathrm{e}}}{\partial x^2}) \mathrm{d}x\mathrm{d}y\mathrm{d}z = (-\frac{KK_{\mathrm{rg}}\rho_{\mathrm{g}}}{\mu_{\mathrm{g}}})(\iint_{\Gamma_{\mathrm{e}}} N_i \frac{\partial \bar{P}_{\mathrm{g}}^{\mathrm{e}}}{\partial x} l \cdot dS - \iiint_{\Omega_{\mathrm{e}}} \frac{\partial \bar{P}_{\mathrm{g}}^{\mathrm{e}}}{\partial x} \frac{\partial N_i}{\partial x} \mathrm{d}x\mathrm{d}y\mathrm{d}z) \tag{4.44a}$$

$$\iiint_{\Omega_{\mathrm{e}}} N_i (-\frac{KK_{\mathrm{rg}}\rho_{\mathrm{g}}}{\mu_{\mathrm{g}}})(\frac{\partial^2 \bar{P}_{\mathrm{g}}^{\mathrm{e}}}{\partial y^2}) \mathrm{d}x\mathrm{d}y\mathrm{d}z = (-\frac{KK_{\mathrm{rg}}\rho_{\mathrm{g}}}{\mu_{\mathrm{g}}})(\iint_{\Gamma_{\mathrm{e}}} N_i \frac{\partial \bar{P}_{\mathrm{g}}^{\mathrm{e}}}{\partial y} m \cdot \mathrm{d}S - \iiint_{\Omega_{\mathrm{e}}} \frac{\partial \bar{P}_{\mathrm{g}}^{\mathrm{e}}}{\partial y} \frac{\partial N_i}{\partial y} \mathrm{d}x\mathrm{d}y\mathrm{d}z) \tag{4.44b}$$

$$\iiint_{\Omega_{\mathrm{e}}} N_i (-\frac{KK_{\mathrm{rg}}\rho_{\mathrm{g}}}{\mu_{\mathrm{g}}})(\frac{\partial^2 \bar{P}_{\mathrm{g}}^{\mathrm{e}}}{\partial z^2}) \mathrm{d}x\mathrm{d}y\mathrm{d}z = (-\frac{KK_{\mathrm{rg}}\rho_{\mathrm{g}}}{\mu_{\mathrm{g}}})(\iint_{\Gamma_{\mathrm{e}}} N_i \frac{\partial \bar{P}_{\mathrm{g}}^{\mathrm{e}}}{\partial z} n \cdot \mathrm{d}S - \iiint_{\Omega_{\mathrm{e}}} \frac{\partial \bar{P}_{\mathrm{g}}^{\mathrm{e}}}{\partial z} \frac{\partial N_i}{\partial z} \mathrm{d}x\mathrm{d}y\mathrm{d}z) \tag{4.44c}$$

$$\iiint_{\Omega_{\mathrm{e}}} N_i [(-\frac{KK_{\mathrm{rg}}\rho_{\mathrm{g}}}{\mu_{\mathrm{g}}})(\frac{\partial \bar{P}_{\mathrm{g}}^{\mathrm{e}}}{\partial z})(\rho_{\mathrm{g}} g)] \mathrm{d}x\mathrm{d}y\mathrm{d}z = (-\frac{KK_{\mathrm{rg}}\rho_{\mathrm{g}}}{\mu_{\mathrm{g}}})(\iint_{\Gamma_{\mathrm{e}}} N_i (\bar{P}_{\mathrm{g}}^{\mathrm{e}} \rho_{\mathrm{g}} g n) \mathrm{d}S -$$
$$\iiint_{\Omega_{\mathrm{e}}} (\bar{P}_{\mathrm{g}}^{\mathrm{e}} \rho_{\mathrm{g}} g) \cdot \frac{\partial N_i}{\partial z} \mathrm{d}x\mathrm{d}y\mathrm{d}z \tag{4.44d}$$

将式（4.44a）至式（4.44d）代入式（4.43），整理可得

$$\iiint_{\Omega_{\mathrm{e}}} N_i \left(S_{\mathrm{g}}\rho_{\mathrm{g}} \frac{\partial \varepsilon_{\mathrm{V}}}{\partial t}\right) \mathrm{d}V + \iiint_{\Omega_{\mathrm{e}}} N_i \frac{\partial(\varphi S_{\mathrm{g}}\rho_{\mathrm{g}})}{\partial t} \mathrm{d}V + \iiint_{\Omega_{\mathrm{e}}} \frac{KK_{\mathrm{rg}}\rho_{\mathrm{g}}}{\mu_{\mathrm{g}}} \left(\frac{\partial \bar{P}_{\mathrm{g}}^{\mathrm{e}}}{\partial x} \cdot \frac{\partial N_i}{\partial x} + \frac{\partial \bar{P}_{\mathrm{g}}^{\mathrm{e}}}{\partial y} \cdot \frac{\partial N_i}{\partial y} + \right.$$
$$\left. \frac{\partial \bar{P}_{\mathrm{g}}^{\mathrm{e}}}{\partial z} \cdot \frac{\partial N_i}{\partial z} + (\bar{P}_{\mathrm{g}}^{\mathrm{e}} \rho_{\mathrm{g}} g) \cdot \frac{\partial N_i}{\partial z}\right) \mathrm{d}V + \iiint_{\Omega_{\mathrm{e}}} N_i \dot{m}_{\mathrm{g}} \mathrm{d}V - \iint_{\Gamma_{\mathrm{e}}} N_i \frac{KK_{\mathrm{rg}}\rho_{\mathrm{g}}}{\mu_{\mathrm{g}}} \left(\frac{\partial \bar{P}_{\mathrm{g}}^{\mathrm{e}}}{\partial x} l + \frac{\partial \bar{P}_{\mathrm{g}}^{\mathrm{e}}}{\partial y} m + \right.$$

$$\left.\frac{\partial \bar{P}_{\mathrm{g}}^{\mathrm{e}}}{\partial z} n+\bar{P}_{\mathrm{g}}^{\mathrm{e}} \rho_{\mathrm{g}} g n\right) \mathrm{d} S-\iint_{\Gamma_{\mathrm{e}}} N_{i}[k_{\mathrm{g}}(\frac{\partial \bar{P}_{\mathrm{g}}^{\mathrm{e}}}{\partial x} l+\frac{\partial \bar{P}_{\mathrm{g}}^{\mathrm{e}}}{\partial y} m+\frac{\partial \bar{P}_{\mathrm{g}}^{\mathrm{e}}}{\partial z} n)+\bar{q}_{\mathrm{g}}] \mathrm{d} S=0 \tag{4.45}$$

令

$$M_{1}=\iiint_{\Omega_{\mathrm{e}}} N_{i}\left(S_{\mathrm{g}} \rho_{\mathrm{g}} \frac{\partial \varepsilon_{\mathrm{V}}}{\partial t}\right) \mathrm{d} V \tag{4.46a}$$

$$M_{2}=\iiint_{\Omega_{\mathrm{e}}} N_{i} \frac{\partial\left(\varphi S_{\mathrm{g}} \rho_{\mathrm{g}}\right)}{\partial t} \mathrm{d} V \tag{4.46b}$$

$$M_{3}=\iiint_{\Omega_{\mathrm{e}}} \frac{K K_{\mathrm{rg}} \rho_{\mathrm{g}}}{\mu_{\mathrm{g}}}\left(\frac{\partial \bar{P}_{\mathrm{g}}^{\mathrm{e}}}{\partial x} \cdot \frac{\partial N_{i}}{\partial x}+\frac{\partial \bar{P}_{\mathrm{g}}^{\mathrm{e}}}{\partial y} \cdot \frac{\partial N_{i}}{\partial y}+\frac{\partial \bar{P}_{\mathrm{g}}^{\mathrm{e}}}{\partial z} \cdot \frac{\partial N_{i}}{\partial z}+\left(\bar{P}_{\mathrm{g}}^{\mathrm{e}} \rho_{\mathrm{g}} g\right) \cdot \frac{\partial N_{i}}{\partial z}\right) \mathrm{d} V \tag{4.46c}$$

$$M_{4}=\iiint_{\Omega_{\mathrm{e}}} N_{i} \dot{m}_{\mathrm{g}} \mathrm{d} V \tag{4.46d}$$

$$M_{5}=\iint_{\Gamma_{\mathrm{e}}} N_{i} \frac{K K_{\mathrm{rg}} \rho_{\mathrm{g}}}{\mu_{\mathrm{g}}}\left(\frac{\partial \bar{P}_{\mathrm{g}}^{\mathrm{e}}}{\partial x} l+\frac{\partial \bar{P}_{\mathrm{g}}^{\mathrm{e}}}{\partial y} m+\frac{\partial \bar{P}_{\mathrm{g}}^{\mathrm{e}}}{\partial z} n+\bar{P}_{\mathrm{g}}^{\mathrm{e}} \rho_{\mathrm{g}} g n\right) \mathrm{d} S \tag{4.6e}$$

$$M_{6}=\iint_{\Gamma_{\mathrm{e}}} N_{i}[k_{\mathrm{g}}(\frac{\partial \bar{P}_{\mathrm{g}}^{\mathrm{e}}}{\partial x} l+\frac{\partial \bar{P}_{\mathrm{g}}^{\mathrm{e}}}{\partial y} m+\frac{\partial \bar{P}_{\mathrm{g}}^{\mathrm{e}}}{\partial z} n)+\bar{q}_{\mathrm{g}}] \mathrm{d} S \tag{4.46f}$$

将式(4.9)代入式(4.46a),整理可得

$$M_{1}=\iiint_{\Omega_{\mathrm{e}}} N_{i}\left(S_{\mathrm{g}} \rho_{\mathrm{g}}\right)[N]\left\{\dot{\delta}_{\mathrm{e}}\right\} \mathrm{d} V \tag{4.47a}$$

将式(4.42a)分别代入式(4.46c)、式(4.46e)以及式(4.46f),可得

$$M_{3}=\iiint_{\Omega_{\mathrm{e}}} \frac{K K_{\mathrm{rg}} \rho_{\mathrm{g}}}{\mu_{\mathrm{g}}}[N]\left[\frac{\partial\left\{P_{\mathrm{g}}\right\}^{\mathrm{e}}}{\partial x} \cdot \frac{\partial N_{i}}{\partial x}+\frac{\partial\left\{P_{\mathrm{g}}\right\}^{\mathrm{e}}}{\partial y} \cdot \frac{\partial N_{i}}{\partial y}+\frac{\partial\left\{P_{\mathrm{g}}\right\}^{\mathrm{e}}}{\partial z} \cdot \frac{\partial N_{i}}{\partial z}+\left(\left\{P_{\mathrm{g}}\right\}^{\mathrm{e}} \rho_{\mathrm{g}} g\right) \cdot \frac{\partial N_{i}}{\partial z}\right] \mathrm{d} V \tag{4.47b}$$

$$M_{5}=\iint_{\Gamma_{\mathrm{e}}} N_{i} \frac{K K_{\mathrm{rg}} \rho_{\mathrm{g}}}{\mu_{\mathrm{g}}}[N]\left(\frac{\partial\left\{P_{\mathrm{g}}\right\}^{\mathrm{e}}}{\partial x} l+\frac{\partial\left\{P_{\mathrm{g}}\right\}^{\mathrm{e}}}{\partial y} m+\frac{\partial\left\{P_{\mathrm{g}}\right\}^{\mathrm{e}}}{\partial z} n+\left\{P_{\mathrm{g}}\right\}^{\mathrm{e}} \rho_{\mathrm{g}} g n\right) \mathrm{d} S \tag{4.47c}$$

$$M_{6}=\iint_{\Gamma_{\mathrm{e}}} N_{i}[N][k_{\mathrm{g}}(\frac{\partial\left\{P_{\mathrm{g}}\right\}^{\mathrm{e}}}{\partial x} l+\frac{\partial\left\{P_{\mathrm{g}}\right\}^{\mathrm{e}}}{\partial y} m+\frac{\partial\left\{P_{\mathrm{g}}\right\}^{\mathrm{e}}}{\partial z} n)+\bar{q}_{\mathrm{g}}] \mathrm{d} S \tag{4.47d}$$

将式(4.46b)、式(4.46d)以及式(4.47a)至式(4.47d)代入式(4.45),整理可得

$$[M_{1}^{\mathrm{g}}]\left\{\dot{\delta}_{\mathrm{e}}\right\}+\left([M_{3}^{\mathrm{g}}]+[M_{5}^{\mathrm{g}}]+[M_{6}^{\mathrm{g}}]\right)\left\{P_{\mathrm{g}}\right\}^{\mathrm{e}}+[M_{2}^{\mathrm{g}}]+[M_{4}^{\mathrm{g}}]=0 \tag{4.48}$$

其中

$$[M_{1}^{\mathrm{g}}]=\iiint_{\Omega_{\mathrm{e}}} N_{i}\left(S_{\mathrm{g}} \rho_{\mathrm{g}}\right)[N] \mathrm{d} V \tag{4.49a}$$

$$[M_{2}^{\mathrm{g}}]=\iiint_{\Omega_{\mathrm{e}}} N_{i} \frac{\partial\left(\varphi S_{\mathrm{g}} \rho_{\mathrm{g}}\right)}{\partial t} \mathrm{d} V \tag{4.49b}$$

$$[M_{3}^{\mathrm{g}}]=\iiint_{\Omega_{\mathrm{e}}} \frac{K K_{\mathrm{rg}} \rho_{\mathrm{g}}}{\mu_{\mathrm{g}}}\left[\frac{\partial[N]}{\partial x} \cdot \frac{\partial N_{i}}{\partial x}+\frac{\partial[N]}{\partial y} \cdot \frac{\partial N_{i}}{\partial y}+\frac{\partial[N]}{\partial z} \cdot \frac{\partial N_{i}}{\partial z}+\left([N] \rho_{\mathrm{g}} g\right)\right] \mathrm{d} V \tag{4.49c}$$

$$[M_4^{\mathrm{g}}]=\iiint_{\Omega_e} N_i \dot{m}_{\mathrm{g}} \mathrm{d}V \tag{4.49d}$$

$$[M_5^{\mathrm{g}}]=\iint_{\Gamma_e} N_i \frac{KK_{\mathrm{rg}}\rho_{\mathrm{g}}}{\mu_{\mathrm{g}}}\left(\frac{\partial[N]}{\partial x}l+\frac{\partial[N]}{\partial y}m+\frac{\partial[N]}{\partial z}n+\rho_{\mathrm{g}}gn\right)\mathrm{d}S \tag{4.49e}$$

$$[M_6^{\mathrm{g}}]=\iint_{\Gamma_e} N_i[k_{\mathrm{g}}(\frac{\partial[N]}{\partial x}l+\frac{\partial[N]}{\partial y}m+\frac{\partial[N]}{\partial z}n)+\bar{q}_{\mathrm{g}}]\mathrm{d}S \tag{4.49f}$$

式(4.48)即为离散后的以节点位移和节点孔隙气压力表示的气体渗流的耦合控制方程,其中右侧第四项为水合物分解产生的甲烷气体的影响项。

同理,选取形函数N_i作为求解区域和边界条件的权数,并联合孔隙水渗流的流量边界条件,可写出方程(3.51b)的近似等效积分形式为

$$\iiint_{\Omega_e} N_i\left(S_{\mathrm{w}}\rho_{\mathrm{w}}\frac{\partial\varepsilon_{\mathrm{V}}}{\partial t}\right)\mathrm{d}V+\iiint_{\Omega_e} N_i\frac{\partial(\varphi S_{\mathrm{w}}\rho_{\mathrm{w}})}{\partial t}\mathrm{d}V+\iiint_{\Omega_e} N_i\nabla\cdot\left[-\frac{KK_{\mathrm{rw}}\rho_{\mathrm{w}}}{\mu_{\mathrm{w}}}(\nabla\bar{P}_{\mathrm{w}}+\rho_{\mathrm{w}}g)\right]\mathrm{d}V+$$
$$\iiint_{\Omega_e} N_i\dot{m}_{\mathrm{w}}\mathrm{d}V-\iint_{\Gamma_e} N_i[k_{\mathrm{w}}(\frac{\partial\bar{P}_{\mathrm{w}}}{\partial x}l+\frac{\partial\bar{P}_{\mathrm{w}}}{\partial y}m+\frac{\partial\bar{P}_{\mathrm{w}}}{\partial z}n)+\bar{q}_{\mathrm{w}}]\mathrm{d}S=0 \tag{4.50}$$

应用分部积分法,将式(4.50)左侧第三项进行展开可得

$$\iiint_{\Omega_e} N_i\left(-\frac{KK_{\mathrm{rw}}\rho_{\mathrm{w}}}{\mu_{\mathrm{w}}}\right)\left(\frac{\partial^2\bar{P}_{\mathrm{w}}^{\mathrm{e}}}{\partial x^2}\right)\mathrm{d}x\mathrm{d}y\mathrm{d}z=\left(-\frac{KK_{\mathrm{rw}}\rho_{\mathrm{w}}}{\mu_{\mathrm{w}}}\right)\left(\iint_{\Gamma_e} N_i\frac{\partial\bar{P}_{\mathrm{w}}^{\mathrm{e}}}{\partial x}l\cdot\mathrm{d}S-\iiint_{\Omega_e}\frac{\partial\bar{P}_{\mathrm{w}}^{\mathrm{e}}}{\partial x}\frac{\partial N_i}{\partial x}\right)\mathrm{d}x\mathrm{d}y\mathrm{d}z \tag{4.51a}$$

$$\iiint_{\Omega_e} N_i\left(-\frac{KK_{\mathrm{rw}}\rho_{\mathrm{w}}}{\mu_{\mathrm{w}}}\right)\left(\frac{\partial^2\bar{P}_{\mathrm{w}}^{\mathrm{e}}}{\partial y^2}\right)\mathrm{d}x\mathrm{d}y\mathrm{d}z=\left(-\frac{KK_{\mathrm{rw}}\rho_{\mathrm{w}}}{\mu_{\mathrm{w}}}\right)\left(\iint_{\Gamma_e} N_i\frac{\partial\bar{P}_{\mathrm{w}}^{\mathrm{e}}}{\partial y}m\cdot\mathrm{d}S-\iiint_{\Omega_e}\frac{\partial\bar{P}_{\mathrm{w}}^{\mathrm{e}}}{\partial y}\frac{\partial N_i}{\partial y}\right)\mathrm{d}x\mathrm{d}y\mathrm{d}z \tag{4.51b}$$

$$\iiint_{\Omega_e} N_i\left(-\frac{KK_{\mathrm{rw}}\rho_{\mathrm{w}}}{\mu_{\mathrm{w}}}\right)\left(\frac{\partial^2\bar{P}_{\mathrm{w}}^{\mathrm{e}}}{\partial z^2}\right)\mathrm{d}x\mathrm{d}y\mathrm{d}z=\left(-\frac{KK_{\mathrm{rw}}\rho_{\mathrm{w}}}{\mu_{\mathrm{w}}}\right)\left(\iint_{\Gamma_e} N_i\frac{\partial\bar{P}_{\mathrm{w}}^{\mathrm{e}}}{\partial z}n\cdot\mathrm{d}S-\iiint_{\Omega_e}\frac{\partial\bar{P}_{\mathrm{w}}^{\mathrm{e}}}{\partial z}\frac{\partial N_i}{\partial z}\right)\mathrm{d}x\mathrm{d}y\mathrm{d}z \tag{4.51c}$$

$$\iiint_{\Omega_e} N_i\left[\left(-\frac{KK_{\mathrm{rw}}\rho_{\mathrm{w}}}{\mu_{\mathrm{w}}}\right)\left(\frac{\partial\bar{P}_{\mathrm{w}}^{\mathrm{e}}}{\partial z}\right)(\rho_{\mathrm{w}}g)\right]\mathrm{d}x\mathrm{d}y\mathrm{d}z=\left(-\frac{KK_{\mathrm{rw}}\rho_{\mathrm{w}}}{\mu_{\mathrm{w}}}\right)\left(\iint_{\Gamma_e} N_i\left(\bar{P}_{\mathrm{w}}^{\mathrm{e}}\rho_{\mathrm{w}}gn\right)\mathrm{d}S-\right.$$
$$\left.\iiint_{\Omega_e}\left(\bar{P}_{\mathrm{w}}^{\mathrm{e}}\rho_{\mathrm{w}}g\right)\cdot\frac{\partial N_i}{\partial z}\right)\mathrm{d}x\mathrm{d}y\mathrm{d}z \tag{4.51d}$$

将式(4.51a)至式(4.51d)代入式(4.50),可得

$$\iiint_{\Omega_e} N_i\left(S_{\mathrm{w}}\rho_{\mathrm{w}}\frac{\partial\varepsilon_{\mathrm{V}}}{\partial t}\right)\mathrm{d}V+\iiint_{\Omega_e} N_i\frac{\partial(\varphi S_{\mathrm{w}}\rho_{\mathrm{w}})}{\partial t}\mathrm{d}V+\iiint_{\Omega_e}\frac{KK_{\mathrm{rw}}\rho_{\mathrm{w}}}{\mu_{\mathrm{w}}}\left(\frac{\partial\bar{P}_{\mathrm{w}}^{\mathrm{e}}}{\partial x}\cdot\frac{\partial N_i}{\partial x}+\frac{\partial\bar{P}_{\mathrm{w}}^{\mathrm{e}}}{\partial y}\cdot\frac{\partial N_i}{\partial y}+\right.$$
$$\left.\frac{\partial\bar{P}_{\mathrm{w}}^{\mathrm{e}}}{\partial z}\cdot\frac{\partial N_i}{\partial z}+\left(\bar{P}_{\mathrm{w}}^{\mathrm{e}}\rho_{\mathrm{w}}g\right)\cdot\frac{\partial N_i}{\partial z}\right)\mathrm{d}V+\iiint_{\Omega_e} N_i\dot{m}_{\mathrm{w}}\mathrm{d}V-\iint_{\Gamma_e} N_i\frac{KK_{\mathrm{rw}}\rho_{\mathrm{w}}}{\mu_{\mathrm{w}}}\left(\frac{\partial\bar{P}_{\mathrm{w}}^{\mathrm{e}}}{\partial x}l+\frac{\partial\bar{P}_{\mathrm{w}}^{\mathrm{e}}}{\partial y}m+\right.$$
$$\left.\frac{\partial\bar{P}_{\mathrm{w}}^{\mathrm{e}}}{\partial z}n+\bar{P}_{\mathrm{w}}^{\mathrm{e}}\rho_{\mathrm{w}}gn\right)\mathrm{d}S-\iint_{\Gamma_e} N_i[k_{\mathrm{w}}(\frac{\partial\bar{P}_{\mathrm{w}}^{\mathrm{e}}}{\partial x}l+\frac{\partial\bar{P}_{\mathrm{w}}^{\mathrm{e}}}{\partial y}m+\frac{\partial\bar{P}_{\mathrm{w}}^{\mathrm{e}}}{\partial z}n)+\bar{q}_{\mathrm{w}}]\mathrm{d}S=0 \tag{4.52}$$

令

$$H_1 = \iiint_{\Omega_e} N_i \left(S_w \rho_w \frac{\partial \varepsilon_V}{\partial t} \right) dV \tag{4.53a}$$

$$H_2 = \iiint_{\Omega_e} N_i \frac{\partial(\varphi S_w \rho_w)}{\partial t} dV \tag{4.53b}$$

$$H_3 = \iiint_{\Omega_e} \frac{KK_{rw}\rho_w}{\mu_w} \left(\frac{\partial \bar{P}_w^e}{\partial x} \cdot \frac{\partial N_i}{\partial x} + \frac{\partial \bar{P}_w^e}{\partial y} \cdot \frac{\partial N_i}{\partial y} + \frac{\partial \bar{P}_w^e}{\partial z} \cdot \frac{\partial N_i}{\partial z} + (\bar{P}_w^e \rho_w g) \cdot \frac{\partial N_i}{\partial z} \right) dV \tag{4.53c}$$

$$H_4 = \iiint_{\Omega_e} N_i \dot{m}_w dV \tag{4.53d}$$

$$H_5 = \iint_{\Gamma_e} N_i \frac{KK_{rw}\rho_w}{\mu_w} \left(\frac{\partial \bar{P}_w^e}{\partial x} l + \frac{\partial \bar{P}_w^e}{\partial y} m + \frac{\partial \bar{P}_w^e}{\partial z} n + \bar{P}_w^e \rho_w g n \right) dS \tag{4.53e}$$

$$H_6 = \iint_{\Gamma_e} N_i [k_w (\frac{\partial \bar{P}_w^e}{\partial x} l + \frac{\partial \bar{P}_w^e}{\partial y} m + \frac{\partial \bar{P}_w^e}{\partial z} n) + \bar{q}_w] dS \tag{4.53f}$$

将式(4.9)代入式(4.53a),整理可得

$$H_1 = \iiint_{\Omega_e} N_i (S_w \rho_w) [N] \{\dot{\delta}\}^e dV \tag{4.54a}$$

将式(4.42b)分别代入式(4.53c)、式(4.53e)以及式(4.53f),可得

$$H_3 = \iiint_{\Omega_e} \frac{KK_{rw}\rho_w}{\mu_w} [N] \left[\frac{\partial \{P_w\}^e}{\partial x} \cdot \frac{\partial N_i}{\partial x} + \frac{\partial \{P_w\}^e}{\partial y} \cdot \frac{\partial N_i}{\partial y} + \frac{\partial \{P_w\}^e}{\partial z} \cdot \frac{\partial N_i}{\partial z} + \left(\{P_w\}^e \rho_w g \right) \cdot \frac{\partial N_i}{\partial z} \right] dV \tag{4.54b}$$

$$H_5 = \iint_{\Gamma_e} N_i \frac{KK_{rw}\rho_w}{\mu_w} [N] \left(\frac{\partial \{P_w\}^e}{\partial x} l + \frac{\partial \{P_w\}^e}{\partial y} m + \frac{\partial \{P_w\}^e}{\partial z} n + \{P_w\}^e \rho_w g n \right) dS \tag{4.54c}$$

$$H_6 = \iint_{\Gamma_e} N_i [N] [k_w (\frac{\partial \{\bar{P}_w\}^e}{\partial x} l + \frac{\partial \{\bar{P}_w\}^e}{\partial y} m + \frac{\partial \{\bar{P}_w\}^e}{\partial z} n) + \bar{q}_w] dS \tag{4.54d}$$

将式(4.53b)、式(4.53d)以及式(4.54a)至式(4.54d)代入式(4.52),可得

$$[H_1^w]\{\dot{\delta}\}^e + \left([H_3^w] + [H_5^w] + [H_6^w]\right)\{P_w\}^e + [H_2^w] + [H_4^w] = 0 \tag{4.55}$$

其中

$$[H_1^w] = \iiint_{\Omega_e} N_i (S_w \rho_w) [N] dV \tag{4.56a}$$

$$[H_2^w] = \iiint_{\Omega_e} N_i \frac{\partial(\varphi S_w \rho_w)}{\partial t} dV \tag{4.56b}$$

$$[H_3^w] = \iiint_{\Omega_e} \frac{KK_{rw}\rho_w}{\mu_w} \left[\frac{\partial [N]}{\partial x} \cdot \frac{\partial N_i}{\partial x} + \frac{\partial [N]}{\partial y} \cdot \frac{\partial N_i}{\partial y} + \frac{\partial [N]}{\partial z} \cdot \frac{\partial N_i}{\partial z} + ([N]\rho_w g) \cdot \frac{\partial N_i}{\partial z} \right] dV \tag{4.56c}$$

$$[M_4^w] = \iiint_{\Omega_e} [N] \dot{m}_w dV \tag{4.56d}$$

$$[H_5^w] = \iint_{\Gamma_e} N_i \frac{KK_{rw}\rho_w}{\mu_w} \left(\frac{\partial [N]}{\partial x} l + \frac{\partial [N]}{\partial y} m + \frac{\partial [N]}{\partial z} n + [N]\rho_w g n \right) dS \tag{4.56e}$$

$$[H_6^{\mathrm{w}}]=\iint_{\Gamma_{\mathrm{e}}} N_i[k_{\mathrm{g}}(\frac{\partial[N]}{\partial x}l+\frac{\partial[N]}{\partial y}m+\frac{\partial[N]}{\partial z}n)+\bar{q}_{\mathrm{w}}]\mathrm{d}S \tag{4.56f}$$

式(4.55)即为离散后的以节点位移和节点孔隙水压力表示的孔隙水渗流的耦合控制方程,其中右侧第四项为水合物分解产生的水的影响项。

4.4　温度场方程的空间域离散

水合物沉积层单元体内任一点的温度 T 可近似地用节点温度插值表示为

$$T_{\mathrm{e}}\approx\bar{T}_{\mathrm{e}}=\sum_{i=1}^{n}N_iT_i=[N]\{T\}^{\mathrm{e}} \tag{4.57}$$

式中　T_{e}——单元体内任一点温度;

$\bar{T}_{\mathrm{e}}$——单元体内任一点温度的近似解;

T_i——单元节点温度;

$\{T\}^{\mathrm{e}}=[T_1\quad T_2\quad \cdots\quad T_n]^{\mathrm{T}}$——单元节点温度矩阵。

选取形函数 N_i 作为求解区域和边界条件的权函数,根据 Galerkin 法可写出温度场方程(3.77)的弱积分形式为

$$\begin{aligned}&\iiint_{\Omega_{\mathrm{e}}} N_i\nabla\cdot\left(\lambda_{\mathrm{eff}}\nabla\bar{T}\right)\mathrm{d}V+\iiint_{\Omega_{\mathrm{e}}} N_i\nabla\cdot\left\{[(1-\varphi)\rho_{\mathrm{s}}c_{\mathrm{s}}+\varphi S_{\mathrm{h}}\rho_{\mathrm{h}}c_{\mathrm{h}}]v_{\mathrm{s}}\bar{T}\right\}\mathrm{d}V-\\&\iiint_{\Omega_{\mathrm{e}}} N_i\nabla\cdot[(\varphi S_{\mathrm{g}}c_{\mathrm{g}}\rho_{\mathrm{g}}v_{\mathrm{g}}+\varphi S_{\mathrm{w}}c_{\mathrm{w}}\rho_{\mathrm{w}}v_{\mathrm{w}})\bar{T}]\mathrm{d}V-\iiint_{\Omega_{\mathrm{e}}} N_i(H_0+C_0\bar{T})\dot{m}_{\mathrm{h}}\mathrm{d}V-\\&\iiint_{\Omega_{\mathrm{e}}} N_i\rho c\frac{\partial\bar{T}}{\partial t}\mathrm{d}V-\iint_{\Gamma_{\mathrm{e}}} N_i\left[\lambda_{\mathrm{eff}}(\frac{\partial\bar{T}}{\partial x}l+\frac{\partial\bar{T}}{\partial y}m+\frac{\partial\bar{T}}{\partial z}n)+\bar{q}_{\mathrm{T}}\right]\mathrm{d}S=0\end{aligned} \tag{4.58}$$

将式(4.58)左侧第一项展开得

$$\begin{aligned}&\iiint_{\Omega_{\mathrm{e}}} N_i\nabla\cdot\left(\lambda_{\mathrm{eff}}\nabla\bar{T}\right)\mathrm{d}V=\iiint_{\Omega_{\mathrm{e}}} N_i\left[\lambda_{\mathrm{eff}}\left(\frac{\partial^2\bar{T}}{\partial x^2}+\frac{\partial^2\bar{T}}{\partial y^2}+\frac{\partial^2\bar{T}}{\partial z^2}\right)+\frac{\partial\lambda_{\mathrm{eff}}}{\partial x}\frac{\partial\bar{T}}{\partial x}+\frac{\partial\lambda_{\mathrm{eff}}}{\partial y}\frac{\partial\bar{T}}{\partial y}+\frac{\partial\lambda_{\mathrm{eff}}}{\partial z}\frac{\partial\bar{T}}{\partial z}\right]\mathrm{d}x\mathrm{d}y\mathrm{d}z\\&=\iint_{\Gamma_{\mathrm{e}}} N_i\lambda_{\mathrm{eff}}\left(\frac{\partial\bar{T}}{\partial x}l+\frac{\partial\bar{T}}{\partial y}m+\frac{\partial\bar{T}}{\partial z}n\right)\mathrm{d}S+\iiint_{\Omega_{\mathrm{e}}} N_i\left(\frac{\partial\lambda_{\mathrm{eff}}}{\partial x}\frac{\partial\bar{T}}{\partial x}+\frac{\partial\lambda_{\mathrm{eff}}}{\partial y}\frac{\partial\bar{T}}{\partial y}+\frac{\partial\lambda_{\mathrm{eff}}}{\partial z}\frac{\partial\bar{T}}{\partial z}\right)\mathrm{d}x\mathrm{d}y\mathrm{d}z-\\&\iiint_{\Omega_{\mathrm{e}}}\lambda_{\mathrm{eff}}\left(\frac{\partial\bar{T}}{\partial x}\frac{\partial N_i}{\partial x}+\frac{\partial\bar{T}}{\partial y}\frac{\partial N_i}{\partial y}+\frac{\partial\bar{T}}{\partial z}\frac{\partial N_i}{\partial z}\right)\mathrm{d}x\mathrm{d}y\mathrm{d}z\end{aligned} \tag{4.59a}$$

令 $(\rho c)_{\mathrm{sh}}=[(1-\varphi)\rho_{\mathrm{s}}c_{\mathrm{s}}+\varphi S_{\mathrm{h}}\rho_{\mathrm{h}}c_{\mathrm{h}}]$,将式(4.58)左侧第二项展开得

$$\iiint_{\Omega_{\mathrm{e}}} N_i\nabla\cdot\left[(\rho c)_{\mathrm{sh}}v_{\mathrm{s}}\bar{T}\right]\mathrm{d}V=\iiint_{\Omega_{\mathrm{e}}} N_i\left(\frac{\partial\left[(\rho c)_{\mathrm{sh}}v_{\mathrm{s}}\bar{T}\right]}{\partial x}+\frac{\partial\left[(\rho c)_{\mathrm{sh}}v_{\mathrm{s}}\bar{T}\right]}{\partial y}+\frac{\partial\left[(\rho c)_{\mathrm{sh}}v_{\mathrm{s}}\bar{T}\right]}{\partial z}\right)\mathrm{d}x\mathrm{d}y\mathrm{d}z \tag{4.59b}$$

令 $(\rho c)_{\mathrm{g}}=(\varphi S_{\mathrm{g}}\rho_{\mathrm{g}}c_{\mathrm{g}})$、$(\rho c)_{\mathrm{w}}=(\varphi S_{\mathrm{w}}\rho_{\mathrm{w}}c_{\mathrm{w}})$,将式(4.58)左侧第三项展开得

$$\iiint_{\Omega_{\mathrm{e}}} N_i\nabla\cdot\left[(\rho c)_{\mathrm{g}}v_{\mathrm{g}}\bar{T}+(\rho c)_{\mathrm{w}}v_{\mathrm{w}}\bar{T}\right]\mathrm{d}V=\iiint_{\Omega_{\mathrm{e}}} N_i\left(\frac{\partial\left[(\rho c)_{\mathrm{g}}v_{\mathrm{g}}\bar{T}\right]}{\partial x}+\frac{\partial\left[(\rho c)_{\mathrm{g}}v_{\mathrm{g}}\bar{T}\right]}{\partial y}+\right.$$

$$\left.\frac{\partial\left[(\rho c)_{\mathrm{g}} v_{\mathrm{g}}\bar{T}\right]}{\partial z}\right)\mathrm{d}x\mathrm{d}y\mathrm{d}z+\iiint_{\Omega_{\mathrm{e}}}N_i\left(\frac{\partial\left[(\rho c)_{\mathrm{w}} v_{\mathrm{w}}\bar{T}\right]}{\partial x}+\frac{\partial\left[(\rho c)_{\mathrm{w}} v_{\mathrm{w}}\bar{T}\right]}{\partial y}+\frac{\partial\left[(\rho c)_{\mathrm{w}} v_{\mathrm{w}}\bar{T}\right]}{\partial z}\right)\mathrm{d}x\mathrm{d}y\mathrm{d}z \tag{4.59c}$$

将式(4.59a)至式(4.59c)代入式(4.58),可得

$$\iint_{\Gamma_{\mathrm{e}}}N_i\lambda_{\mathrm{eff}}\left(\frac{\partial\bar{T}}{\partial x}l+\frac{\partial\bar{T}}{\partial y}m+\frac{\partial\bar{T}}{\partial z}n\right)\mathrm{d}S+\iiint_{\Omega_{\mathrm{e}}}N_i\left(\frac{\partial\lambda_{\mathrm{eff}}}{\partial x}\frac{\partial\bar{T}}{\partial x}+\frac{\partial\lambda_{\mathrm{eff}}}{\partial y}\frac{\partial\bar{T}}{\partial y}+\frac{\partial\lambda_{\mathrm{eff}}}{\partial z}\frac{\partial\bar{T}}{\partial z}\right)\mathrm{d}x\mathrm{d}y\mathrm{d}z-$$
$$\iiint_{\Omega_{\mathrm{e}}}\lambda_{\mathrm{eff}}\left(\frac{\partial\bar{T}}{\partial x}\frac{\partial N_i}{\partial x}+\frac{\partial\bar{T}}{\partial y}\frac{\partial N_i}{\partial y}+\frac{\partial\bar{T}}{\partial z}\frac{\partial N_i}{\partial z}\right)\mathrm{d}x\mathrm{d}y\mathrm{d}z+\iiint_{\Omega_{\mathrm{e}}}N_i\left\{\frac{\partial\left[(\rho c)_{\mathrm{sh}} v_{\mathrm{s}}\bar{T}\right]}{\partial x}+\frac{\partial\left[(\rho c)_{\mathrm{sh}} v_{\mathrm{s}}\bar{T}\right]}{\partial y}+\right.$$
$$\left.\frac{\partial\left[(\rho c)_{\mathrm{sh}} v_{\mathrm{s}}\bar{T}\right]}{\partial z}\right\}\mathrm{d}x\mathrm{d}y\mathrm{d}z-\iiint_{\Omega_{\mathrm{e}}}N_i\left\{\frac{\partial\left[(\rho c)_{\mathrm{g}} v_{\mathrm{g}}\bar{T}\right]}{\partial x}+\frac{\partial\left[(\rho c)_{\mathrm{g}} v_{\mathrm{g}}\bar{T}\right]}{\partial y}+\frac{\partial\left[(\rho c)_{\mathrm{g}} v_{\mathrm{g}}\bar{T}\right]}{\partial z}\right\}\mathrm{d}x\mathrm{d}y\mathrm{d}z-$$
$$\iiint_{\Omega_{\mathrm{e}}}N_i\left\{\frac{\partial\left[(\rho c)_{\mathrm{w}} v_{\mathrm{w}}\bar{T}\right]}{\partial x}+\frac{\partial\left[(\rho c)_{\mathrm{w}} v_{\mathrm{w}}\bar{T}\right]}{\partial y}+\frac{\partial\left[(\rho c)_{\mathrm{w}} v_{\mathrm{w}}\bar{T}\right]}{\partial z}\right\}\mathrm{d}x\mathrm{d}y\mathrm{d}z-\iiint_{\Omega_{\mathrm{e}}}N_i(H_0+C_0\bar{T})\dot{m}_{\mathrm{h}}\mathrm{d}V-$$
$$\iiint_{\Omega_{\mathrm{e}}}N_i\rho c\frac{\partial\bar{T}}{\partial t}\mathrm{d}V-\iint_{\Gamma_{\mathrm{e}}}N_i\left[\lambda_{\mathrm{eff}}\left(\frac{\partial\bar{T}}{\partial x}l+\frac{\partial\bar{T}}{\partial y}m+\frac{\partial\bar{T}}{\partial z}n\right)+\bar{q}_{\mathrm{T}}\right]\mathrm{d}S=0 \tag{4.60}$$

将式(4.57)代入式(4.60),可得

$$\iint_{\Gamma_{\mathrm{e}}}N_i\{T\}^{\mathrm{e}}\lambda_{\mathrm{eff}}\left(\frac{\partial[N]}{\partial x}l+\frac{\partial[N]}{\partial y}m+\frac{\partial[N]}{\partial z}n\right)\mathrm{d}S+\iiint_{\Omega_{\mathrm{e}}}N_i\{T\}^{\mathrm{e}}\left[\frac{\partial\lambda_{\mathrm{eff}}}{\partial x}\frac{\partial[N]}{\partial x}+\frac{\partial\lambda_{\mathrm{eff}}}{\partial y}\frac{\partial[N]}{\partial y}+\right.$$
$$\left.\frac{\partial\lambda_{\mathrm{eff}}}{\partial z}\frac{\partial[N]}{\partial z}\right]\mathrm{d}x\mathrm{d}y\mathrm{d}z-\iiint_{\Omega_{\mathrm{e}}}\lambda_{\mathrm{eff}}\{T\}^{\mathrm{e}}\left(\frac{\partial[N]}{\partial x}\frac{\partial N_i}{\partial x}+\frac{\partial[N]}{\partial y}\frac{\partial N_i}{\partial y}+\frac{\partial[N]}{\partial z}\frac{\partial N_i}{\partial z}\right)\mathrm{d}x\mathrm{d}y\mathrm{d}z+$$
$$\iiint_{\Omega_{\mathrm{e}}}N_i\{T\}^{\mathrm{e}}\left\{\frac{\partial\left[(\rho c)_{\mathrm{sh}} v_{\mathrm{s}}[N]\right]}{\partial x}+\frac{\partial\left[(\rho c)_{\mathrm{sh}} v_{\mathrm{s}}[N]\right]}{\partial y}+\frac{\partial\left[(\rho c)_{\mathrm{sh}} v_{\mathrm{s}}[N]\right]}{\partial z}\right\}\mathrm{d}x\mathrm{d}y\mathrm{d}z-$$
$$\iiint_{\Omega_{\mathrm{e}}}N_i\{T\}^{\mathrm{e}}\left\{\frac{\partial\left[(\rho c)_{\mathrm{g}} v_{\mathrm{g}}[N]\right]}{\partial x}+\frac{\partial\left[(\rho c)_{\mathrm{g}} v_{\mathrm{g}}[N]\right]}{\partial y}+\frac{\partial\left[(\rho c)_{\mathrm{g}} v_{\mathrm{g}}[N]\right]}{\partial z}\right\}\mathrm{d}x\mathrm{d}y\mathrm{d}z-$$
$$\iiint_{\Omega_{\mathrm{e}}}N_i\{T\}^{\mathrm{e}}\left\{\frac{\partial\left[(\rho c)_{\mathrm{w}} v_{\mathrm{w}}[N]\right]}{\partial x}+\frac{\partial\left[(\rho c)_{\mathrm{w}} v_{\mathrm{w}}[N]\right]}{\partial y}+\frac{\partial\left[(\rho c)_{\mathrm{w}} v_{\mathrm{w}}[N]\right]}{\partial z}\right\}\mathrm{d}x\mathrm{d}y\mathrm{d}z-$$
$$\iiint_{\Omega_{\mathrm{e}}}N_iH_0\dot{m}_{\mathrm{h}}\mathrm{d}x\mathrm{d}y\mathrm{d}z-\iiint_{\Omega_{\mathrm{e}}}N_i(C_0[N]\{T\}^{\mathrm{e}})\dot{m}_{\mathrm{h}}\mathrm{d}x\mathrm{d}y\mathrm{d}z-\iiint_{\Omega_{\mathrm{e}}}N_i\rho c\frac{\partial\left([N]\{T\}^{\mathrm{e}}\right)}{\partial t}\mathrm{d}x\mathrm{d}y\mathrm{d}z-$$
$$\iint_{\Gamma_{\mathrm{e}}}N_i\{T\}^{\mathrm{e}}\lambda_{\mathrm{eff}}\left[\frac{\partial[N]}{\partial x}l+\frac{\partial[N]}{\partial y}m+\frac{\partial[N]}{\partial z}n\right]\mathrm{d}S-\iint_{\Gamma_{\mathrm{e}}}N_i\bar{q}_{\mathrm{T}}\mathrm{d}S=0 \tag{4.61}$$

最后整理可得

$$\left([K_{\mathrm{h}}]-[K_{\lambda}]+[K_{\varepsilon}]-[K_{\mathrm{g}}]-[K_{\mathrm{w}}]-[K_{\mathrm{C}}]\right)\{T\}^{\mathrm{e}}-[K_{\mathrm{t}}]\{\dot{T}\}^{\mathrm{e}}-[K_{\mathrm{H}}]-[K_{\mathrm{q}}]=0 \tag{4.62}$$

其中

$$[K_{\mathrm{h}}]=\iiint_{\Omega_{\mathrm{e}}} N_i\left(\frac{\partial\lambda_{\mathrm{eff}}}{\partial x}\frac{\partial[N]}{\partial x}+\frac{\partial\lambda_{\mathrm{eff}}}{\partial y}\frac{\partial[N]}{\partial y}+\frac{\partial\lambda_{\mathrm{eff}}}{\partial z}\frac{\partial[N]}{\partial z}\right)\mathrm{d}x\mathrm{d}y\mathrm{d}z \tag{4.63a}$$

$$[K_{\lambda}]=\iiint_{\Omega_{\mathrm{e}}} \lambda_{\mathrm{eff}}\left(\frac{\partial[N]}{\partial x}\frac{\partial N_i}{\partial x}+\frac{\partial[N]}{\partial y}\frac{\partial N_i}{\partial y}+\frac{\partial[N]}{\partial z}\frac{\partial N_i}{\partial z}\right)\mathrm{d}x\mathrm{d}y\mathrm{d}z \tag{4.63b}$$

$$[K_{\varepsilon}]=\iiint_{\Omega_{\mathrm{e}}} N_i\left(\frac{\partial\left[(\rho c)_{\mathrm{sh}}v_{\mathrm{s}}[N]\right]}{\partial x}+\frac{\partial\left[(\rho c)_{\mathrm{sh}}v_{\mathrm{s}}[N]\right]}{\partial y}+\frac{\partial\left[(\rho c)_{\mathrm{sh}}v_{\mathrm{s}}[N]\right]}{\partial z}\right)\mathrm{d}x\mathrm{d}y\mathrm{d}z \tag{4.63c}$$

$$[K_{\mathrm{g}}]=\iiint_{\Omega_{\mathrm{e}}} N_i\left(\frac{\partial\left[(\rho c)_{\mathrm{g}}v_{\mathrm{g}}[N]\right]}{\partial x}+\frac{\partial\left[(\rho c)_{\mathrm{g}}v_{\mathrm{g}}[N]\right]}{\partial y}+\frac{\partial\left[(\rho c)_{\mathrm{g}}v_{\mathrm{g}}[N]\right]}{\partial z}\right)\mathrm{d}x\mathrm{d}y\mathrm{d}z \tag{4.63d}$$

$$[K_{\mathrm{w}}]=\iiint_{\Omega_{\mathrm{e}}} N_i\left(\frac{\partial\left[(\rho c)_{\mathrm{w}}v_{\mathrm{w}}[N]\right]}{\partial x}+\frac{\partial\left[(\rho c)_{\mathrm{w}}v_{\mathrm{w}}[N]\right]}{\partial y}+\frac{\partial\left[(\rho c)_{\mathrm{w}}v_{\mathrm{w}}[N]\right]}{\partial z}\right)\mathrm{d}x\mathrm{d}y\mathrm{d}z \tag{4.63e}$$

$$[K_{\mathrm{C}}]=\iiint_{\Omega_{\mathrm{e}}} N_i(C_0[N])\dot{m}_{\mathrm{h}}\mathrm{d}x\mathrm{d}y\mathrm{d}z \tag{4.63f}$$

$$[K_{\mathrm{H}}]=\iiint_{\Omega_{\mathrm{e}}} N_i H_0\dot{m}_{\mathrm{h}}\mathrm{d}x\mathrm{d}y\mathrm{d}z \tag{4.63g}$$

$$[K_{\mathrm{t}}]=\iiint_{\Omega_{\mathrm{e}}} N_i\rho c\frac{\partial\left([N]\{T\}^{\mathrm{e}}\right)}{\partial t}\mathrm{d}x\mathrm{d}y\mathrm{d}z \tag{4.63h}$$

$$[K_{\mathrm{q}}]=\iint_{\Gamma_{\mathrm{e}}} N_i\bar{q}_{\mathrm{T}}\mathrm{d}S \tag{4.63i}$$

其中，$([K_{\mathrm{h}}]-[K_{\lambda}])$为热传导对单元体热量的影响项；$[K_{\varepsilon}]$为固体骨架变形的影响项；$[K_{\mathrm{g}}]$、$[K_{\mathrm{w}}]$分别为孔隙气体渗流和孔隙水渗流的影响项；$[K_{\mathrm{C}}]$、$[K_{\mathrm{H}}]$为相变潜热项；$[K_{\mathrm{t}}]\{\dot{T}\}^{\mathrm{e}}$反映了单位时间内单元体内热量的变化；$[K_{\mathrm{q}}]$为边界流量的影响项。

4.5 热流力耦合方程的时间域离散

设t_n和t_{n+1}为时间域上的两点，在时刻t_n时，单元体的节点位移、节点孔隙气压力、节点孔隙水压力和节点温度分别为$\{\delta\}_n^{\mathrm{e}}$、$\{P_{\mathrm{g}}\}_n^{\mathrm{e}}$、$\{P_{\mathrm{w}}\}_n^{\mathrm{e}}$和$\{T\}_n^{\mathrm{e}}$；经过时间增量$\Delta t$（$\Delta t=t_{n+1}-t_n$）后，单元体的节点位移、节点孔隙气压力、节点孔隙水压力以及节点温度分别为$\{\delta\}_{n+1}^{\mathrm{e}}$、$\{P_{\mathrm{g}}\}_{n+1}^{\mathrm{e}}$、$\{P_{\mathrm{w}}\}_{n+1}^{\mathrm{e}}$和$\{T\}_{n+1}^{\mathrm{e}}$，二者之间的关系可表示为

$$\{\delta\}_{n+1}^{\mathrm{e}}=\{\delta\}_n^{\mathrm{e}}+\{\Delta\delta\}^{\mathrm{e}} \tag{4.64a}$$

$$\{P_{\mathrm{g}}\}_{n+1}^{\mathrm{e}}=\{P_{\mathrm{g}}\}_n^{\mathrm{e}}+\{\Delta P_{\mathrm{g}}\}^{\mathrm{e}} \tag{4.64b}$$

$$\{P_{\mathrm{w}}\}_{n+1}^{\mathrm{e}}=\{P_{\mathrm{w}}\}_n^{\mathrm{e}}+\{\Delta P_{\mathrm{w}}\}^{\mathrm{e}} \tag{4.64c}$$

$$\{T\}_{n+1}^{\mathrm{e}}=\{T\}_{n}^{\mathrm{e}}+\{\Delta T\}^{\mathrm{e}} \tag{4.64d}$$

式中　$\{\Delta\delta\}^{\mathrm{e}}$——节点位移增量；

$\{\Delta P_{\mathrm{g}}\}^{\mathrm{e}}$——节点孔隙气压力增量；

$\{\Delta P_{\mathrm{w}}\}^{\mathrm{e}}$——节点孔隙水压力增量；

$\{\Delta T\}^{\mathrm{e}}$——节点温度增量。

由此采用增量形式可将式(4.41)表示为

$$[K_1]\{\Delta\delta\}^{\mathrm{e}}+[K_2]\{\Delta P\}^{\mathrm{e}}+[K_3]\{\Delta T\}^{\mathrm{e}}=[\Delta R_{\mathrm{f}}]^{\mathrm{e}} \tag{4.65}$$

其中

$$\{\Delta P\}=\Delta S_{\mathrm{w}}\Delta P_{\mathrm{w}}+\Delta S_{\mathrm{g}}\Delta P_{\mathrm{g}}$$

$$[R_{\mathrm{f}}]=\iint_{\Gamma_{\mathrm{e}}}[N]\{\Delta S\}\,\mathrm{d}S$$

将式(4.48)的两边从 t_n 到 t_{n+1} 积分，得到孔隙气体渗流方程的时间离散形式为

$$\int_{t_n}^{t_{n+1}}[M_1^{\mathrm{g}}]\{\dot{\delta}\}^{\mathrm{e}}\,\mathrm{d}t+\int_{t_n}^{t_{n+1}}\left([M_3^{\mathrm{g}}]+[M_5^{\mathrm{g}}]+[M_6^{\mathrm{g}}]\right)\{P_{\mathrm{g}}\}^{\mathrm{e}}\,\mathrm{d}t+\int_{t_n}^{t_{n+1}}([M_2^{\mathrm{g}}]+[M_4^{\mathrm{g}}])\mathrm{d}t=0 \tag{4.66}$$

进一步整理可得

$$[M_1^{\mathrm{g}}]\{\Delta\delta\}^{\mathrm{e}}+\Delta t S_{\mathrm{g}}\left([M_3^{\mathrm{g}}]+[M_5^{\mathrm{g}}]+[M_6^{\mathrm{g}}]\right)\{\Delta P_{\mathrm{g}}\}^{\mathrm{e}}+([M_2^{\mathrm{g}}]+[M_4^{\mathrm{g}}])\Delta t=0 \tag{4.67}$$

将式(4.55)的两边从 t_n 到 t_{n+1} 积分，得到孔隙水渗流方程的时间离散形式为

$$\int_{t_n}^{t_{n+1}}[M_1^{\mathrm{w}}]\{\dot{\delta}\}^{\mathrm{e}}\,\mathrm{d}t+\int_{t_n}^{t_{n+1}}\left([M_3^{\mathrm{w}}]+[M_5^{\mathrm{w}}]+[M_6^{\mathrm{w}}]\right)\{P_{\mathrm{w}}\}^{\mathrm{e}}\,\mathrm{d}t+\int_{t_n}^{t_{n+1}}([M_2^{\mathrm{w}}]+[M_4^{\mathrm{w}}])\mathrm{d}t=0 \tag{4.68}$$

进一步整理可得

$$[M_1^{\mathrm{w}}]\{\Delta\delta\}^{\mathrm{e}}+\Delta t S_{\mathrm{w}}\left([M_3^{\mathrm{w}}]+[M_5^{\mathrm{w}}]+[M_6^{\mathrm{w}}]\right)\{\Delta P_{\mathrm{w}}\}^{\mathrm{e}}+([M_2^{\mathrm{w}}]+[M_4^{\mathrm{w}}])\Delta t=0 \tag{4.69}$$

将式(4.62)的两边从 t_n 到 t_{n+1} 积分，得到温度的时间离散形式为

$$\int_{t_n}^{t_{n+1}}\left([K_{\mathrm{h}}]-[K_{\lambda}]+[K_{\varepsilon}]-[K_{\mathrm{g}}]-[K_{\mathrm{w}}]-[K_{\mathrm{C}}]\right)\{T\}^{\mathrm{e}}\,\mathrm{d}t-\int_{t_n}^{t_{n+1}}[K_{\mathrm{t}}]\{\dot{T}\}^{\mathrm{e}}\,\mathrm{d}t-\int_{t_n}^{t_{n+1}}([K_{\mathrm{H}}]+[K_{\mathrm{q}}])\mathrm{d}t=0 \tag{4.70}$$

进一步整理可得

$$\Delta t\left([K_{\mathrm{h}}]-[K_{\lambda}]+[K_{\varepsilon}]-[K_{\mathrm{g}}]-[K_{\mathrm{w}}]-[K_{\mathrm{C}}]\right)\{T\}^{\mathrm{e}}-[K_{\mathrm{t}}]\{\Delta T\}^{\mathrm{e}}-([K_{\mathrm{H}}]+[K_{\mathrm{q}}])\Delta t=0 \tag{4.71}$$

4.6 模型验证

本节结合 2.1.3 节中的水合物合成与注热分解试验，对建立的模型适用性进行验证。建立如图 4.1 所示的平面应变模型，其中$AB=CD=1$ m，$AD=BC=0.053$ m，初始温度$T_{\mathrm{i}}=274.15$ K，初始压力$P_{\mathrm{i}}=5.8$ MPa，含水合物沉积物渗透率为 1.26×10^{-12} m^2。模型的边界条件和数值模拟参数见表 4.1 和表 4.2。

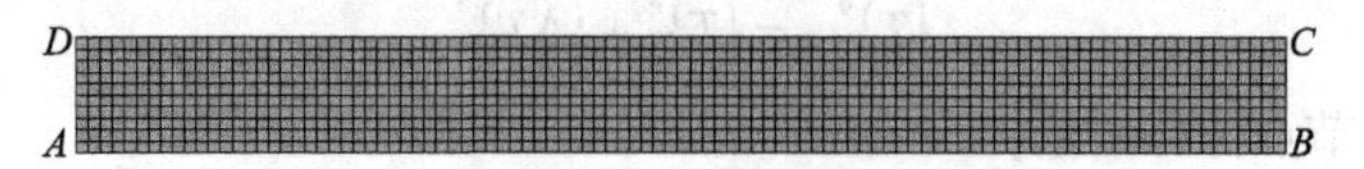

图 4.1 水合物注热开采模拟的有限元模型

表 4.1 数值模拟边界条件

温度场边界	渗流场边界
AB、CD 边为绝缘边界	AB、CD 边为渗流封闭边界

表 4.2 数值模拟基本参数

参数名称	数值	参数名称	数值
石英砂比热c_q /(J/(kg·K))	742	水合物导热系数λ_h /(W/(m·K))	0.394
石英砂密度ρ_q /(kg/m³)	2 580	甲烷比热c_g /(J/(kg·K))	2 100
石英砂导热系数λ_q /(W/(m·K))	1.35	甲烷导热系数λ_g /(W/(m·K))	0.003 35
孔隙水比热c_w /(J/(kg·K))	4 200	孔隙度φ	0.48
孔隙水密度ρ_w /(kg/m³)	1 000	水合物饱和度S_h	7.8%
孔隙水导热系数λ_w /(W/(m·K))	0.58	甲烷饱和度S_g	70.6%
水合物比热c_h /(J/(kg·K))	2 700	注热温度T_{heat} /K	398.15
水合物密度ρ_h /(kg/m³)	910	孔隙水饱和度S_w	21.6%

使用 ABAQUS 软件,计算水合物热分解过程中水合物沉积层的累计产气量并与试验结果对比,如图 4.2 所示。可以看出,针对同一水合物沉积层,数值模拟计算得到的累计产气量随时间的变化规律与试验所得规律基本吻合,从而证明模型具有较好的适用性。

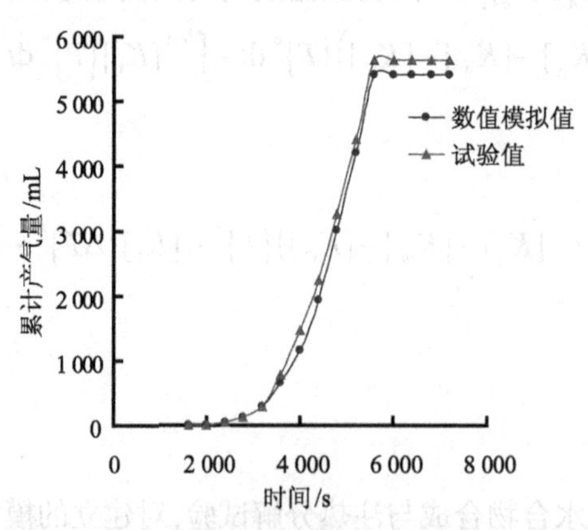

图 4.2 累计产气量的数值模拟值与试验值对比

第 5 章　天然气水合物分解诱发储层变形破坏的数值模拟

在天然气水合物的开发过程中，为了确保水合物资源的安全开采，对水合物分解过程中储层的变形破坏规律进行分析和监测是很有必要的。但是由于受到天然气水合物赋存的地质条件和当前技术条件的制约，原位监测是很难实现的。因此，数值模拟技术就成为目前研究储层变形破坏规律的较好方法之一。

本章在第 3 章建立的天然气水合物分解诱发储层变形破坏热流力（THM）耦合模型和储层力学参数动态变化关系模型的基础上，基于 FORTRAN 语言自主开发 THM 耦合作用下考虑有效体积应力和水合物饱和度两个参数对储层力学参数影响的 USDFLD（场变量）子程序，并以 ABAQUS 软件为平台，分别对天然气水合物注热和降压分解条件下，储层的力学参数、应力状态和应变状态的分布规律、近井储层的变形破坏规律、海床土体的隆起和沉降规律、海底边坡的失稳破坏规律以及影响土体变形破坏因素的敏感性进行数值模拟分析。

5.1　有限元模型、边界条件及模拟参数

本研究中为将问题简化，采用如图 5.1 所示的有限元平面应变模型。模型几何尺寸为 10 m × 10 m，井眼半径为 0.2 m。模拟所用地质参数参考我国南海神狐海域天然气水合物藏进行选取[177-179]。海水深度为 1 200 m，水合物储层距海床深度为 200 m；水平方向应力的最大值和最小值分别为 σ_{hmax} = 22.5 MPa 和 σ_{hmin} = 21.75 MPa；含水合物沉积物的孔隙度为 0.4，初始渗透率为 1.31×10^{-14} m²；初始温度为 T_i = 288 K，初始孔隙压力为 P_i = 15 MPa，初始水合物饱和度为 0.5，含水饱和度为 0.3，含气饱和度为 0.2。边界条件见表 5.1，模拟所用基本物性参数见表 5.2。

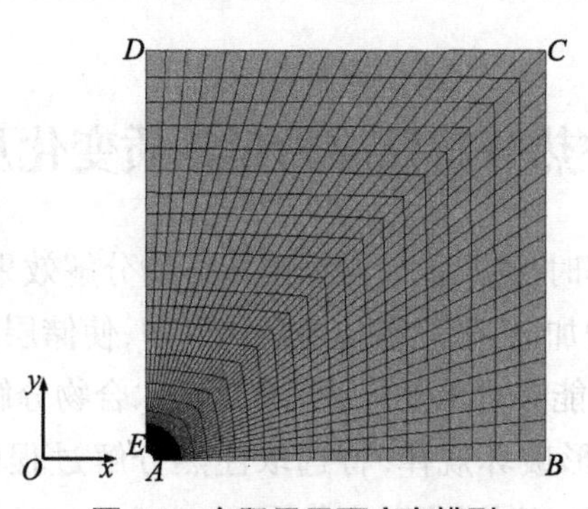

图 5.1　有限元平面应变模型

表 5.1 不同开采方式下的边界条件

分解方式	温度场边界	渗流场边界	变形场边界
注热分解	$T_{AE}=T_{\text{heat}}$ $T_{BC}=T_{CD}=T_0$ $\frac{\partial T_{AB}}{\partial x}=\frac{\partial T_{DE}}{\partial y}=0$	$Q_{AE}=Q_{\text{q}}$ $P_{BC}=P_{CD}=P_0$ $\frac{\partial P_{AB}}{\partial x}=\frac{\partial P_{DE}}{\partial y}=0$	$\sigma_{BC}=\sigma_{\text{hmax}}$ $\sigma_{CD}=\sigma_{\text{hmin}}$ $U_{AB}=U_y=0$ $U_{DE}=U_x=0$ AE固定端约束
降压分解		$P_{AE}=P_{\text{q}}$ $P_{BC}=P_{CD}=P_0$ $\frac{\partial P_{AB}}{\partial x}=\frac{\partial P_{DE}}{\partial y}=0$	$\sigma_{BC}=\sigma_{\text{hmax}}$ $\sigma_{CD}=\sigma_{\text{hmin}}$ $U_{AB}=U_y=0$ $U_{DE}=U_x=0$ AE固定端约束

注：T_{heat}为注热温度；Q_{q}为流量；P_{q}为井口压力；U_x为x方向位移；U_y为y方向位移。

需要指出的是，由于在降压开采中，力学性质劣化和孔隙压力变化是导致储层发生变形破坏的主要因素[98]，因此不考虑降压分解过程中储层温度对变形场和渗流场的影响，即温度只对水合物分解有影响。

表 5.2 数值模拟基本参数[83-84,86,88]

水合物弹性模量 E_{h} /MPa	沉积物弹性模量 E_{s} /MPa	黏聚力 C_{h} /MPa	摩擦角ϕ_{h}	沉积物热膨胀系数 β_{s} /(1/K)
9 303	46	2	30°	5.6×10^{-6}
孔隙水热膨胀系数 β_{w} / (1/K)	沉积物密度 ρ_{s} / (kg / m³)	沉积物比热 c_{s} / (J / (kg·K))	沉积物热传导系数 λ_{s} / (W / (m·K))	孔隙水密度 ρ_{w} / (kg / m³)
2.1×10^{-4}	2 600	800	1.9	1 000
孔隙水比热 c_{w} / (J / (kg·K))	孔隙水热传导系数 λ_{w} /(W/(m·K))	甲烷比热 c_{g} / (J / (kg·K))	甲烷热传导系数 λ_{g} / (W / (m·K))	水合物密度 ρ_{h} / (kg / m³)
4 200	0.58	2 100	0.003 35	910
水合物比热 c_{h} / (J / (kg·K))	水合物热传导系数 λ_{h} / (W / (m·K))	含水合物沉积物 泊松比μ_{sh}		
2 700	0.394	0.2		

5.2 天然气水合物注热分解储层力学性质变化及变形破坏规律分析

天然气水合物注热分解时，井口温度是影响水合物分解效果和储层力学行为的重要因素之一。随着井口温度的增加，热量逐渐传递到储层中，使储层的温度升高，天然气水合物吸热后发生相变分解。为了能够对比分析不同温度对水合物分解效果的影响和由此引发的储层力学性质劣化以及变形破坏规律，特选取注热分解过程中井壁温度分别为 293 K、297 K、302 K 以及 308 K 四种工况进行对比分析。

5.2.1　不同温度条件下储层力学参数变化规律分析

1. 水合物饱和度分布规律及分解区扩展规律

图 5.2 为不同注热温度条件下,加热 20 h 后储层中水合物饱和度分布的等值线图。为了能够更加清晰地对比不同注热温度条件下水合物饱和度的分布规律,选取储层中沿 *AB* 方向距离井壁 0.5 m 范围,即近井储层,作为研究区域,可得不同注热温度条件下水合物饱和度和最大分解范围的变化规律,如图 5.3 所示。

图 5.2　不同注热温度条件下储层中水合物饱和度的分布规律

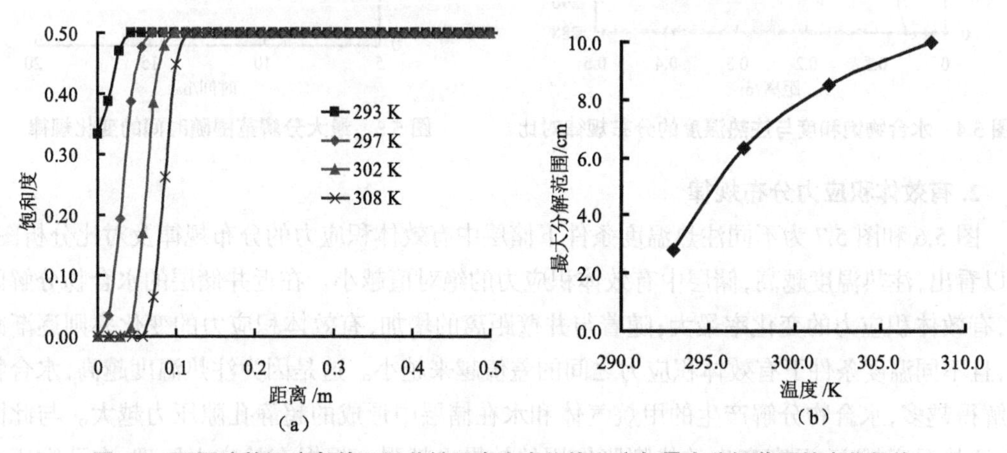

图 5.3　不同注热温度条件下近井储层中水合物饱和度与最大分解范围的变化规律

从图 5.3(a)可以看出,注热温度越高,近井储层同一位置水合物的饱和度越低,水合物分解区(饱和度小于 0.5)的范围越大;但是随着温度的升高,分解区范围的增大程度却在逐渐减小(图 5.3(b))。这可以解释为受含水合物沉积物自身导热能力较低的限制,温度的升高只是显著增加了井壁附近区域的温度梯度,而在距离井壁较远的区域,温度梯度的增大幅度则逐渐变小,传热效率越来越低,因此水合物的分解效果就越来越差,分解区的扩展幅度也就变小,这与前人研究得到的不同温度条件下水合物热分解范围的扩展规律是基本一致的[65, 177],从而也证明了本研究所编制的程序具有良好的适用性。在 4 种温度条件下,水合物分解区的范围依次为 2.83 cm、6.34 cm、8.51 cm 和 10 cm。

图 5.4 和图 5.5 为 308 K 注热温度条件下,水合物饱和度与温度的分布规律对比和最大分解范围随时间的变化规律。可以看出,温度的影响范围要大于水合物的分解范围,这说明在注热分解条件下,只有温度超过相平衡温度时,水合物才会发生分解;最大分解范围随时间大致呈自然对数规律变化,即随着注热时间的延长,最大分解范围的扩展速度逐渐减小。这是因为注热时间越长,向储层中输入的热量越多,温度的影响范围就越大,分解区的范围也就越大。但是由于受前期水合物分解产生的水、气在储层孔隙中形成的超静孔隙压力不能全部消散或只能部分消散的影响,在加热后期水合物的分解速度会逐渐减慢,因此分解范围的扩展速度也就越来越小,但因为水合物仍在分解,所以分解区的范围总体还在扩大,直到达到新的相平衡条件而停止分解。

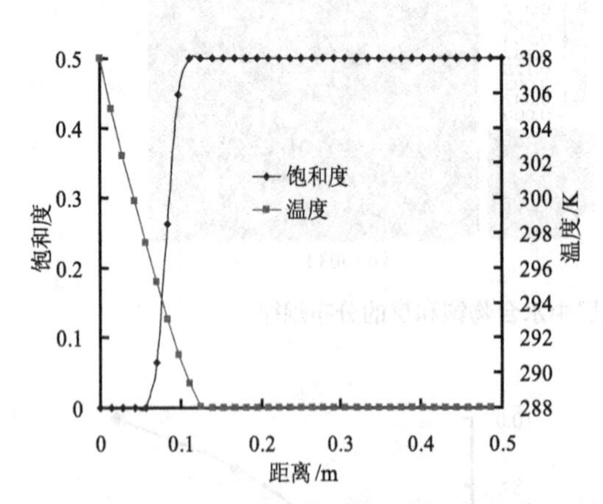

图 5.4　水合物饱和度与注热温度的分布规律对比

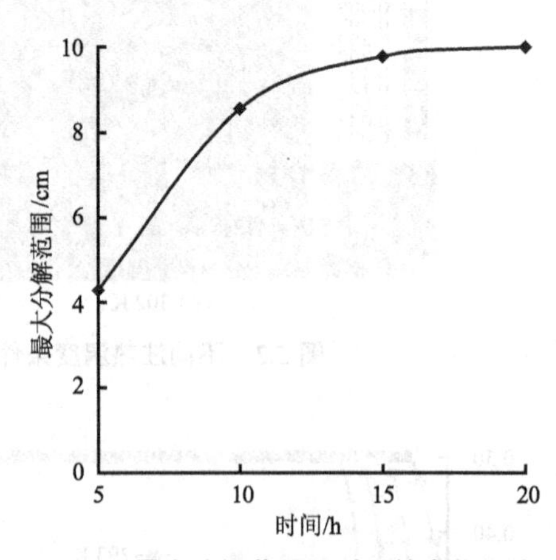

图 5.5　最大分解范围随时间的变化规律

2. 有效体积应力分布规律

图 5.6 和图 5.7 为不同注热温度条件下储层中有效体积应力的分布规律及对比分析图。可以看出,注热温度越高,储层中有效体积应力的绝对值越小。在近井储层的水合物分解区内,有效体积应力的变化率最大;随着与井壁距离的增加,有效体积应力的变化率则逐渐减小,且不同温度条件下有效体积应力之间的差值越来越小。这是因为注热温度越高,水合物分解得越多,水合物分解产生的甲烷气体和水在储层中形成的超静孔隙压力越大。与此同时,注热温度越高,温度产生的热膨胀作用的效果也越强。根据有效应力原理,在孔隙压力和温度的共同影响下,近井储层中有效体积应力下降的程度最大;随着与井壁距离的逐渐增

大,孔隙压力和温度对储层中有效应力的影响越来越弱,因此有效体积应力降低的程度也就越来越小。有效体积应力的减小,直接导致分解区储层承载力的下降。

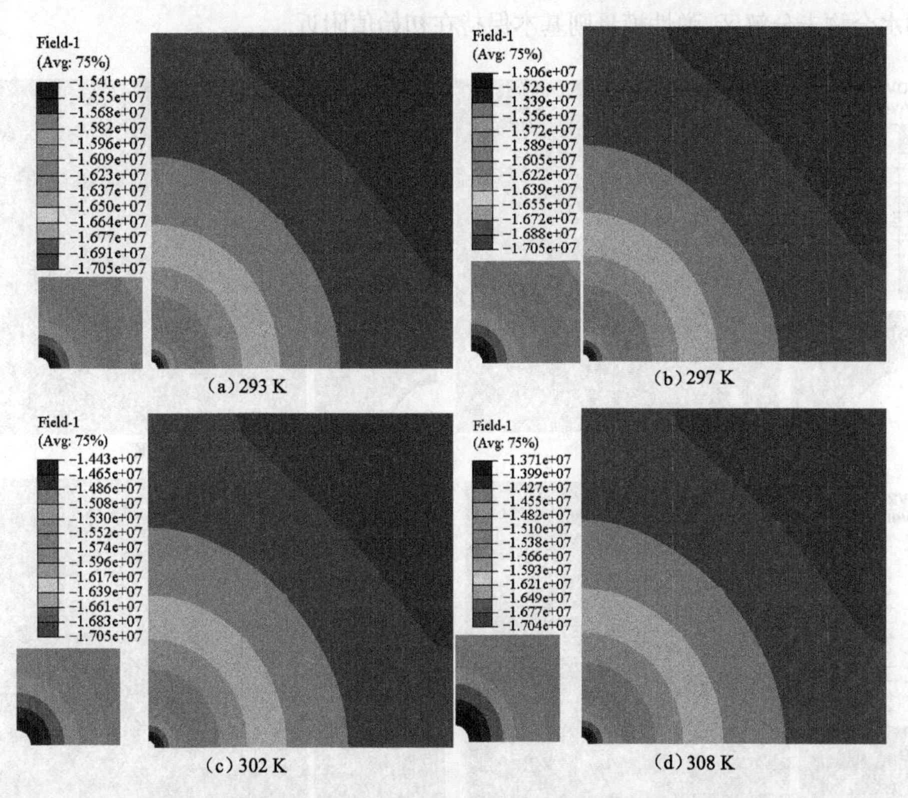

图5.6　不同注热温度条件下储层中有效体积应力的分布规律

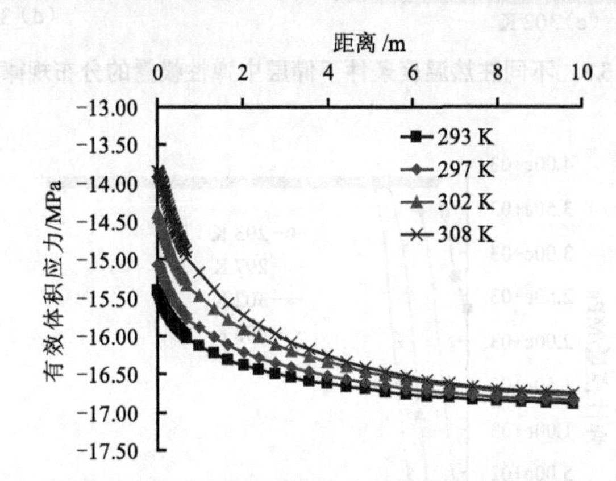

图5.7　不同注热温度条件下储层中有效体积应力的对比分析图

3. 弹性模量分布规律

图5.8和图5.9为不同注热温度条件下储层中弹性模量的分布规律及对比分析图。可以看出,受水合物热分解效应的影响,分解区弹性模量出现了大幅度下降,且与水合物饱和度的分布规律相似,注热温度越高,分解区同一位置的弹性模量越小。这是因为,一方面水合物分解后会使沉积物骨架颗粒之间的胶结作用减弱,从而导致分解区弹性模量的降低;另

一方面近井储层中有效体积应力的降低(图 5.7),亦会使其对固体骨架的压密效果变差。在这两个因素的共同影响下,分解区弹性模量明显减小,并且温度越高,影响程度越大。在远场的水合物未分解区,弹性模量则基本保持在初始值附近。

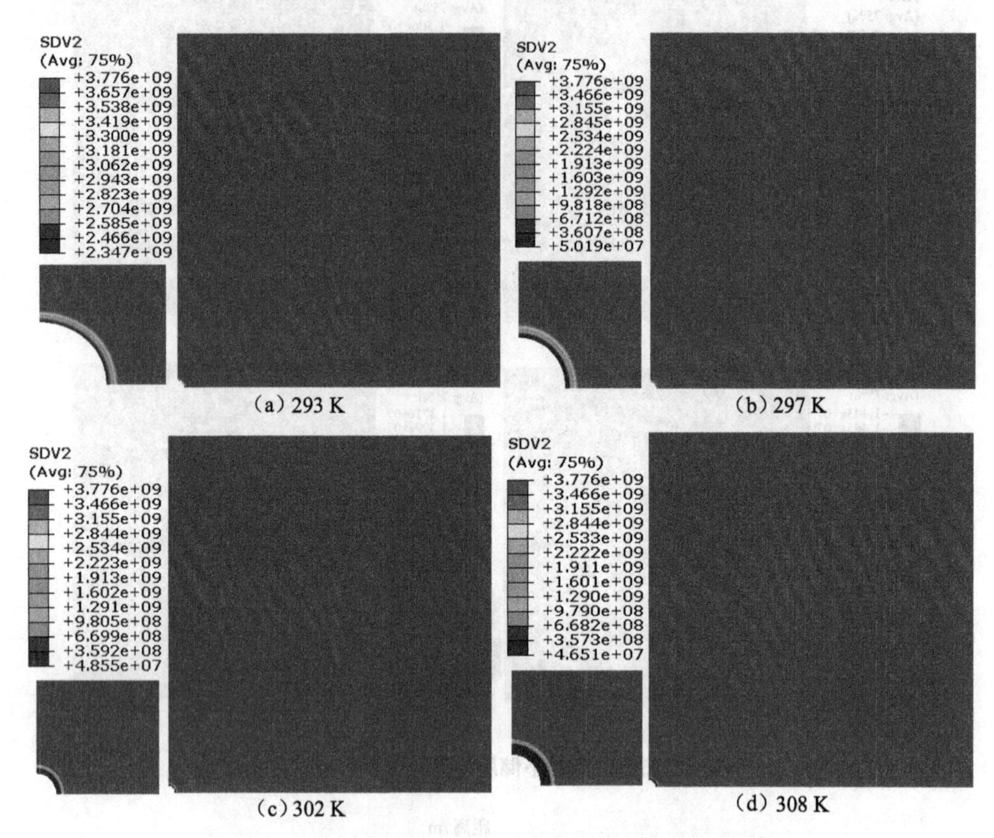

图 5.8　不同注热温度条件下储层中弹性模量的分布规律

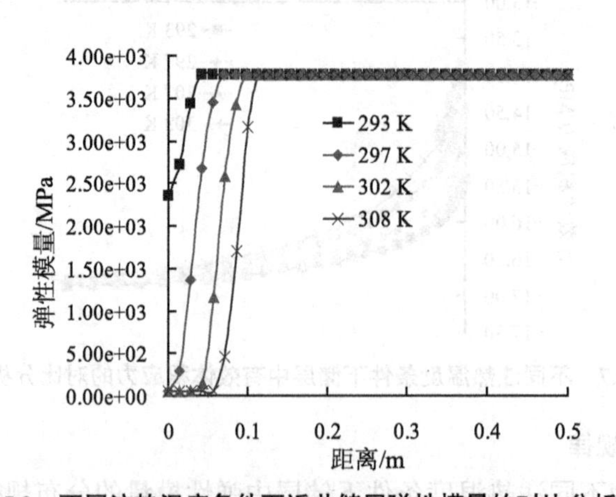

图 5.9　不同注热温度条件下近井储层弹性模量的对比分析图

4. 黏聚力分布规律

图 5.10 和图 5.11 为不同注热温度条件下储层中黏聚力的分布规律及对比分析图。可

以看出，近井分解区黏聚力的分布规律与水合物饱和度的分布规律一致。这是因为水合物热分解后，其在沉积物颗粒之间产生的胶结作用减弱甚至消失，从而引起分解区黏聚力的下降。水合物完全分解后，分解区黏聚力下降到 1.52 MPa，直接导致该区域抗剪强度的降低，极易发生剪切破坏。而在远场方向，储层中黏聚力仍保持为 2 MPa 的初始值。

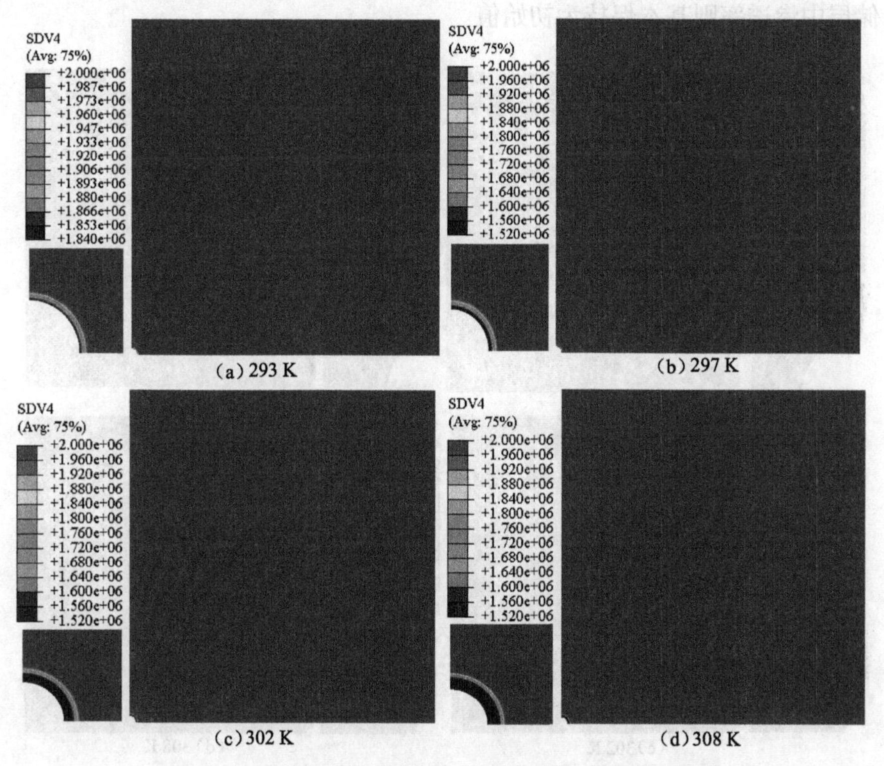

图 5.10　不同注热温度条件下储层中黏聚力的分布规律

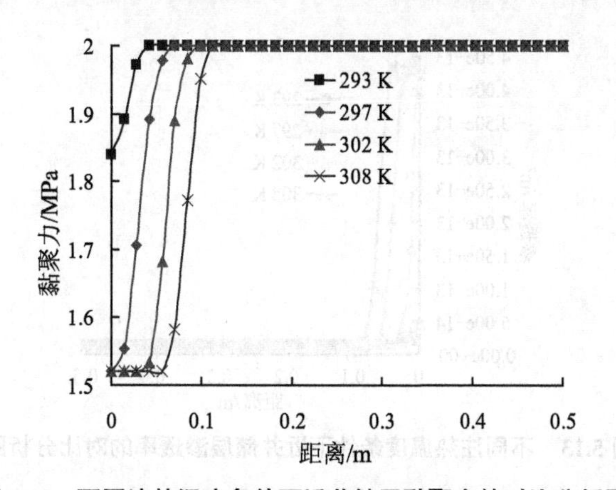

图 5.11　不同注热温度条件下近井储层黏聚力的对比分析图

5. 渗透率分布规律

图 5.12 和图 5.13 为不同注热温度条件下储层中渗透率的分布规律及对比分析图。可

以看出，注热温度越高，在近井水合物分解区同一位置的渗透率越大。这是因为，一方面水合物分解后，会使储层孔隙空间尺寸增大，从而引起渗透率的增加；另一方面分解区有效体积应力的减小削弱了其对沉积物骨架的压实作用，从而使近井储层孔隙流体渗流通道尺寸减小的程度降低。因此，分解区渗透率出现明显增大，且温度越高，增大的程度越大。在未分解区，储层中渗透率则基本保持为初始值。

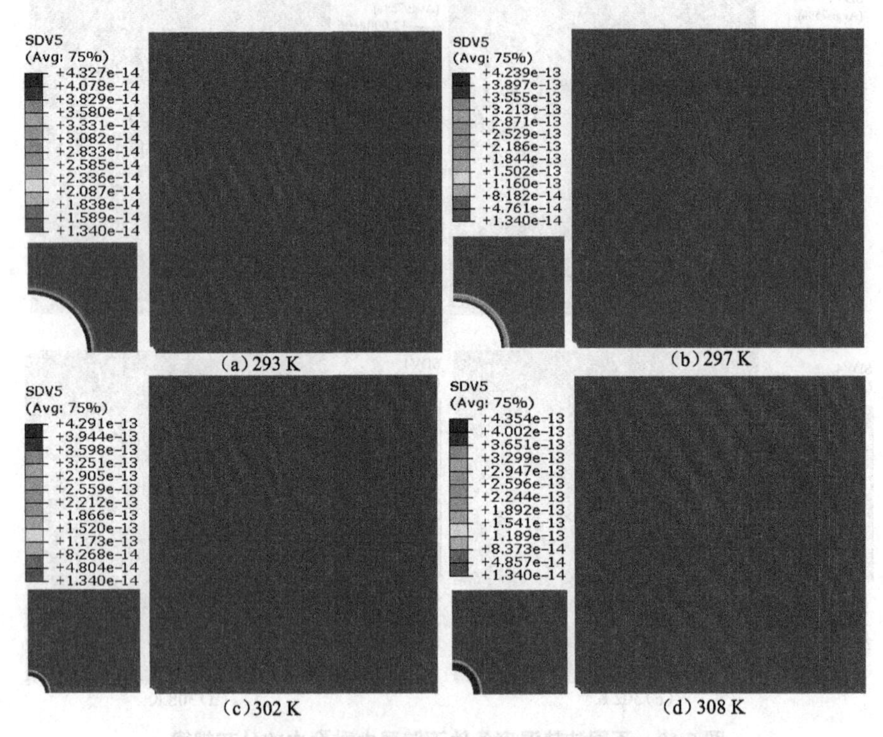

图 5.12 不同注热温度条件下储层中渗透率的分布规律

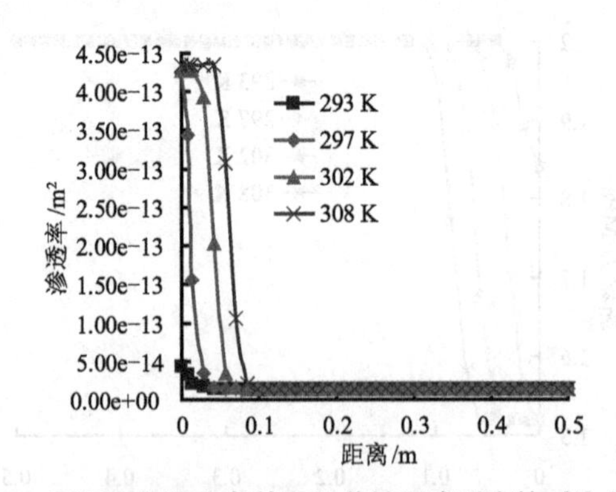

图 5.13 不同注热温度条件下近井储层渗透率的对比分析图

图 5.14 为 308 K 注热温度条件下，考虑有效体积应力和不考虑有效体积应力影响时，近井储层渗透率分布规律的对比分析图。可以看出，考虑有效体积应力影响下的渗透率值明显低于不考虑有效体积应力影响下的渗透率值，后者大概是前者的 1.3 倍左右。这说明有效体积应力对渗流通道的压缩作用引起的储层渗透率降低是一个不可忽视的重要因素。

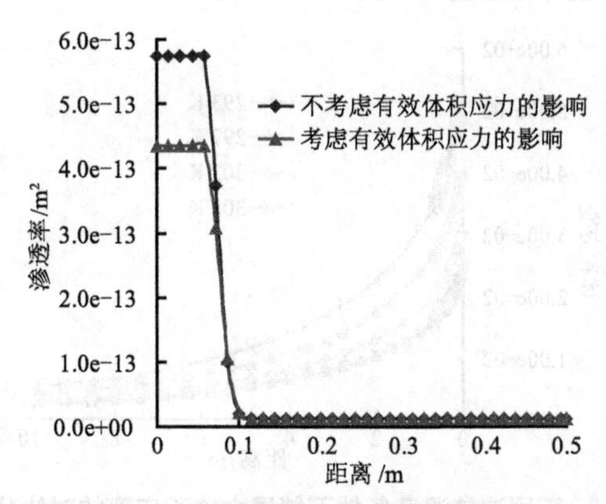

图 5.14　考虑有效体积应力和不考虑有效体积应力影响的近井储层渗透率的对比分析图

6. 体积应变分布规律

图 5.15 和图 5.16 为不同注热温度条件下储层中体积应变的分布规律及对比分析图。可以看出，与有效体积应力的分布规律相似，注热温度越高，储层中体积应变的值越大，且为膨胀变形。在近井水合物分解区内，体积应变的变化率最大；随着与井口距离的增加，储层不同位置体积应变的变化率逐渐减小，且不同温度条件下体积应变之间的差值越来越小。这是因为注热温度越高，水合物分解效果越明显，分解区弹性模量下降的程度越大，其抵抗变形的能力就越差，因此体积应变也就越大。

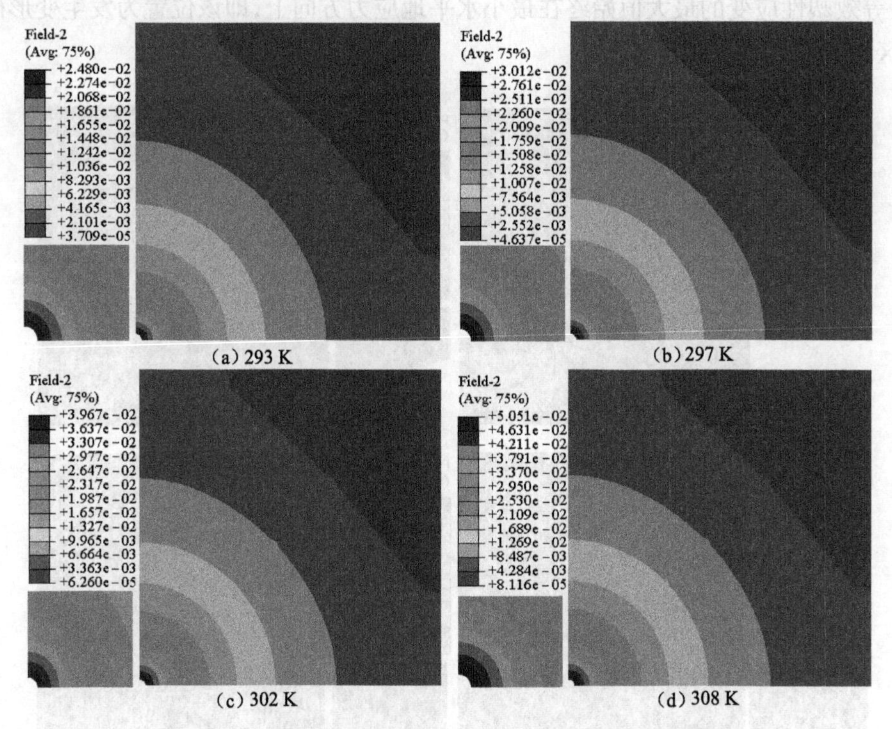

图 5.15　不同注热温度条件下储层中体积应变的分布规律

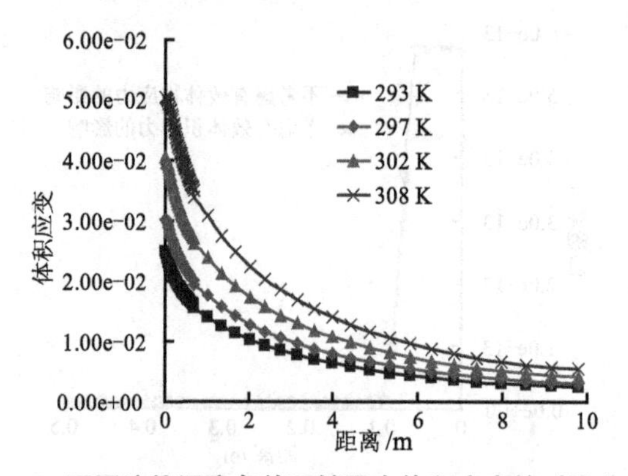

图 5.16　不同注热温度条件下储层中体积应变的对比分析图

7. 等效塑性应变分布规律

图 5.17 和图 5.18 为不同注热温度条件下储层中等效塑性应变的分布规律及对比分析图。可以看出，注热温度越高，从井壁向储层内部方向塑性区的范围和等效塑性应变的值越大，即发生变形破坏的程度越严重，并且沿顺时针方向（图 5.18）塑性破坏最终扩展到整个井壁区域。这可以解释为注热温度越高，水合物的分解效果越显著，水合物分解区的范围越大。分解区有效应力、弹性模量和黏聚力下降的程度越大，其抵抗变形和剪切破坏的能力就越差，因此等效塑性应变值也就越大。由于受水平地应力非均匀性和热流力耦合作用的共同影响，等效塑性应变的最大值始终在最小水平地应力方向上，即该位置为发生变形破坏最严重的区域。

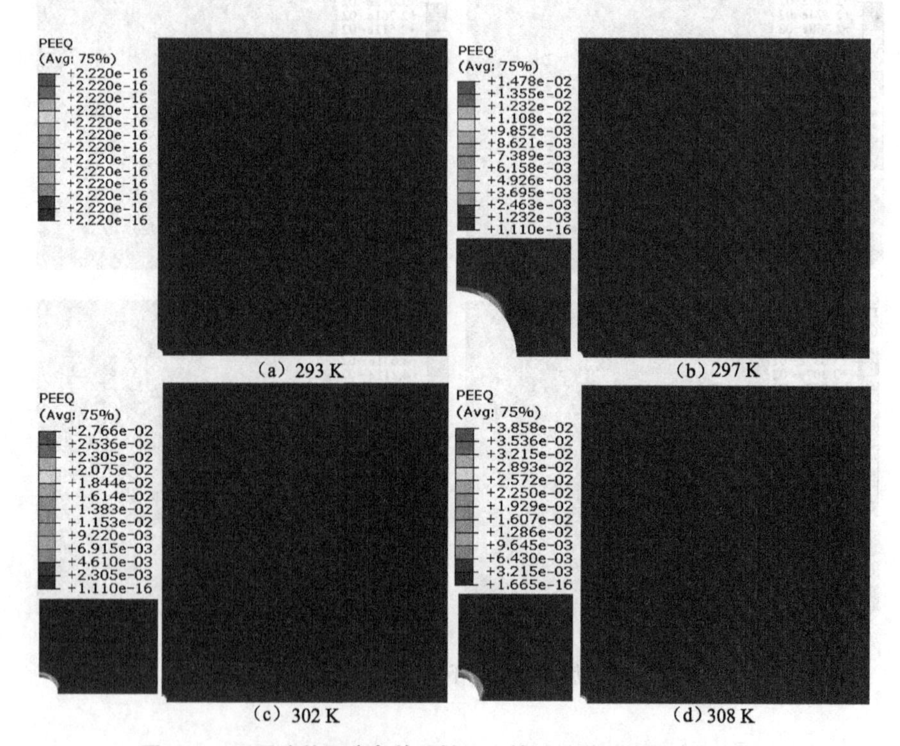

图 5.17　不同注热温度条件下储层中等效塑性应变的分布规律

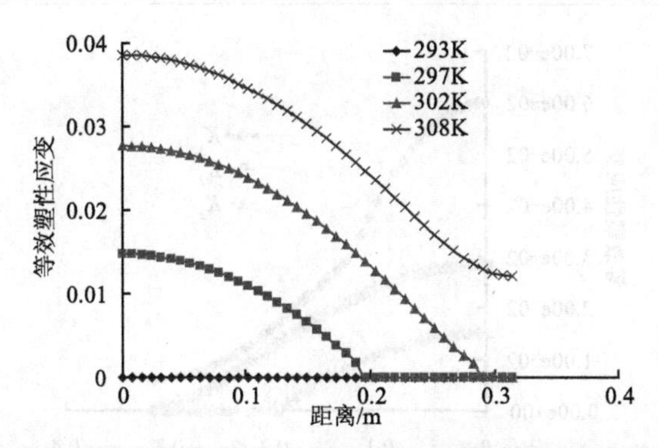

图 5.18　不同注热温度条件下沿井口顺时针方向等效塑性应变的对比分析图

5.2.2　不同绝对渗透率下天然气水合物注热分解储层变形破坏规律分析

鉴于含水合物沉积物的渗透率对天然气水合物的安全、高效开采有着非常重要的影响，本节以注热温度 308 K、注热时间 20 h 为例，分析含水合物沉积物的绝对渗透率分别为 $K_1 = 2.0\times10^{-13}\ \mathrm{m}^2$、$K_2 = 5.0\times10^{-13}\ \mathrm{m}^2$ 和 $K_3 = 9.0\times10^{-13}\ \mathrm{m}^2$ 三种情况下，近井储层变形破坏规律，结果如图 5.19 和图 5.20 所示。可以看出，含水合物沉积物的绝对渗透率越小，分解区塑性区的范围越小，但等效塑性应变的值越大，即变形破坏程度越严重。这是因为含水合物沉积物的绝对渗透率越小，水合物热分解过程中产生的超静孔隙压力的排出效果越差，近井储层的有效应力就越低，因此近井储层发生变形破坏的程度也就越大。另外，由于超静孔隙压力未能及时全部排出，会提高水合物分解的相平衡条件，从而影响水合物的分解效果，因此导致近井水合物分解区范围和塑性区范围的减小。

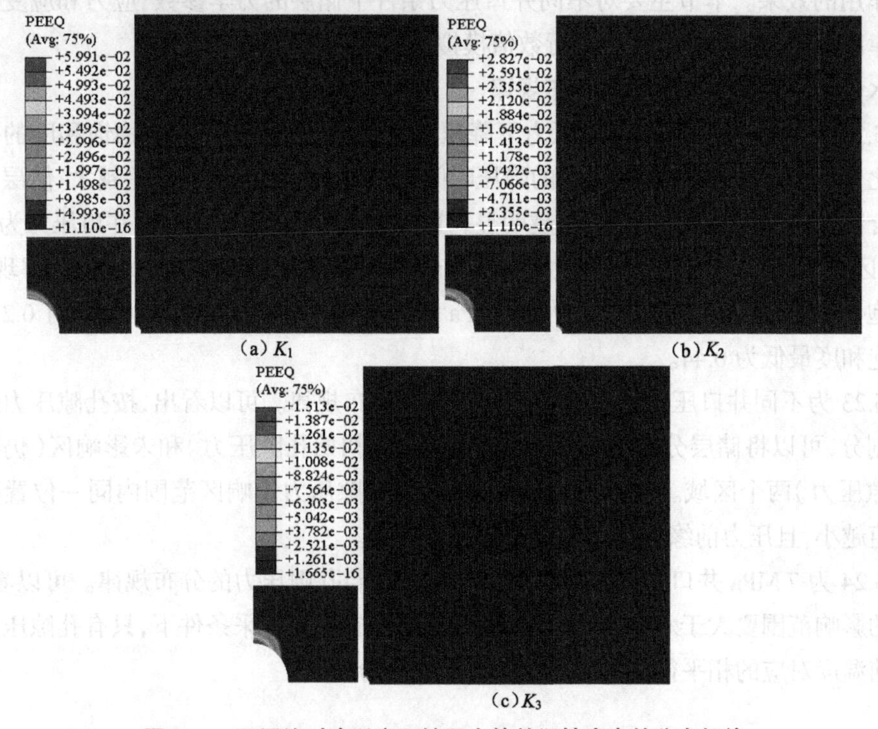

(a) K_1　(b) K_2

(c) K_3

图 5.19　不同绝对渗透率下储层中等效塑性应变的分布规律

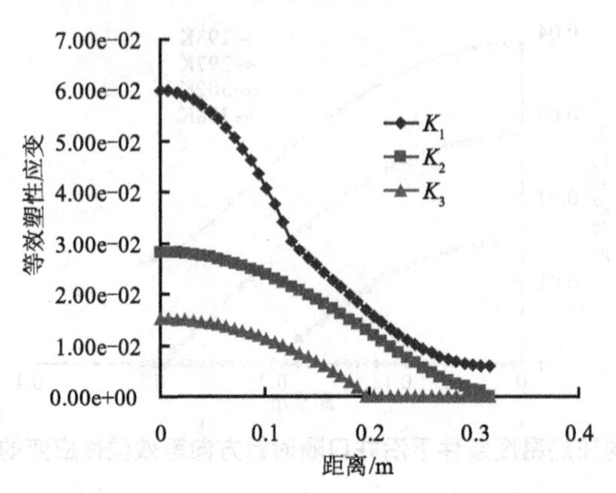

图 5.20 不同绝对渗透率下沿井壁顺时针方向等效塑性应变的对比分析图

5.3 天然气水合物降压分解储层力学性质变化及变形破坏规律分析

5.3.1 不同井口压力条件下储层力学参数变化规律分析

在天然气水合物的降压开采过程中，井口压力是影响水合物分解效果的一个重要因素。井口压力越低，即井口压力与储层初始孔隙压力之间的差值越大，水合物分解的驱动力越大，分解效果越明显。与此同时，井口压力越低，流固耦合作用的效果越强，直接导致储层中有效应力的分布规律发生变化。因此，不同的井口压力会直接影响水合物的分解效应和流固耦合作用的效果。本节主要对不同井口压力条件下储层的力学参数、应力和应变状态的分布规律以及储层变形破坏规律进行数值模拟分析。

1. 水合物饱和度和孔隙压力分布规律

图 5.21 和图 5.22 为不同井口压力下降压开采 20 h 后，储层中水合物饱和度的分布规律及对比分析图。可以看出，在相同的降压时间内，井口压力越低，即压差越大，储层中同一位置水合物的饱和度越低，分解效果越明显，分解区的范围也就越大。在井口压力为 7 MPa 时，分解区在水平方向的范围最大达到约 8.4 m，且近井储层出现完全水合物分解现象（即水合物饱和度为 0）；而在井口压力为 12 MPa 时，分解区在水平方向的范围只有 0.25 m，水合物的饱和度最低为 0.44。

图 5.23 为不同井口压力下储层中孔隙压力的分布规律。可以看出，按孔隙压力的分布规律来划分，可以将储层分为孔隙压力影响区（小于初始孔隙压力）和未影响区（仍保持为初始孔隙压力）两个区域。井口压力越低，储层中孔隙压力影响区范围内同一位置处的孔隙压力值越小，且压力前缘处孔隙压力的变化率越大。

图 5.24 为 7 MPa 井口压力条件下水合物饱和度与孔隙压力的分布规律。可以看出，孔隙压力的影响范围要大于水合物的分解范围，这说明在降压开采条件下，只有孔隙压力低于储层当前温度对应的相平衡压力时水合物才会发生分解。

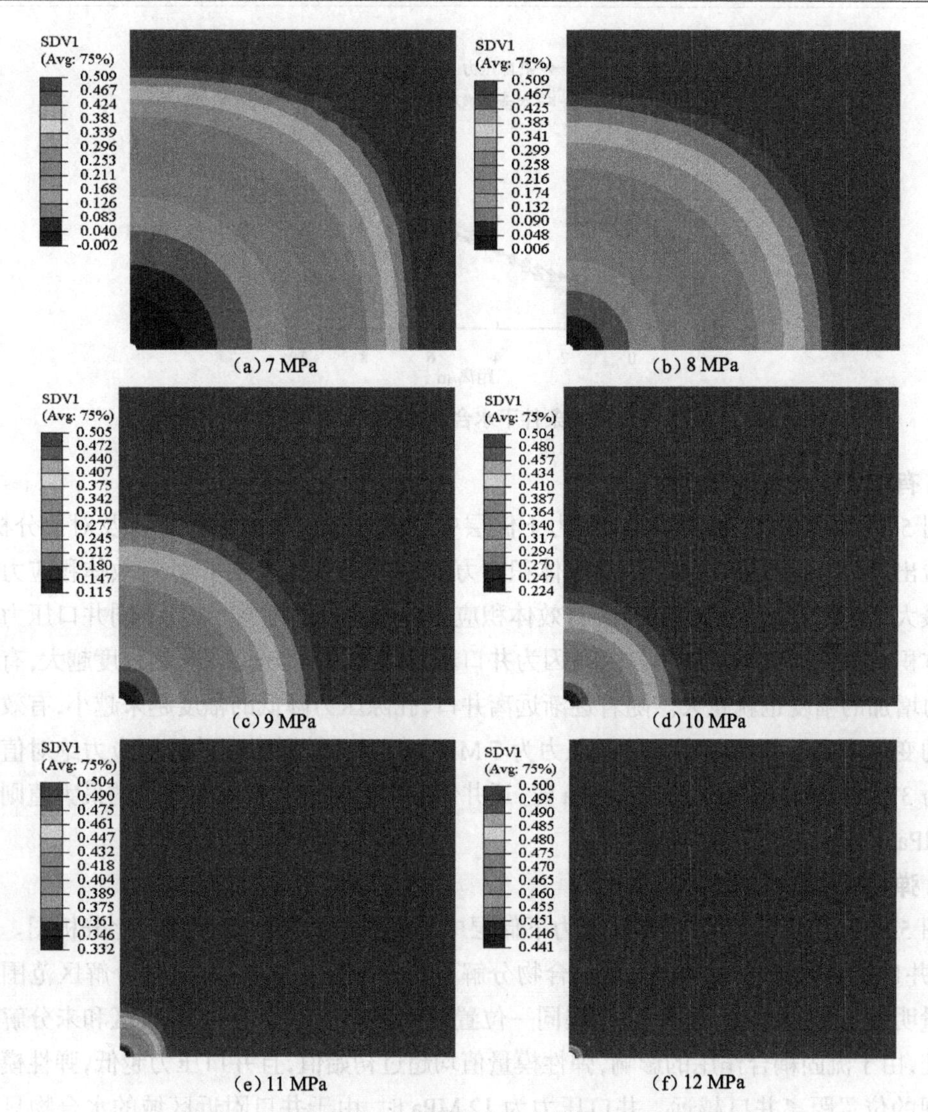

图 5.21　不同井口压力下储层中水合物饱和度的分布规律

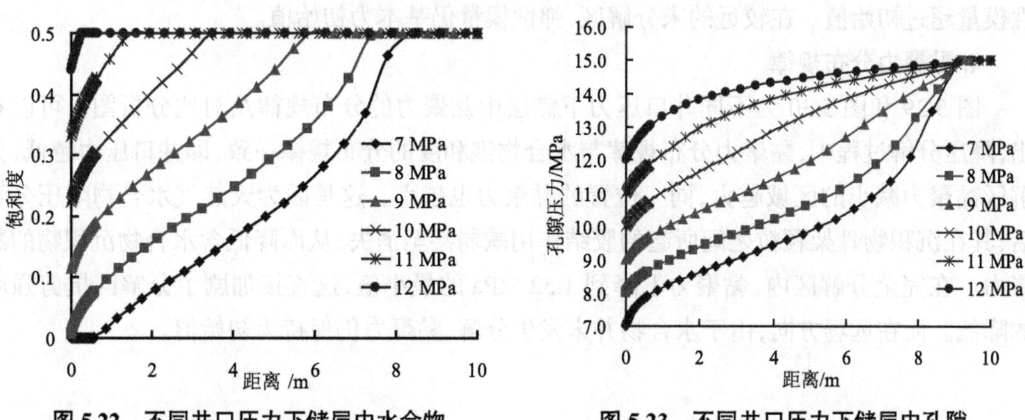

图 5.22　不同井口压力下储层中水合物饱和度的对比分析图

图 5.23　不同井口压力下储层中孔隙压力的分布规律

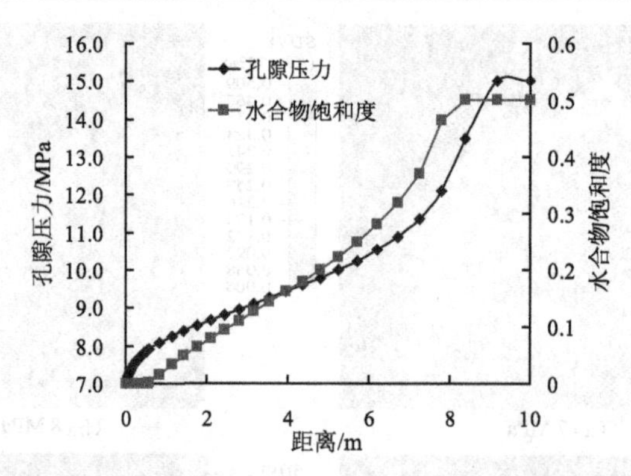

图 5.24 7 MPa 井口压力条件下水合物饱和度和孔隙压力的分布规律

2. 有效体积应力分布规律

图 5.25 和图 5.26 为不同井口压力下储层中有效体积应力的分布规律及对比分析图。可以看出，井口压力越低，储层中有效体积应力的绝对值越大，且井口处有效体积应力的变化率最大；随着与井口距离的增加，有效体积应力的变化率逐渐减小，且不同井口压力之间有效体积应力的差值越来越小。这是因为井口压力越低，孔隙压力下降的程度越大，有效体积应力增加的幅度也就越大。随着逐渐远离井口，孔隙压力降低的幅度越来越小，有效体积应力的变化率也就越来越小。井口压力为 7 MPa 时，近井储层中有效体积应力绝对值的最大值为 37 MPa；而井口压力为 12 MPa 时，近井储层中有效体积应力绝对值的最大值则只有 21.9 MPa。

3. 弹性模量分布规律

图 5.27 和图 5.28 为不同井口压力下储层中弹性模量的分布规律及对比分析图。可以看出，井口压力为 7~11 MPa 时，受水合物分解占主导地位的影响，水合物分解区范围内弹性模量明显下降，井口压力越低，储层同一位置的弹性模量越小；但在分解区和未分解区的过渡处，由于流固耦合作用的影响，弹性模量值均超过初始值，且井口压力越低，弹性模量峰值出现的位置距离井口越远。井口压力为 12 MPa 时，由于井口附近区域的水合物只有部分分解，因此弹性模量的下降程度较小，再加上流固耦合作用的影响，此时在近井储层的弹性模量超过初始值。在较远的未分解区，弹性模量仍基本为初始值。

4. 黏聚力分布规律

图 5.29 和图 5.30 为不同井口压力下储层中黏聚力的分布规律及对比分析图。可以看出，降压分解过程中，黏聚力分布规律与水合物饱和度的分布规律一致，即井口压力越低，分解区黏聚力减小的区域越大，同一位置的黏聚力也越小。这是因为天然气水合物降压分解后，其在沉积物骨架颗粒之间所起的胶结作用减弱甚至消失，从而降低含水合物沉积物的黏聚力。在完全分解区内，黏聚力下降到 1.52 MPa 的最小值，这直接加剧了分解区抗剪强度的降低。而在远场方向，由于水合物并未发生分解，黏聚力仍保持为初始值。

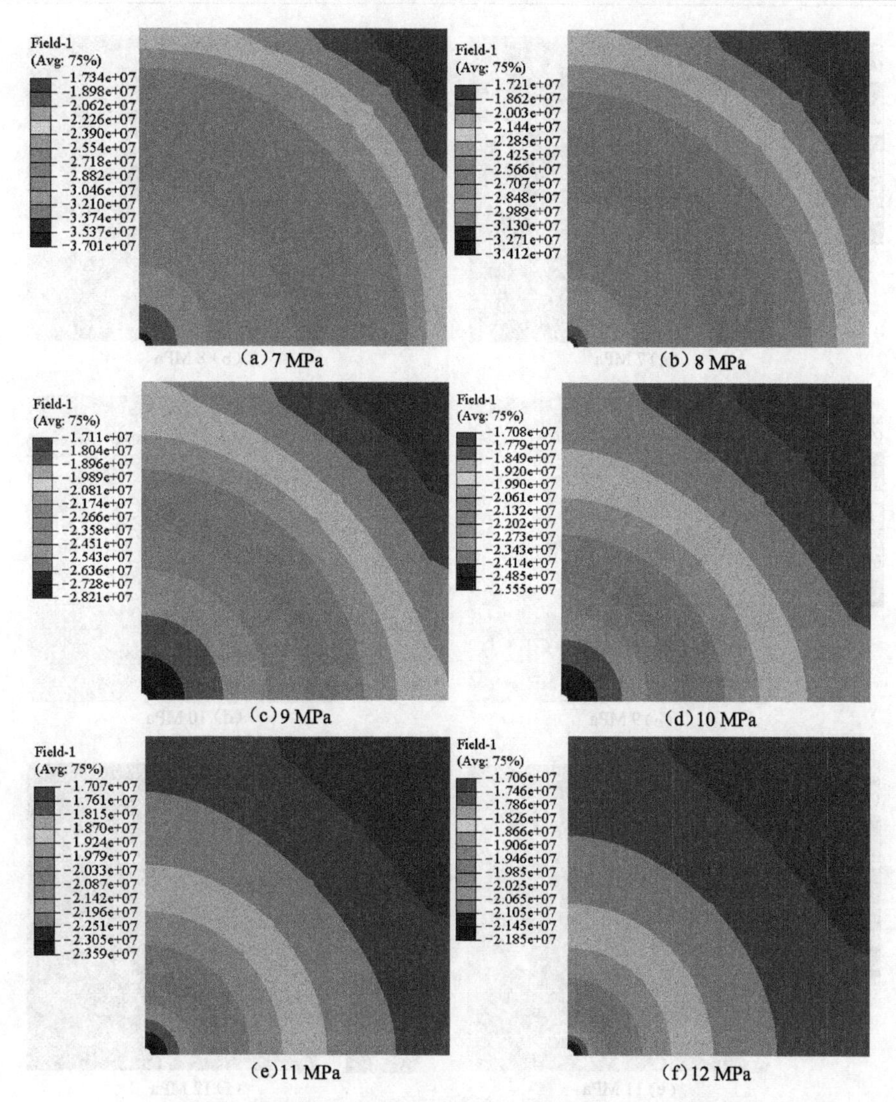

图 5.25　不同井口压力下储层中有效体积应力的分布规律

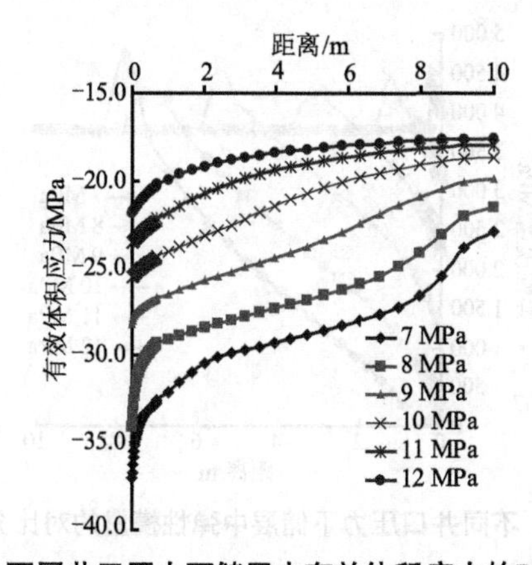

图 5.26　不同井口压力下储层中有效体积应力的对比分析图

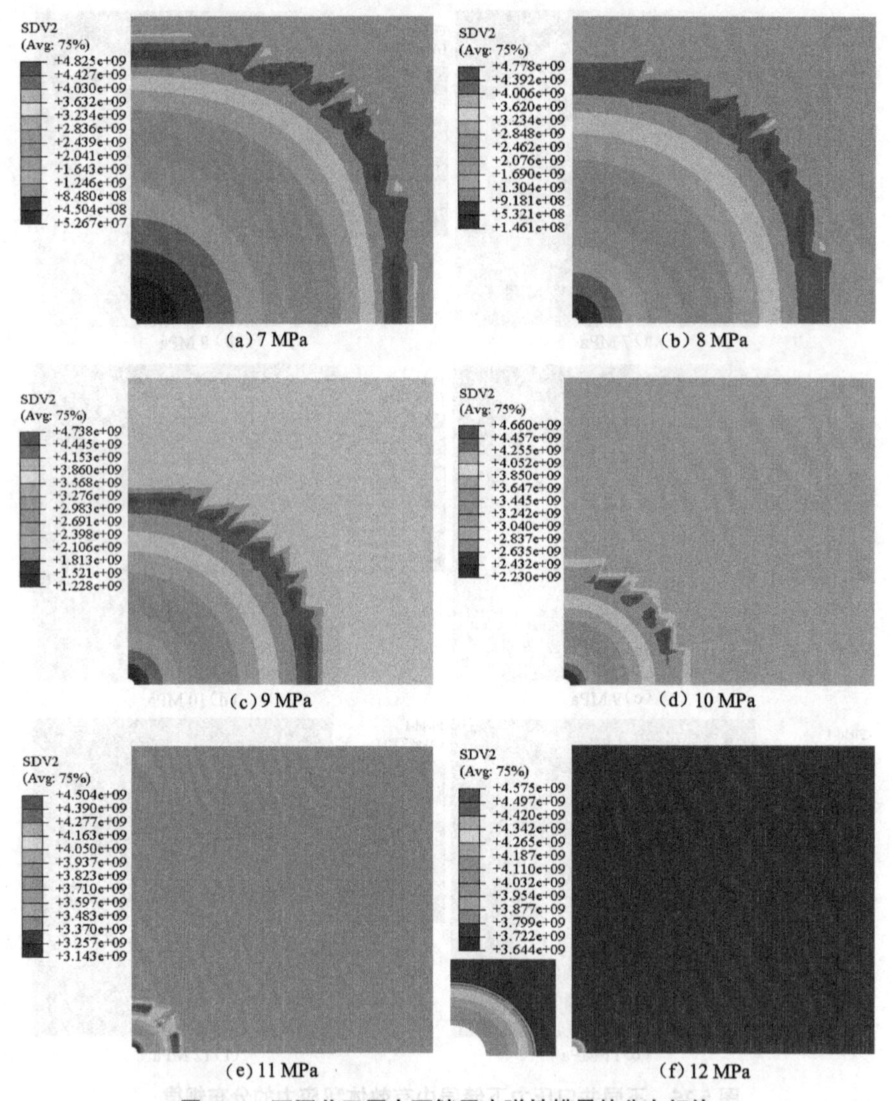

(a) 7 MPa　(b) 8 MPa

(c) 9 MPa　(d) 10 MPa

(e) 11 MPa　(f) 12 MPa

图 5.27　不同井口压力下储层中弹性模量的分布规律

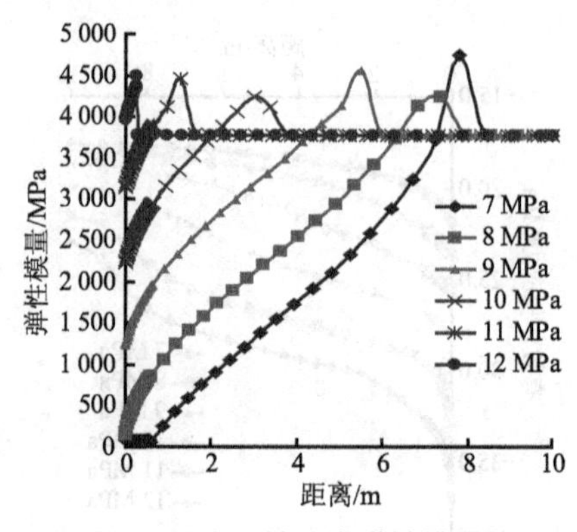

图 5.28　不同井口压力下储层中弹性模量的对比分析图

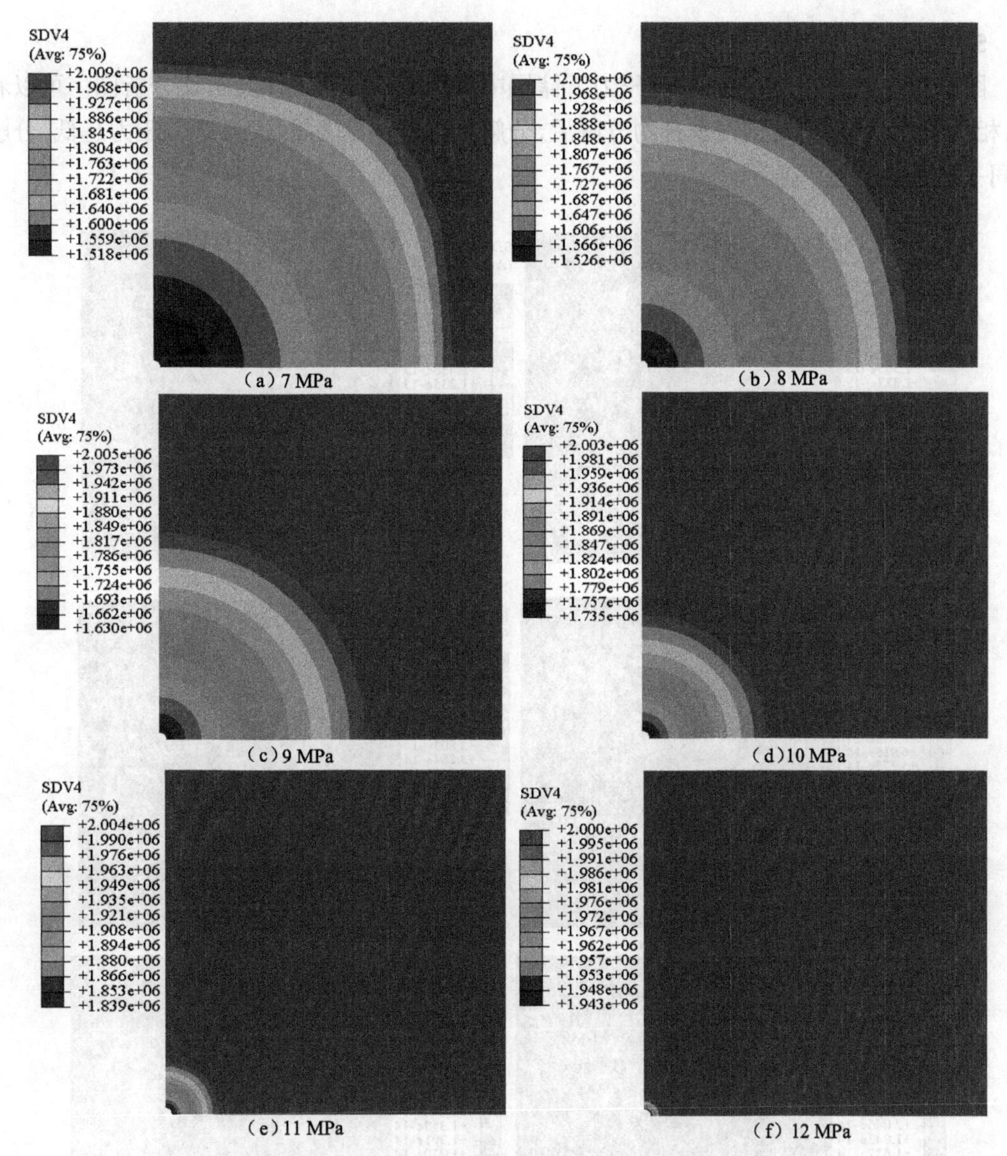

图 5.29　不同井口压力下储层中黏聚力的分布规律

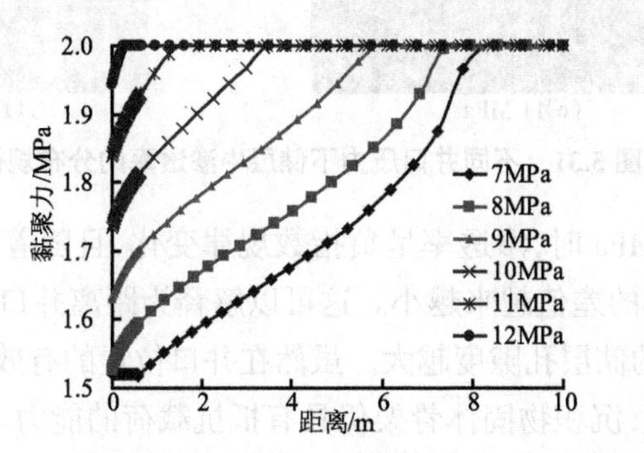

图 5.30　不同井口压力下储层中黏聚力的对比分析图

5. 渗透率分布规律

图 5.31 和图 5.32 为不同井口压力下储层中渗透率的分布规律及对比分析图。可以看出，相对于原状储层，天然气水合物分解后，分解区渗透率显著增加，且井口压力越低，分解区同一位置的渗透率越大。

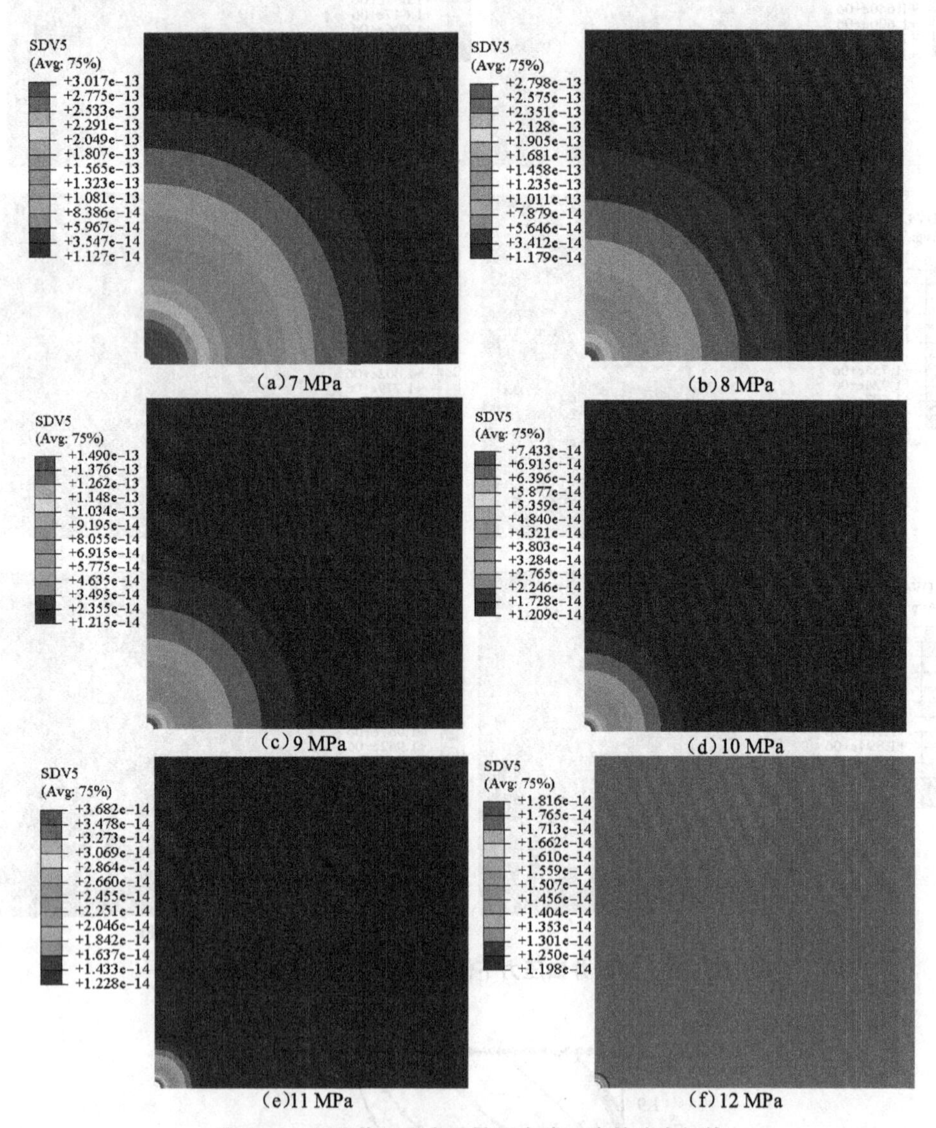

(a) 7 MPa　(b) 8 MPa　(c) 9 MPa　(d) 10 MPa　(e) 11 MPa　(f) 12 MPa

图 5.31　不同井口压力下储层中渗透率的分布规律

井口压力为 8~11 MPa 时，渗透率呈负指数规律变化，且随着与井口距离的增大，不同井口压力下渗透率之间的差值越来越小。这可以解释为距离井口越近，水合物分解效果越明显，水合物分解引起的储层孔隙度越大。虽然在井口位置的有效体积应力最大，但由于此时水合物并未完全分解，沉积物固体骨架仍具有抵抗载荷的能力。有效体积应力压缩固体骨架引起的渗流通道尺寸减小与水合物分解引起的储层孔隙度增大相比，后者占据主导地位，由此导致近井储层渗透率的增大。

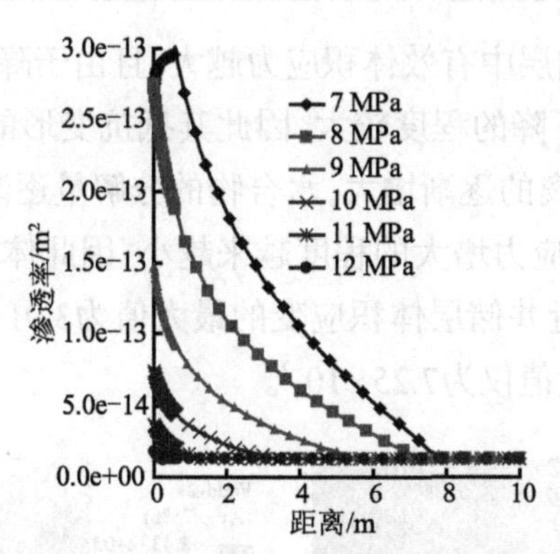

图 5.32　不同井口压力下储层中渗透率的对比分析图

井口压力为 7 MPa 时，在分解区范围内，渗透率先增大到最大值后，再呈负指数规律变化。这可以解释为在此压力条件下，近井储层中的水合物已经完全分解，水合物饱和度为 0，这虽然会使孔隙度的增大程度达到极致，但是由于水合物完全分解后，其在沉积物固体骨架颗粒之间所起的胶结作用已基本消失，直接导致该区域固体骨架抗压能力的减弱。在流固耦合作用下，有效体积应力最大的位置（井口位置），渗流通道的尺寸被压缩得最小，其渗透率也就达到最低（甚至低于井口压力为 8 MPa 时该位置的渗透率）。随着与井口距离的增大，流固耦合作用的效果逐渐减弱，因此渗透率也就呈现增大趋势。而在部分分解区内，水合物并未彻底分解，仍可发挥其胶结作用，离井口越远的位置，残余的水合物饱和度越大，固体骨架的抗压能力越强，有效体积应力对渗流通道压缩作用的效果越弱。但由于水合物的存在堵塞了渗流通道，因此其渗透率也就越来越低。

井口压力为 12 MPa 时，从井口向远场方向，储层中的渗透率呈现先减小再增大的分布规律。这是因为在分解区范围内，越靠近井口的区域，水合物的分解效果越好，因此渗透率的增加程度也就越大。由于此时水合物只是部分分解，分解区仍具有一定的抵抗载荷的能力，因此有效体积应力压缩固体骨架引起的渗流通道尺寸减小与水合物分解引起的孔隙度增大相比，后者起主导作用。但在分解区与未分解区的边界处，水合物的分解效果最差，再加上流固耦合作用引起的有效体积应力增大，导致该位置的渗透率达到最低（甚至小于初始渗透率）。在未分解区，渗透率则保持为初始值。

通过以上分析得出，在天然气水合物的降压分解过程中，与以往单纯考虑水合物饱和度相比，同时考虑有效体积应力和水合物饱和度的影响，在不同井口压力下渗透率的变化规律随井口压力呈非单调规律变化。在制订开采方案时，应特别重视这一点，这对于天然气水合物的安全、高效开采至关重要。

6. 体积应变分布规律

图 5.33 和图 5.34 为不同井口压力下储层中体积应变的分布规律及对比分析图。可以看出，与有效体积应力的分布规律相似，井口压力越低，体积应变的绝对值越大，且为压缩变形。在每种压力条件下，井口附近区域体积应变的变化率最大，随着与井口位置距离的增加，体积应变的变化率则逐渐减小，且不同井口压力之间体积应变的差值越来越小。这是因

为井口压力越低,降压后的储层中有效体积应力越大,且由于降压后井口附近区域水合物分解得最多,该区域弹性模量下降的程度较大,因此其抵抗变形的能力就较差,相应的体积应变也就最大。随着与井口距离的逐渐增大,水合物的分解量逐渐减少,含水合物沉积物弹性模量降低的程度和有效体积应力增大的程度越来越小,因此体积应变的变化率也就逐渐减小。井口压力为 7 MPa 时,近井储层体积应变的最大值为3.01×10^{-1};而井口压力为 12 MPa 时,近井储层体积应变的最大值仅为7.25×10^{-2}。

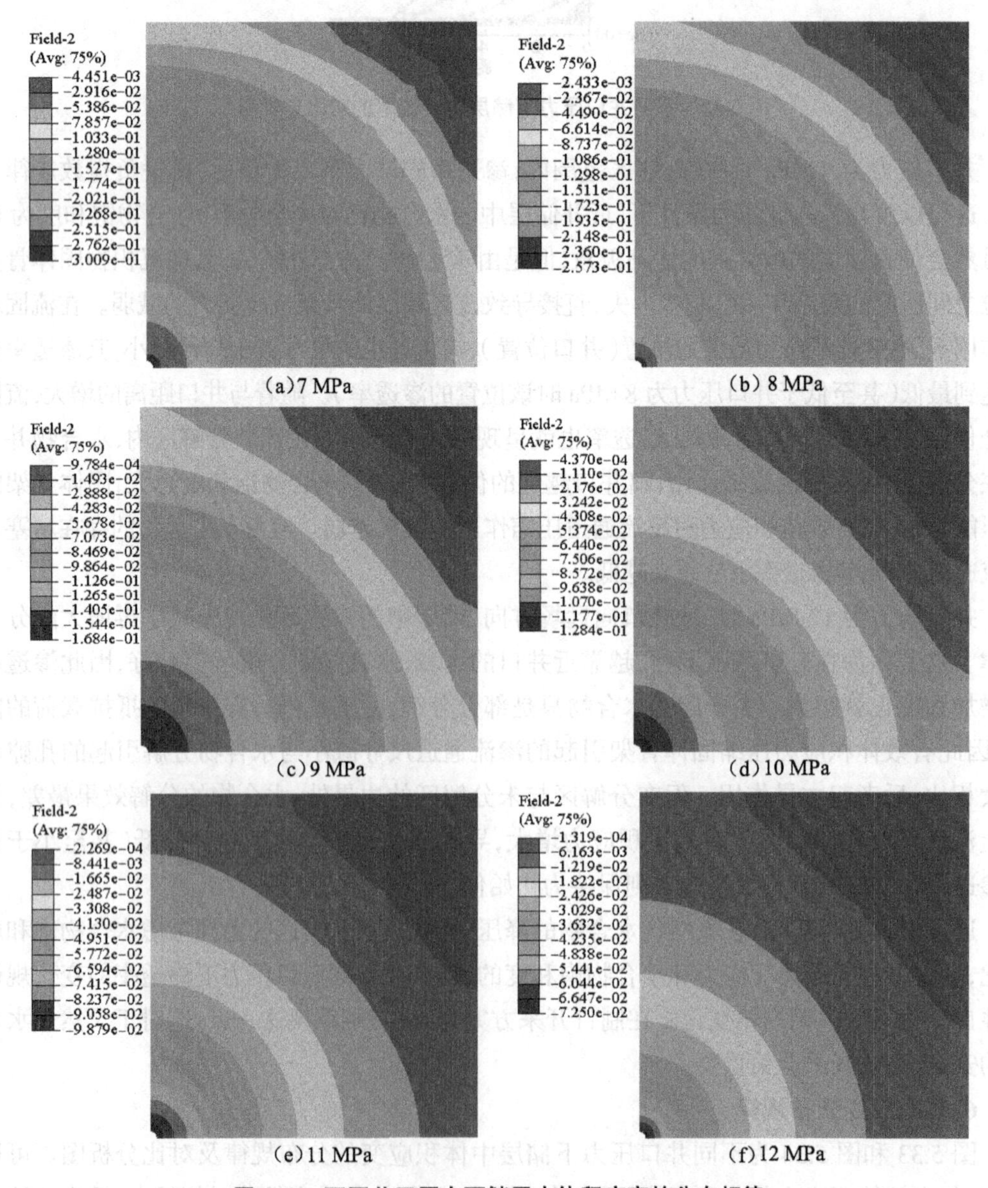

(a) 7 MPa　(b) 8 MPa　(c) 9 MPa　(d) 10 MPa　(e) 11 MPa　(f) 12 MPa

图 5.33　不同井口压力下储层中体积应变的分布规律

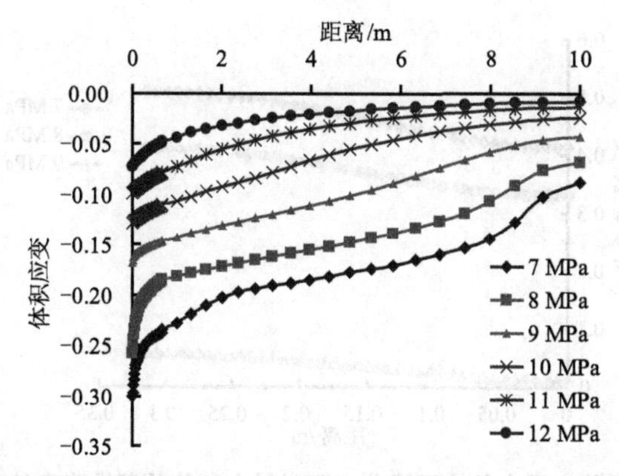

图 5.34 不同井口压力下储层中体积应变的对比分析图

7. 等效塑性应变分布规律

图 5.35 和图 5.36 为不同井口压力下储层中等效塑性应变的分布规律及对比分析图。可以看出,井口压力越低,水合物近井储层中的等效塑性应变越大,即发生塑性破坏的程度越严重,塑性区的范围也越大。井口压力为 7 MPa 时,近井储层中等效塑性应变的最大值为 0.509;而井口压力为 9 MPa 时,近井储层中的等效塑性应变的最大值则为5.87×10^{-2};井口压力超过 10 MPa 时,没有发生塑性破坏。这是因为井口压力越低,近井储层中的水合物的分解效果越明显,弹性模量和黏聚力下降的程度越大,因此近井储层中抵抗变形和破坏的能力越差,等效塑性应变值也就越大。虽然井口压力越低,近井储层中的有效应力越大,会增加该区域的抗剪强度,但同时也会增加剪应力,从而削弱有效应力增大对抗剪强度的强化作用。受水平地应力非均匀性和流固耦合作用的共同影响,等效塑性应变的最大值始终在最大水平地应力方向。

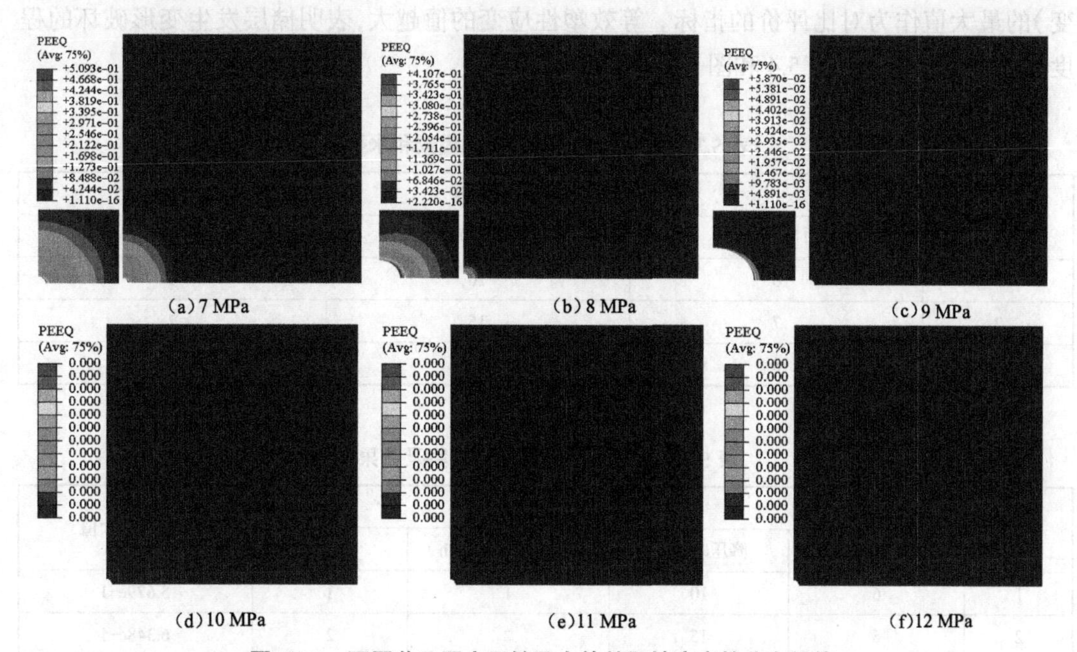

图 5.35 不同井口压力下储层中等效塑性应变的分布规律

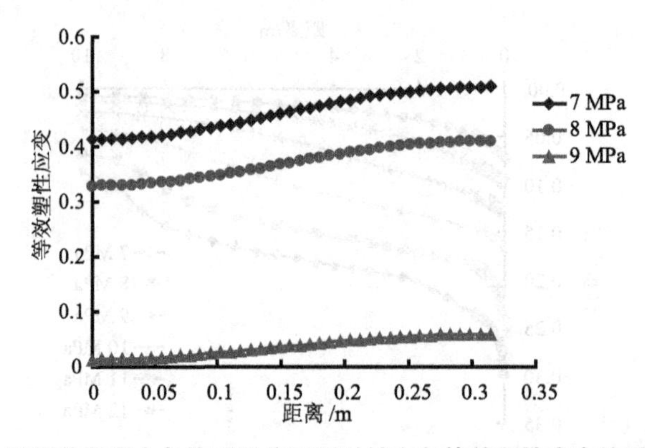

图 5.36 不同井口压力条件下沿井口顺时针方向等效塑性应变的对比分析图

5.3.2 天然气水合物降压开采储层变形破坏的正交数值模拟分析

在使用降压法开采天然气水合物时，井口压力、降压时间以及降压速度是影响产气效率的 3 个重要因素 [180]。本节采用正交试验法，设计正交数值模拟试验，研究井口压力、降压时间和降压速度 3 个参数对近井储层变形破坏的影响程度。所谓正交试验法，就是根据正交表科学合理地设计部分有代表性的典型试验方案，以此来全面反映选取的因素和水平对确定的指标的影响程度的试验方法 [181]。

本节选取井口压力、降压时间和降压速度作为正交试验的 3 个因素，每个因素选取 3 个水平，因素和水平的选取见表 5.3。本次试验使用 $L_9(3^4)$ 正交表，具体试验方案设计见表 5.4。根据表 5.3 建立 9 组数值计算模型，每个模型所需要的正交数值模拟试验参数按照对应的试验号确定，其他条件完全一致。选取 ABAQUS 软件后处理中的 PEEQ（等效塑性应变）的最大值作为对比评价的指标。等效塑性应变的值越大，表明储层发生变形破坏的程度越大。试验结果如表 5.4 和图 5.37 所示。

表 5.3 正交数值模拟试验的因素和水平

水平	因素		
	井口压力 /MPa	降压时间 /h	降压速度 /（MPa/h）
1	6	10	1
2	7	15	2
3	8	20	3

表 5.4 正交数值模拟试验方案及结果

试验序号	因素				PEEQ 最大值
	井口压力 /MPa	降压时间 /h	降压速度 /（MPa/h）	水平	
1	6	10	1	1	5.679e−1
2	6	15	2	2	6.348e−1

续表

试验序号	因素				PEEQ 最大值
	井口压力 /MPa	降压时间 /h	降压速度 /(MPa/h)	水平	
3	6	20	3	3	6.306e–1
4	7	10	2	3	5.287e–1
5	7	15	3	1	5.453e–1
6	7	20	1	2	5.615e–1
7	8	10	3	2	4.221e–1
8	8	15	1	3	4.493e–1
9	8	20	2	1	4.531e–1

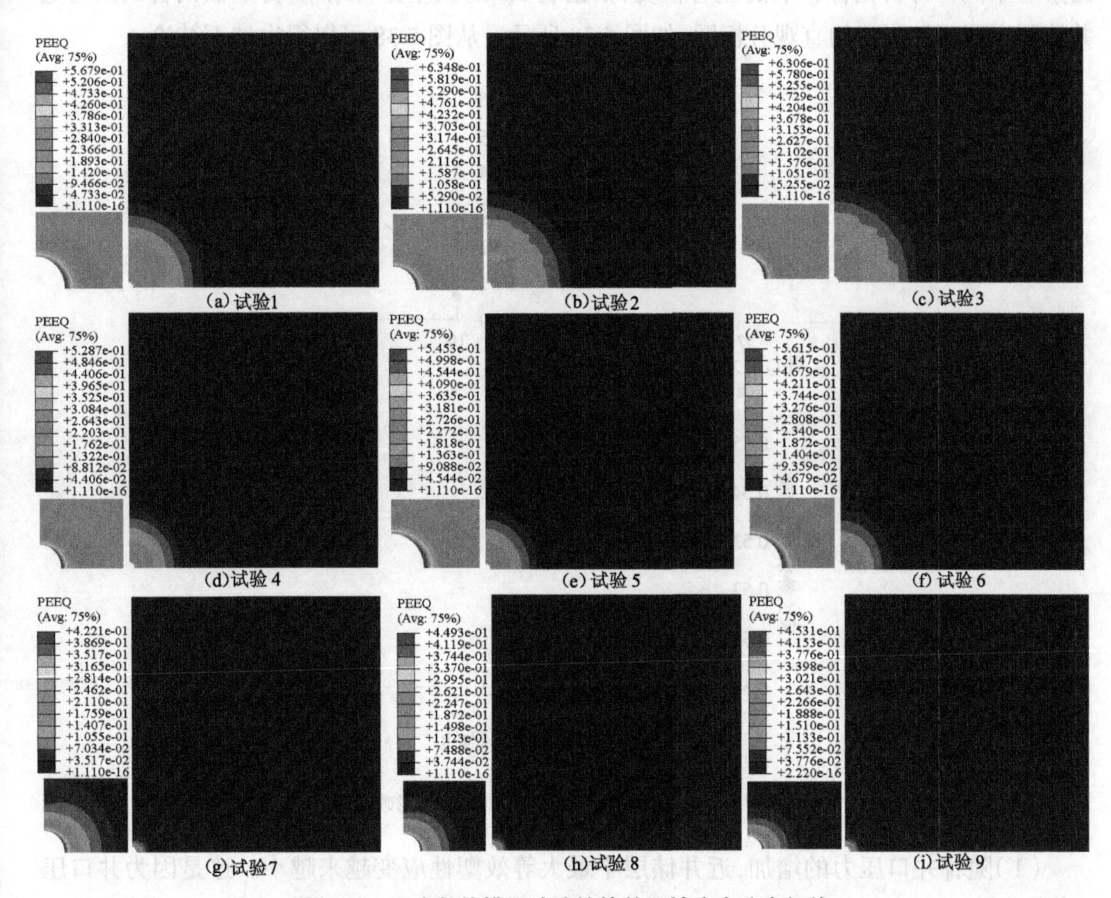

图 5.37　正交数值模拟试验的等效塑性应变分布规律

1. 正交数值模拟试验结果的极差分析

采用直观分析法对正交数值模拟试验的各个因素进行均值计算和极差分析(表 5.5)，从而确定每个因素对近井储层变形破坏影响的敏感程度。可以看出，极差由大到小依次为井口压力、降压时间、降压速度，说明井口压力对近井储层变形破坏的影响最大，降压时间的影响次之，而降压速度的影响最小。

表 5.5 最大等效塑性应变的直观分析

因素	井口压力 /MPa	降压时间 /h	降压速度 /(MPa /h)
均值 1	6.111e-1	5.062e-1	5.262e-1
均值 2	5.452e-1	5.431e-1	5.389e-1
均值 3	4.415e-1	5.484e-1	5.327e-1
极差	1.696e-1	4.240e-2	1.270e-2
因子主次	1	2	3

为了进一步说明各因素对近井储层变形破坏影响的变化趋势,更加形象地反映出不同因素对于同一评价指标影响的显著程度,根据表 5.5 的极差分析结果,分别做出各因素对近井储层变形破坏影响的直观分析图,如图 5.38 所示。从图 5.38 可以得出如下结论。

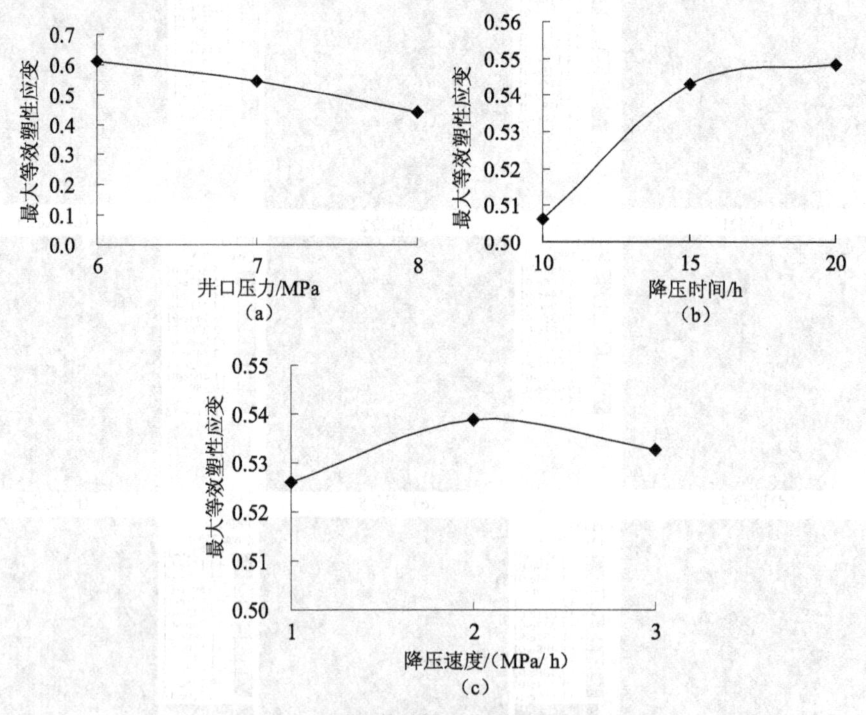

图 5.38 各因素对储层变形破坏的影响

(1)随着井口压力的增加,近井储层中最大等效塑性应变越来越小。这是因为井口压力越低,即井口压力与储层中初始压力之间的差值越大,水合物分解得就越多,近井储层力学性质下降的程度也就越大,其抵抗变形破坏的能力就越差,发生塑性变形破坏的程度也就越严重。虽然井口压力越低,会使近井储层中有效应力增大,从而有利于增加其抗剪强度,但这种影响并未超过因水合物分解引起的储层力学性质劣化造成的负面作用,这与图 5.36 得到的规律是基本一致的,从而证明了本研究方法的可行性。

(2)近井储层中最大等效塑性应变随降压时间的增加而增大,且在降压的初始阶段,最大等效塑性应变的增加幅度更大,但随着降压时间的继续增加,最大等效塑性应变的变化率逐渐变小。这是因为在降压开采初期,水合物的分解速度较快,储层力学性质下降的速度也就较快。随着降压分解的继续,储层中有效应力逐渐增大,抗剪强度增加。与此同时,在有效应力增大的过程中,会引起储层孔隙流体渗流通道尺寸的减小,从而影响孔隙压力的传递,进而影响水合物的分解效率。因此,在这两个因素的共同影响下,近井储层中最大等效塑性应变的增大幅度变小。但因为水合物仍在分解,储层力学性质仍在下降,因此最大等效塑性应变也仍在增大,只不过增大的幅度变小了。

(3)近井储层中最大等效塑性应变随降压速度的变化不太明显,即降压速度对近井储层变形破坏的影响不大。这是因为本研究选取的降压速度都较小,达到目标压力的时间较长(至少在 2 h 以上),因此近井储层力学性质下降的速率和有效应力变化的速率基本处于一种相对稳定的状态,等效塑性应变的变化率也就基本维持在一种稳定状态。

2. 数值模拟试验结果的方差分析

为了区分和比较试验因素、水平变化及误差波动对试验结果的影响以及对极差分析的结果进行补充,对数值模拟试验的结果进行方差分析,结果见表 5.6。

表 5.6　最大等效塑性应变的方差分析

误差来源	偏差平方和	自由度	均方	*F* 值	显著性
井口压力	0.044	2	0.022	85.814	**
降压时间	0.003	2	0.002	6.197	*
降压速度	3.57e-5	2	1.79e-5	0.468	
误差	0.001	2	0.001		

注:* 表示显著性小于 0.05;** 表示显著性小于 0.01。

从表 5.6 可以看出,三个因素对近井储层变形破坏影响的显著性不同,其中井口压力为显著影响因素,降压时间为较显著影响因素,降压速度为不显著影响因素。这与极差分析所得结论是一致的。

在上面的正交数值模拟试验分析中,选取的降压速度分别为 1 MPa/h、2 MPa/h 和 3 MPa/h,得到的结论是较小的降压速度对近井储层的变形破坏基本没有影响。为了能够充分说明降压速度的影响,在保持原有因素不变的条件下,将降压速度的水平分别调整为 6 MPa/h、8 MPa/h 和 10 MPa/h,再次进行三因素、三水平的正交数值模拟分析,结果如表 5.7、表 5.8 和图 5.39 所示。

表 5.7　正交数值模拟试验方案及结果

试验序号	因素				PEEQ
	井口压力 /MPa	降压时间 /h	降压速度 /(MPa/h)	水平	
1	6	10	6	1	6.445e-1
2	6	15	8	2	6.611e-1
3	6	20	10	3	6.008e-1

续表

试验序号	因素				PEEQ
	井口压力 /MPa	降压时间 /h	降压速度 /（MPa/h）	水平	
4	7	10	8	3	5.439e-1
5	7	15	10	1	5.060e-1
6	7	20	6	2	5.548e-1
7	8	10	10	2	3.973e-1
8	8	15	6	3	4.390e-1
9	8	20	8	1	4.418e-1
均值 1	6.355e-1	5.286e-1	5.461e-1		
均值 2	5.349e-1	5.354e-1	5.489e-1		
均值 3	4.260e-1	5.325e-1	5.014e-1		
极差	2.095e-1	0.068e-1	0.475e-1		
因子主次	1	3	2		

表 5.8　最大等效塑性应变方差分析

误差来源	偏差平方和	自由度	均方	*F* 值	显著性
井口压力	0.066	2	0.033	428.995	**
降压时间	6.986e-5	2	3.493e-5	0.455	
降压速度	0.004	2	0.002	27.838	*
误差	0.001	2	7.672e-5		

注：* 和 ** 含义同表 5.6。

从表 5.7 和表 5.8 可以看出，增大降压速度后，三个因素对近井储层变形破坏影响的显著程度为井口压力 > 降压速度 > 降压时间。

通过对两次正交数值模拟试验结果的对比分析（表 5.6 和表 5.8），可以得出在天然气水合物降压分解过程中，除了井口压力这一重要因素外，合理地控制降压速度也是很有必要的。虽然从产气效率的角度来说，增大降压速度可以有效地提高开采效率 [182]，但是从安全的角度考虑，降压速度过大则更容易引发储层的失稳破坏。当选取的降压速度较小，井口达到目标压力的时间较长（至少在 2 h 以上）时，降压速度对近井储层变形破坏的影响也变小。这与前人研究得到的降压速度对近井储层变形破坏影响的结论是基本一致的 [94]，再次证明了本研究所使用的程序具有较好的适用性。因此，建议应结合储层的地质条件对降压速度进行优化分析，以实现天然气水合物的安全、高效开采。

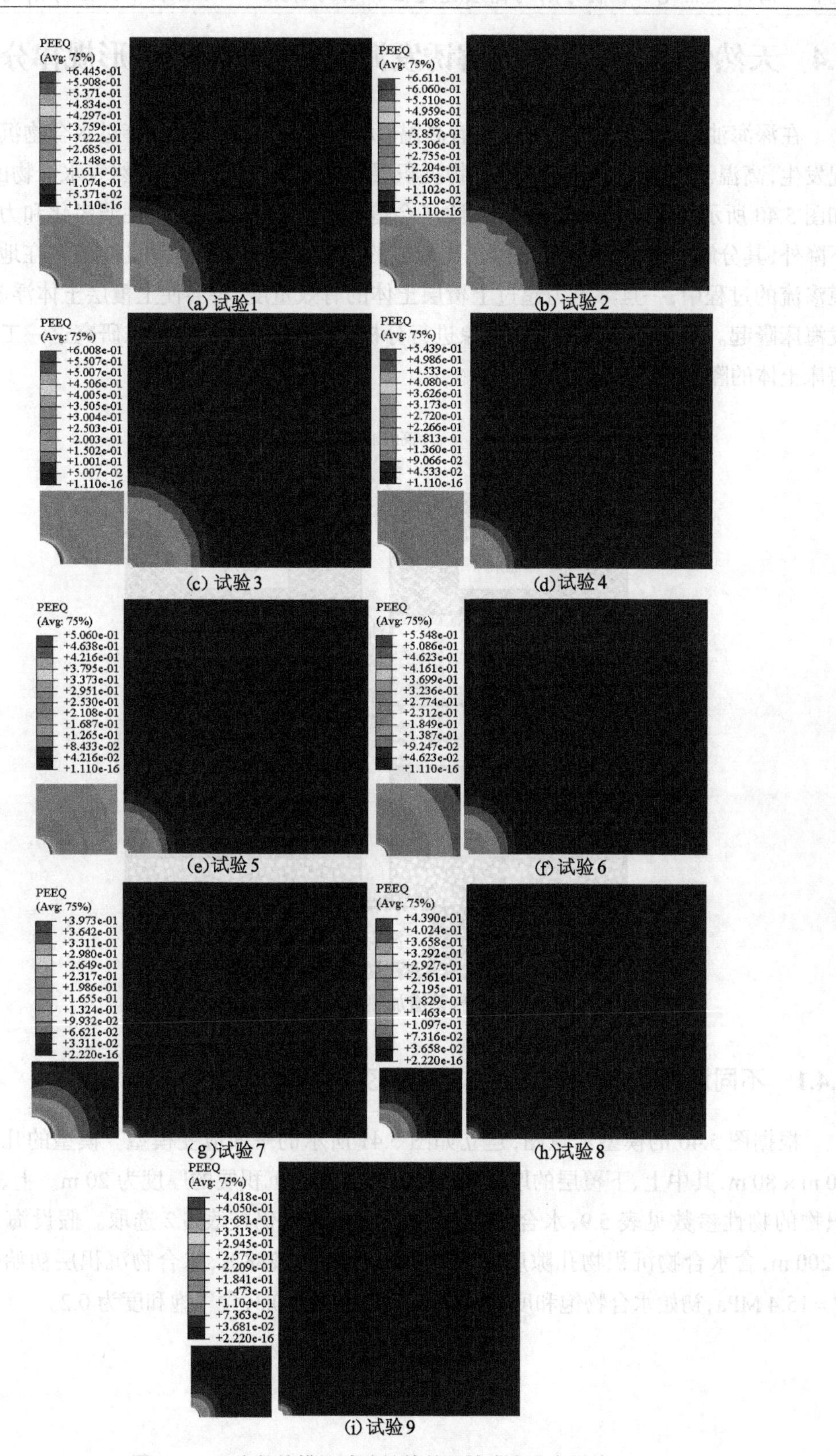

图 5.39　正交数值模拟试验的等效塑性应变分布规律

5.4 天然气水合物注热分解诱发海床土体隆起的变形规律分析

在深海油气开采的过程中，如果有高温（大于 100 ℃）油气管道穿过水合物沉积层的情况发生，高温油气管道必然会向水合物沉积层释放热量，从而引起天然气水合物的热分解，如图 5.40 所示。水合物相变分解后，除了会造成水合物沉积层力学性质劣化和力学承载力下降外，其分解产生的水、气在分解区内形成的超静孔隙压力在推动孔隙流体在地层孔隙通道渗流的过程中，一旦渗流力超过上覆层土体的有效重度，将会使上覆层土体浮起，从而引发海床隆起。本节主要针对这一现象进行分析，采用数值模拟方法来研究这一工程背景下海床土体的隆起变形规律。

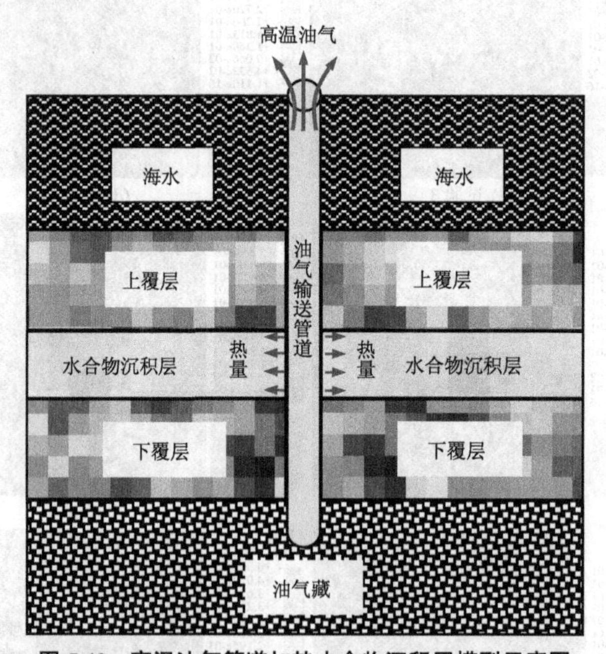

图 5.40 高温油气管道加热水合物沉积层模型示意图

5.4.1 不同温度条件下海床土体隆起的变形规律分析

根据图 5.40 的模型示意图，建立如图 5.41 所示的平面应变模型。模型的几何尺寸为 40 m × 80 m，其中上、下覆层的厚度均为 30 m，水合物沉积层的厚度为 20 m。上、下覆层沉积物的物性参数见表 5.9，水合物沉积层的物性参数仍按表 5.2 选取。假设海水深度为 1 200 m，含水合物沉积物孔隙度为 0.4，初始温度 $T_i = 288$ K，水合物沉积层初始孔隙压力 $P_i = 15.4$ MPa，初始水合物饱和度为 0.5，含水饱和度为 0.3，含气饱和度为 0.2。

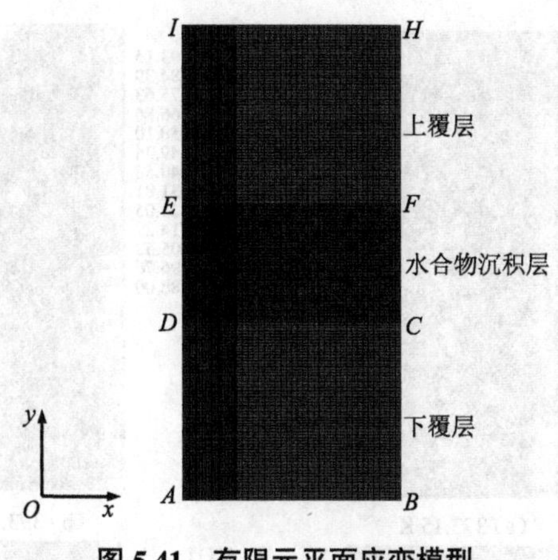

图 5.41　有限元平面应变模型

表 5.9　上、下覆层沉积物的物性参数

参数名称	数值
弹性模量	140 MPa
黏聚力	1 MPa
摩擦角	30°
渗透率	5.0×10^{-13} m^2
孔隙度	0.4
岩石密度	2 600 kg/m^3

1. 模型的边界条件

（1）温度场边界条件：

$$T_{AI}=T_{\text{heat}},\quad T_{BH}=T_{\text{i}}$$

式中　T_{heat}——注热温度。

（2）渗流场边界条件：

$$Q_{DE}=Q_{\text{q}},\quad P_{IH}=P_{\text{top}}$$

式中　Q_{q}——流量；

P_{top}——模型顶部孔隙压力。

（3）变形场边界条件：

$$U_{AI}=U_{BH}=U_{AB}=U_x=0,\quad U_{AB}=U_y=0,\quad \sigma_{IH}=P_{\text{p}}$$

式中　P_{p}——模型顶部静水压力。

2. 数值模拟结果分析

1）海床土体温度分布规律及水合物饱和度分布规律

不同温度条件下海床土体温度分布规律及水合物饱和度分布规律如图 5.42 和图 5.43 所示。

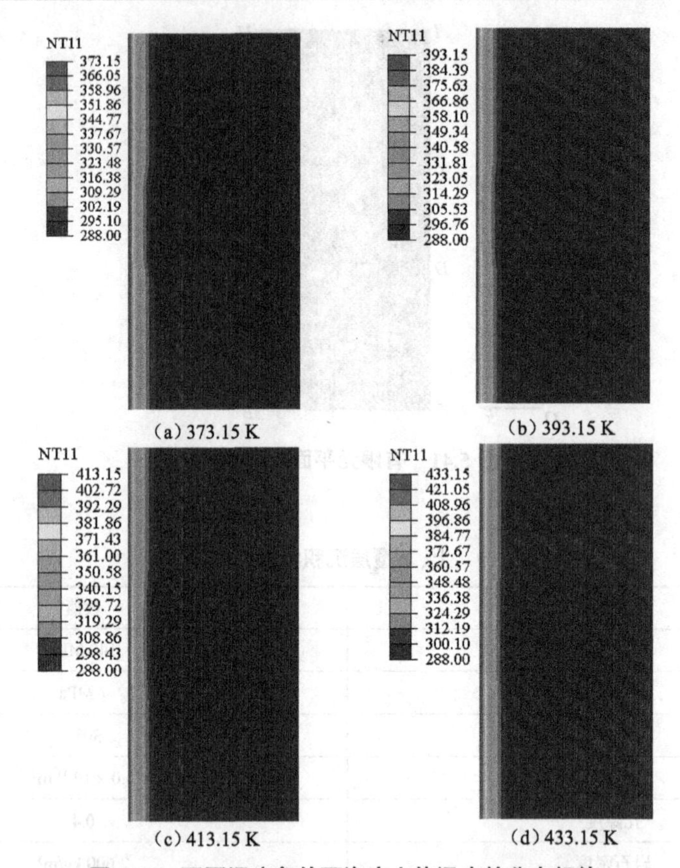

图 5.42　不同温度条件下海床土体温度的分布规律

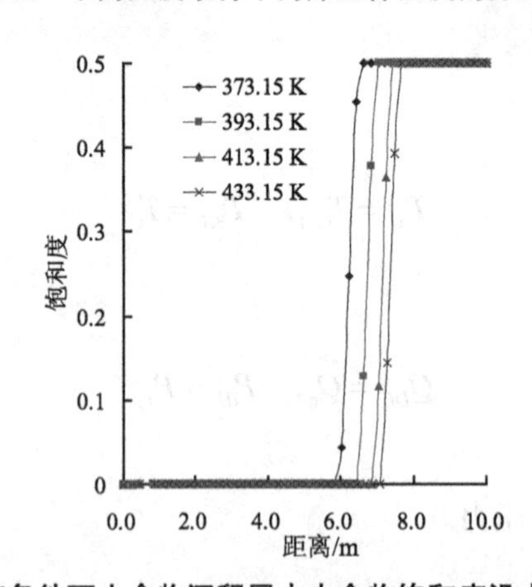

图 5.43　不同温度条件下水合物沉积层中水合物饱和度沿水平方向的分布规律

2)孔隙压力分布规律

不同温度条件下海床土体中孔隙压力的分布规律如图 5.44 和图 5.45 所示。可以看出，孔隙压力随着温度的升高而增大。这是因为温度越高，水合物的分解效果越明显，土体中孔隙中水合物分解产生的水、气的量越高，海床土体中形成的超静孔隙压力的值也就越大。由于海床上覆层土体顶部为孔隙压力消散边界，因此沿着海床的深度方向，孔隙压力逐渐增大，且不同温度条件下海床土体的孔隙压力差值越来越大。而在水合物沉积层中，沿着热量的传递方向，以热分解前缘为边界，孔隙压力在水合物沉积层的水合物分解区和未分解区内皆呈指数递减规律变化，但衰减的程度不同，如图 5.46 所示。这可以解释为水合物相变分解后，分解区渗透率和未分解区渗透率是明显不同的，因此孔隙压力的消散程度也是不同的。

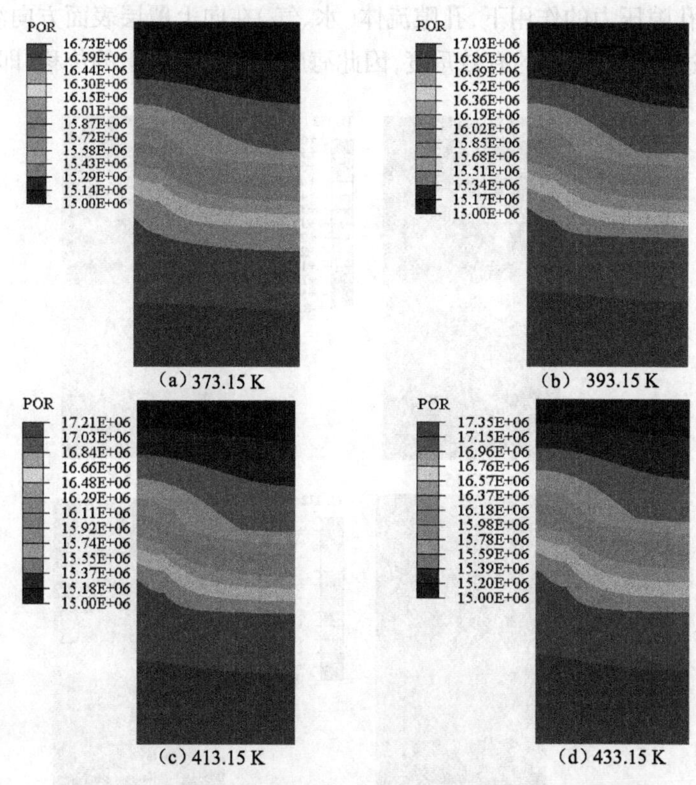

图 5.44　不同温度条件下海床土体中孔隙压力的分布规律

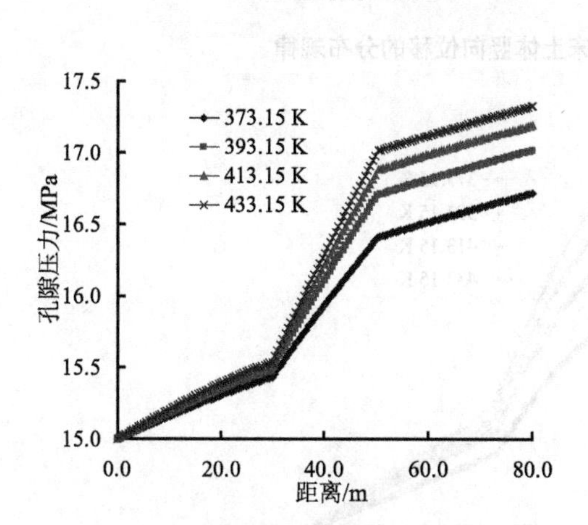

图 5.45　不同温度条件下孔隙压力沿海床深度方向的分布规律

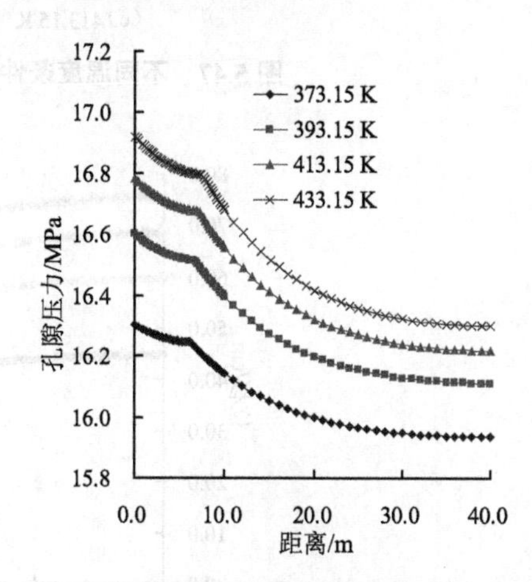

图 5.46　不同温度条件下水合物沉积层中孔隙压力沿水平方向的分布规律

3）竖向位移分布规律

不同温度条件下海床土体竖向位移的分布规律如图 5.47 和图 5.48 所示。可以看出，海床土体竖直方向的位移向上，即海床发生隆起，且温度越高，竖向位移越大。这是因为温度越高，水合物沉积层中水合物分解得越多，水合物热分解后产生的水、气形成的超静孔隙压力越大。在超静孔隙压力的作用下，孔隙流体（水、气）在向上覆层表面方向渗流的过程中，向上的渗流力超过上覆层土体的有效重度，因此海床土体产生向上的位移，即发生隆起。

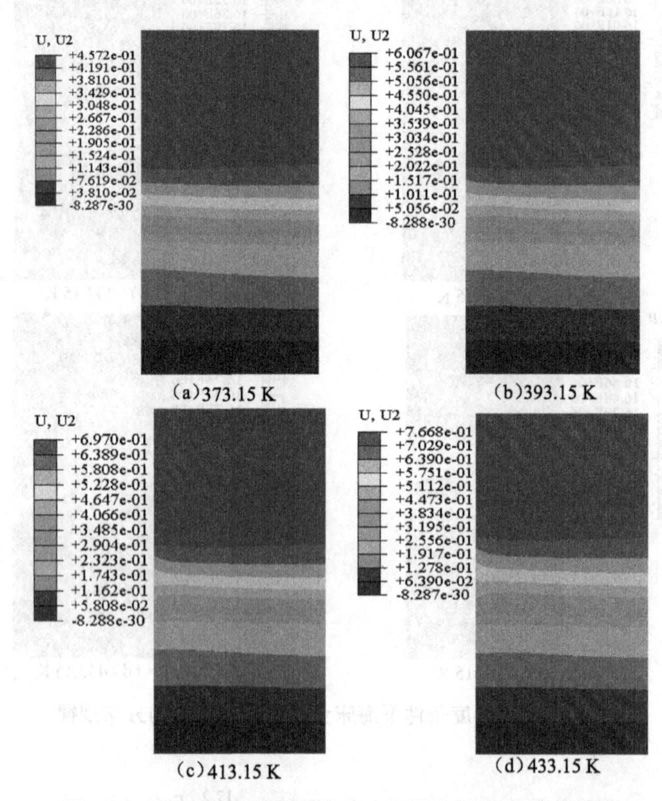

图 5.47　不同温度条件下海床土体竖向位移的分布规律

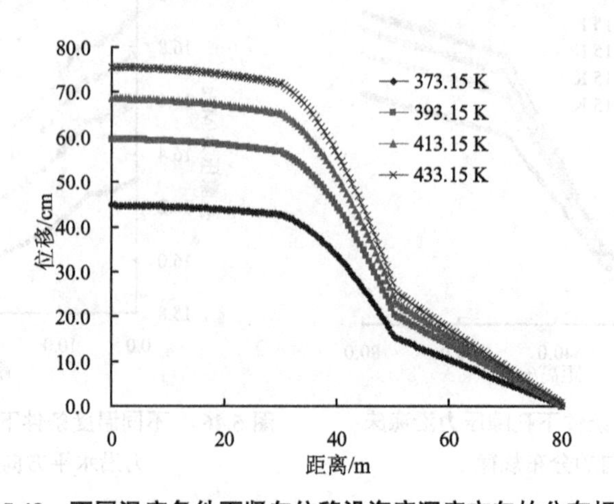

图 5.48　不同温度条件下竖向位移沿海床深度方向的分布规律

5.4.2　天然气水合物注热分解诱发海床土体隆起的正交数值模拟分析

选取管道温度、热分解时间和上覆层渗透率作为正交试验的 3 个因素，每个因素选取 3 个水平，因素和水平的选取见表 5.10。本次试验使用 $L_9(3^4)$ 正交表，具体试验方案设计见表 5.11。根据表 5.10 建立 9 组数值计算模型，每个模型所需要的正交数值模拟试验参数按照对应的试验号确定，其他条件完全一致。选取海床土体竖向位移的最大值作为对比评价的指标。竖向位移最大值越大，表明海床土体的隆起程度越大。试验结果如表 5.11 和图 5.49 所示。

表 5.10　正交数值模拟试验因素和水平

水平	因素		
	管道温度 /K	热分解时间 /d	上覆层渗透率 /m²
1	373.15	30	1.0e−13
2	393.15	40	3.0e−13
3	413.15	50	5.0e−13

表 5.11　正交数值模拟试验方案及结果

试验序号	因素				竖向位移最大值 /cm
	管道温度 /K	热分解时间 /d	上覆层渗透率 /m²	水平	
1	373.15	30	1.0e−13	1	7.566
2	373.15	40	3.0e−13	2	5.504
3	373.15	50	5.0e−13	3	4.624
4	393.15	30	3.0e−13	3	5.675
5	393.15	40	5.0e−13	1	4.668
6	393.15	50	1.0e−13	2	10.65
7	413.15	30	5.0e−13	2	5.157
8	413.15	40	1.0e−13	3	11.08
9	413.15	50	3.0e−13	1	6.602

1. 正交数值模拟试验结果的极差分析

采用直观分析法对正交数值模拟试验的各个因素进行均值计算和极差分析，见表 5.12。可以看出，各因素的极差从小到大依次为热分解时间、管道温度、上覆层渗透率，说明上覆层渗透率对海床土体隆起的影响最大，管道温度的影响次之，而热分解时间的影响最小。根据表 5.12 的极差分析结果，分别做出各因素对上覆层土体隆起影响的直观分析图，如图 5.50 所示。

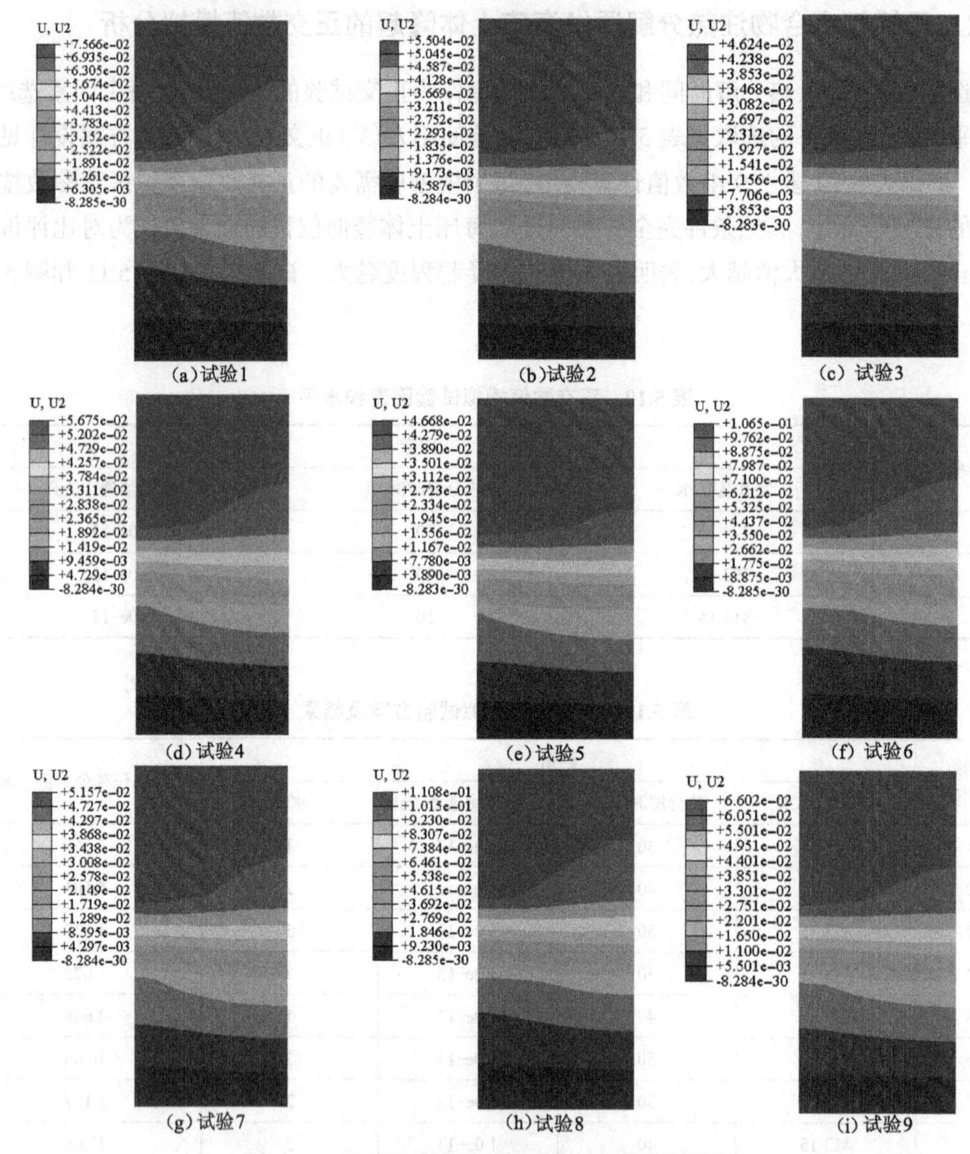

(a) 试验1　(b) 试验2　(c) 试验3

(d) 试验4　(e) 试验5　(f) 试验6

(g) 试验7　(h) 试验8　(i) 试验9

图 5.49　正交数值模拟试验的竖向位移分布规律

表 5.12　海床土体隆起最大位移的直观分析

因素	管道温度 /K	热分解时间 /h	上覆层渗透率 /m²
均值 1	5.898	6.133	9.765
均值 2	6.998	7.084	5.927
均值 3	7.613	7.292	4.816
极差	1.715	1.159	4.949
因子主次	2	3	1

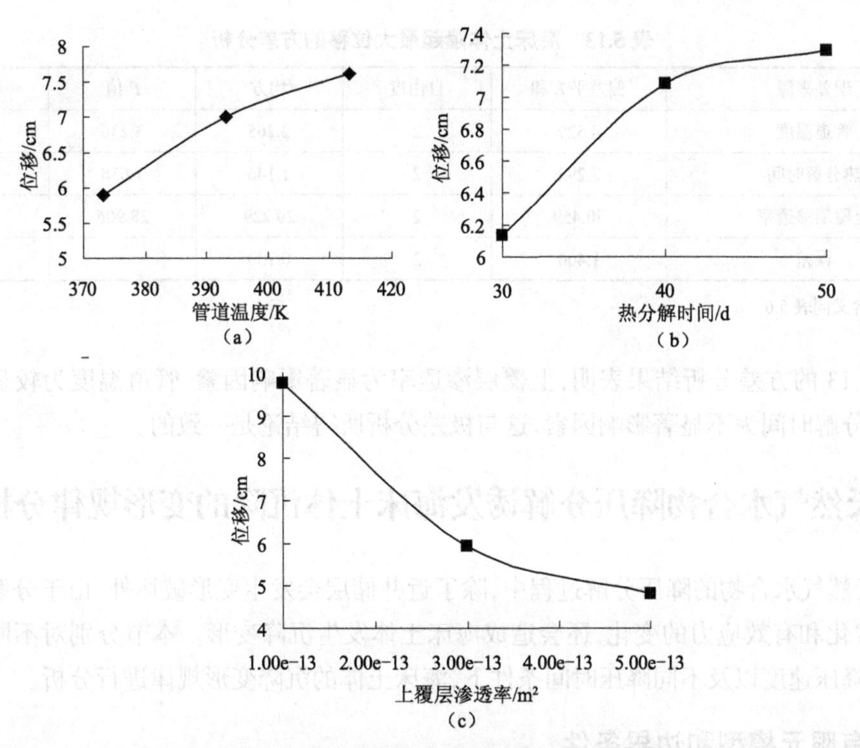

图 5.50　各因素对海床土体竖向位移的影响规律

从图 5.50 可以得出以下结论。

(1)海床土体的竖向位移随温度的升高而增大。这是因为管道温度越高,水合物热分解作用越明显,水合物分解产生的水、气在地层孔隙中形成的超静孔隙压力越大,所以土体隆起的程度也就越大。

(2)随着热分解时间的延长,海床土体隆起的位移越来越大,但增大的程度逐渐减小。这可以解释为在热分解的前期,水合物的分解速度较快,水合物分解产生的水、气形成的较大超静孔隙压力在来不及消散或者只有部分消散时,会提高地层孔隙中水合物分解的相平衡条件,从而降低后期水合物的分解速率,因此超静孔隙压力的增大幅度也就变小了。但因为水合物始终还在分解,所以地层孔隙中的超静孔隙压力总体还在升高,所以海床土体隆起的位移仍在继续增加,只是增加的程度变小。

(3)随着上覆层渗透率的增加,海床土体隆起的位移越来越小。这是因为上覆层渗透率越大,水合物分解产生的水、气形成的超静孔隙压力的消散效果越好,上覆层土体受到的浮力就越小,所以土体发生隆起的程度也就越小。

2. 正交数值模拟试验结果的方差分析

为了区分和比较试验因素、水平变化及误差波动对试验结果的影响以及对极差分析的结果进行补充,对数值模拟的试验结果进行方差分析,结果见表 5.13。

表 5.13　海床土体隆起最大位移的方差分析

误差来源	偏差平方和	自由度	均方	F值	显著性
管道温度	4.529	2	2.265	3.236	*
热分解时间	2.292	2	1.146	1.638	
上覆层渗透率	40.459	2	20.229	28.906	**
误差	1.400	2	0.700		

注:* 和 ** 含义同表 5.6。

表 5.13 的方差分析结果表明,上覆层渗透率为显著影响因素,管道温度为较显著影响因素,热分解时间为不显著影响因素,这与极差分析所得结论是一致的。

5.5　天然气水合物降压分解诱发海床土体沉降的变形规律分析

在天然气水合物的降压分解过程中,除了近井储层会发生变形破坏外,由于分解区力学性质的劣化和有效应力的变化,还会造成海床土体发生沉降变形。本节分别对不同井口压力、不同降压速度以及不同降压时间条件下,海床土体的沉降变形规律进行分析。

5.5.1　有限元模型和边界条件

建立如图 5.51 所示的有限元平面应变模型,几何尺寸为 40 m × 80 m。其中,上、下覆层的厚度均为 30 m,水合物沉积层的厚度为 20 m,井口半径为 0.2 m,地质参数与 5.4.1 节相同,上、下覆层和水合物沉积层的参数根据表 5.9 和表 5.2 选取。

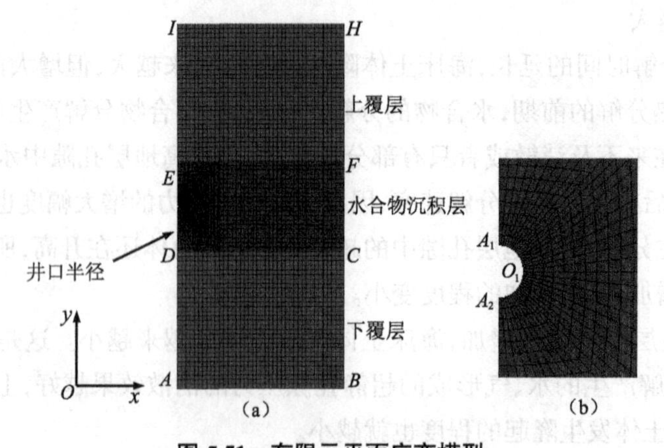

图 5.51　有限元平面应变模型

(a)模型整体有限元网格　(b)井口附近区域有限元网格

该模型的边界条件如下。

(1)渗流场边界条件:

$$P_{A_1O_1A_2} = P_q, \quad P_{IH} = P_{top}$$

式中　P_q——井口压力边界;

P_{top}——顶部孔隙压力。

（2）变形场边界：

$$U_{AI}=U_{BH}=U_{AB}=U_x=0,\quad U_{AB}=U_y=0,\quad \sigma_{IH}=P_p$$

式中　P_p——顶部静水压力。

5.5.2　不同井口压力条件下海床土体沉降的变形规律分析

鉴于井口压力是影响天然气水合物分解效率的一个重要因素，为了分析其对海床土体沉降变形规律的影响，特选取井口压力为 7 MPa、8 MPa 以及 9 MPa 三种情况进行对比分析，结果如图 5.52 和图 5.53 所示。

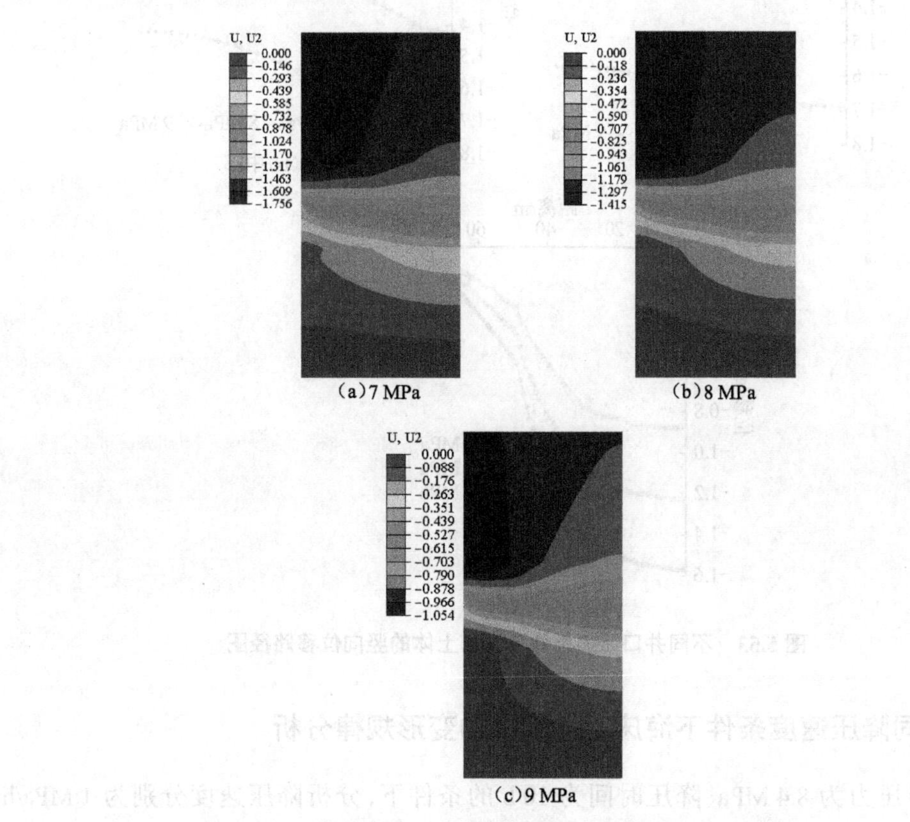

图 5.52　不同井口压力条件下海床土体竖向位移的分布规律

从图 5.52 可以看出，降压开采 20 h 后，不同井口压力条件下海床土体的竖向位移向下，即海床发生沉降，且井口压力越低，海床土体的沉降量越大。这可以解释为井口压力越低，水合物沉积层和上（下）覆层的孔隙压力下降得越多，土体颗粒间的有效应力就越大，土体骨架的压缩变形量就越大，因此发生沉降变形的程度也就越严重。另外，井口压力越低，水合物沉积层中水合物的分解效果越明显，储层的力学性质越差，水合物沉积层对上覆层的支撑能力也就越差，这也是引起海床土体发生沉降的另一个因素。

从图 5.53 可以看出，沿着水平方向，土体顶部的沉降较为均匀，不同位置的沉降量差别不大;在模型的中部即水合物沉积层中,受水合物分解引起的储层力学性质劣化和井口降压的双重影响,在井口附近区域土体的沉降量最大,随着与井口距离的增加,土体的沉降量逐渐变小;土体右侧远离井口区域,海床土体的沉降量沿着深度方向逐渐变小。

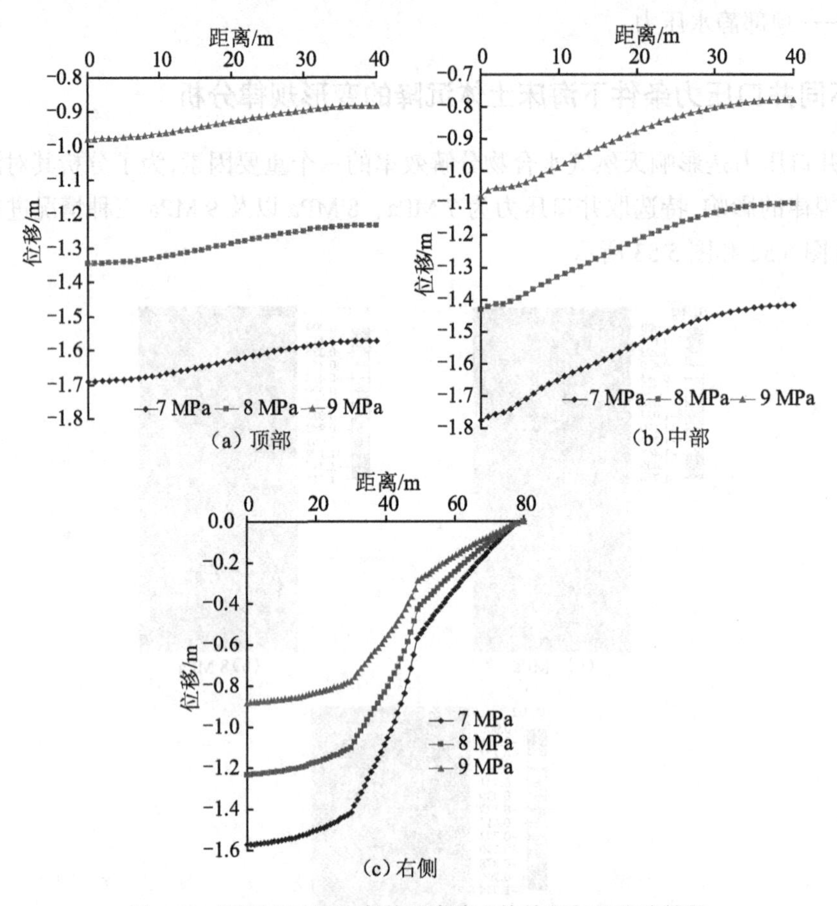

图 5.53 不同井口压力条件下海床土体的竖向位移路径图

5.5.3 不同降压速度条件下海床土体沉降的变形规律分析

在井口压力为 8.4 MPa、降压时间为 10 h 的条件下,分析降压速度分别为 1 MPa/h、2 MPa/h 以及 3 MPa/h 对海床土体沉降变形的影响规律,结果如图 5.54 和图 5.55 所示。

从图 5.54 和图 5.55 可以看出,海床土体的沉降量随降压速度的提高而增大,但增大的幅度在减小,且水合物沉积层井口附近区域的沉降量最大。这是因为在其他条件都一致时,降压速度越快,海床土体中的孔隙压力减小得越多,土体颗粒间的有效应力越大,土体骨架的压缩变形量也就越大,而且随着降压速度的增大,土体骨架的压实度逐渐趋于一种极限状态。而在水合物沉积层中,除了有效应力增大外,降压速度越快,水合物的分解效果越明显,储层力学性质的劣化程度也越严重。因此,水合物分解区沉积物骨架的压缩变形量大于上覆层土体的变形量。

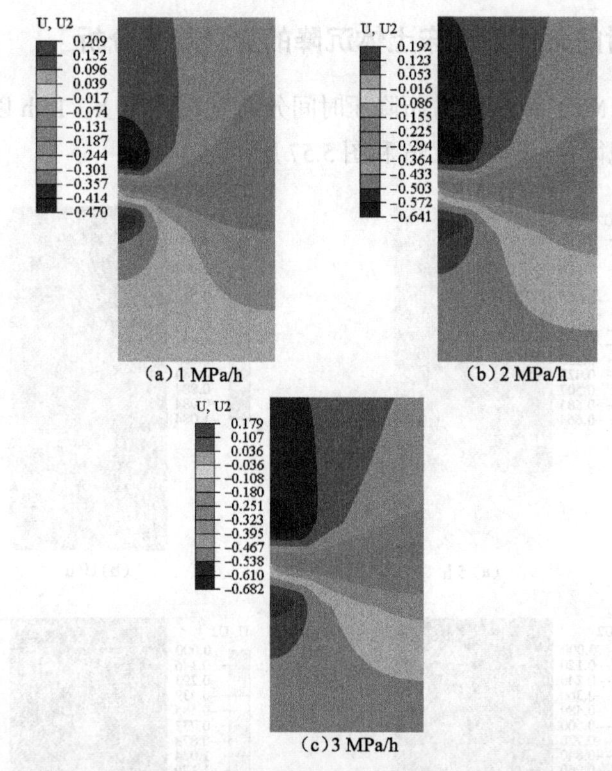

（a）1 MPa/h　（b）2 MPa/h　（c）3 MPa/h

图 5.54　不同降压速度条件下海床土体竖向位移的分布规律

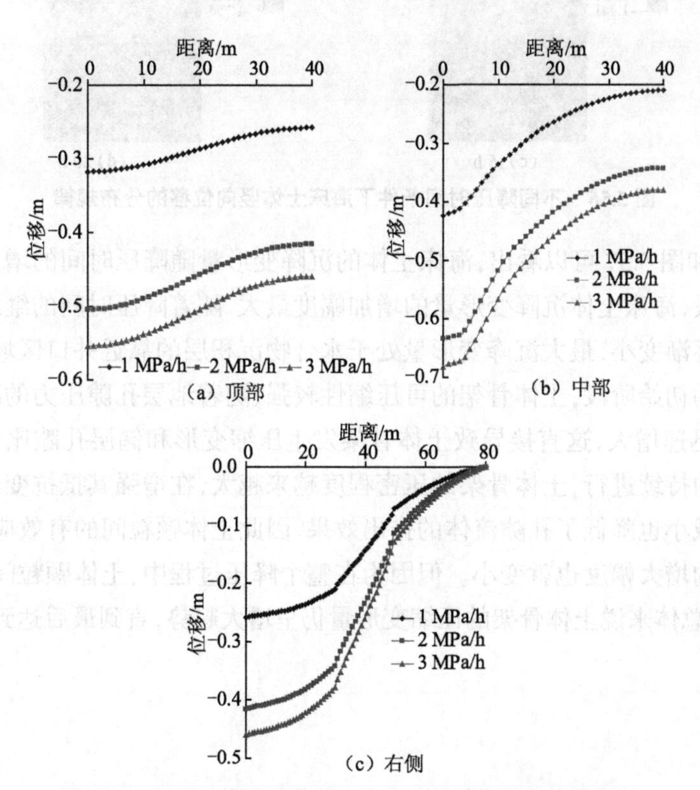

（a）顶部　（b）中部　（c）右侧

图 5.55　不同降压速度条件下海床土体的竖向位移路径图

5.5.4 不同降压时间条件下海床土体沉降的变形规律分析

在井口压力为 7 MPa 条件下，分析降压时间分别为 5 h、10 h、15 h 以及 20 h 对海床土体沉降变形的影响规律，结果如图 5.56 和图 5.57 所示。

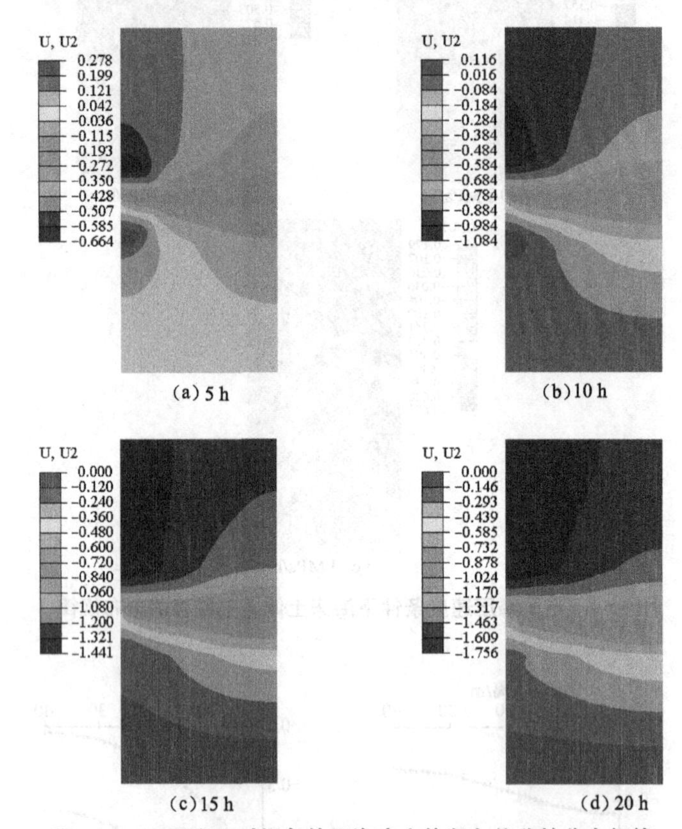

图 5.56 不同降压时间条件下海床土体竖向位移的分布规律

从图 5.56 和图 5.57 可以看出，海床土体的沉降变形量随降压时间的增加而增大，且在降压的初始阶段，海床土体沉降变形量的增加幅度最大，随着降压时间的继续增加，沉降变形量增加幅度逐渐变小，最大沉降变形量处于水合物沉积层的靠近井口区域。这是因为在井口压力下降的初始阶段，土体骨架的可压缩性较强，随着地层孔隙压力的减小，土体颗粒间的有效应力迅速增大，这直接导致土体骨架发生压缩变形和储层孔隙比减小，即发生沉降。随着降压的持续进行，土体骨架的压密程度越来越大，在增强其抵抗变形能力的同时，由于孔隙比的减小也降低了孔隙流体的排出效果，因此土体颗粒间的有效应力和土体骨架的压缩变形量的增大幅度也就变小。但因为在整个降压过程中，土体颗粒间的有效应力始终在增加，因此总体来说土体骨架的压缩变形量仍呈增大趋势，直到最后达到稳定状态。

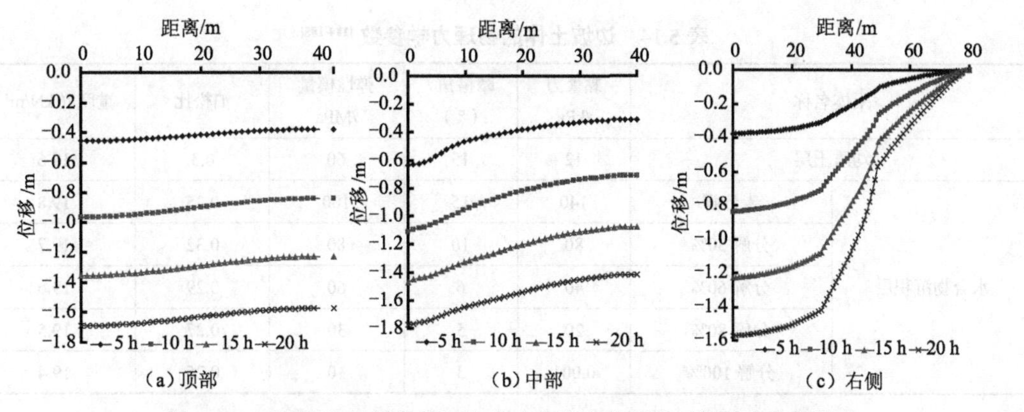

图 5.57　不同降压时间条件下海床土体竖向位移随时间的变化规律

5.6　天然气水合物分解诱发海底边坡失稳破坏的规律分析

当海底含水合物边坡稳定带的温度或压力条件发生改变时，会造成天然气水合物的大量分解，从而诱发海底滑坡。引起含天然气水合物稳定带温压条件发生变化的原因一般分为两种：一是天然气水合物开采或者深海油气开采导致的变化，即人为因素；二是海底发生地震、火山喷发，以及全球气候变暖导致的海水温度升高，海平面下降等 [183]，即自然因素。本节主要应用 ABAQUS 有限元软件的强度折减程序对水合物分解引起的海底边坡失稳破坏的规律进行分析，并通过设计正交数值模拟试验，研究边坡坡角、水合物沉积层的厚度和水合物沉积层的埋藏深度三个因素对海底含水合物边坡稳定性的影响程度。

5.6.1　几何模型、边界条件及材料参数

建立如图 5.58 所示的海底含水合物边坡的几何模型，其中深色区域代表水合物沉积层，H 为水合物沉积层的埋藏深度，h 为水合物沉积层的厚度，θ 为边坡的坡角。

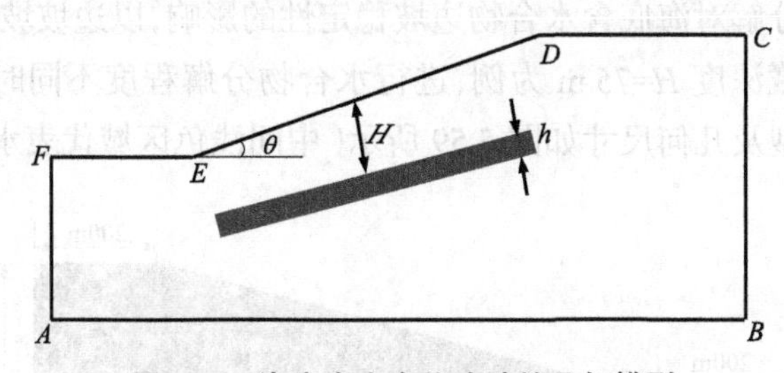

图 5.58　海底含水合物边坡的几何模型

模型的边界条件：AF、BC 边为 x 方向位移约束；AB 边为 y 方向位移约束；FE、ED 和 DC 为静水压力边界。边坡土体的物理力学参数见表 5.14。

表 5.14 边坡土体的物理力学参数 [184-185]

土体名称		黏聚力 /kPa	摩擦角 /(°)	弹性模量 /MPa	泊松比	重度 /(kN/m³)
均质土层		12	15	60	0.3	19.6
水合物沉积层	未分解	140	15	100	0.35	19.8
	分解 30%	80	10	80	0.32	19.7
	分解 60%	40	6	60	0.29	19.6
	分解 80%	20	5	30	0.27	19.5
	分解 100%	0.001	3	10	0.25	19.4

5.6.2 天然气水合物分解对含水合物海底边坡稳定性的影响分析

本节应用有限元强度折减法对含水合物边坡的稳定性进行数值模拟分析。定义含水合物边坡的抗剪强度参数分别为

$$C_{\mathrm{hr}}=\frac{C_{\mathrm{h}}}{F_{\mathrm{r}}},\quad \phi_{\mathrm{hr}}=\arctan\frac{\tan\phi_{\mathrm{h}}}{F_{\mathrm{r}}} \tag{5.1}$$

式中 C_{h}——水合物沉积层的黏聚力，MPa；

C_{hr}——水合物分解过程中水合物沉积层的实际黏聚力，MPa；

ϕ_{h}——水合物沉积层的摩擦角；

ϕ_{hr}——水合物分解过程中水合物沉积层的实际摩擦角；

F_{r}——强度折减系数。

在进行数值计算时，将塑性区贯通作为含水合物边坡达到破坏的判定标准。根据式(5.1)，通过不断地增大强度折减系数 F_{r} 的值，获得不同的抗剪强度参数，并进行对应参数下的有限元分析，当边坡达到破坏的临界条件时，可以认为此时的强度折减系数 F_{r} 就是传统极限平衡法中定义的边坡稳定安全系数 F_{s}。

为了研究水合物分解对海底含水合物边坡稳定性的影响，以边坡坡角 θ=14°，水合物沉积层厚度 h=50 m，埋藏深度 H=75 m 为例，进行水合物分解程度不同时含水合物边坡的稳定性分析。有限元模型及几何尺寸如图 5.59 所示（中间浅色区域代表水合物沉积层）。

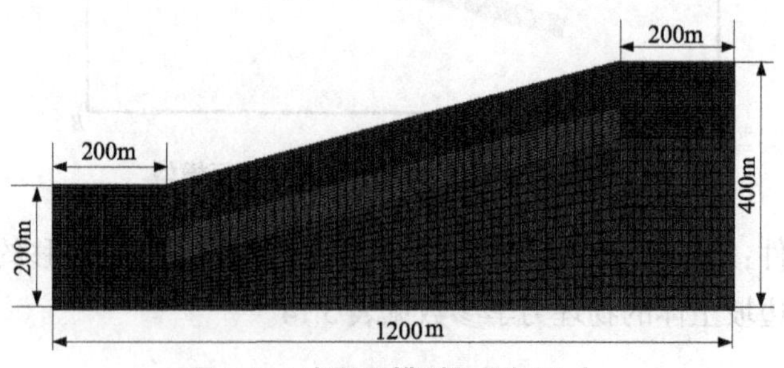

图 5.59 有限元模型及几何尺寸

1. 天然气水合物未发生分解时边坡土体的塑性区和安全系数变化规律

图 5.60 为天然气水合物未发生分解时边坡土体的塑性区和安全系数的变化规律。可以看出，由于此时水合物没有发生分解，其对边坡稳定性并未产生影响，且水合物的存在使水合物沉积层的力学强度远大于周围土体的力学强度，因此在重力和边界效应的影响下，水合物沉积层周围的土体会产生塑性应变。当强度折减系数为 0.933 时，在坡脚处和水合物沉积层上、下方的土体中均产生了塑性区，但塑性应变不大。随着强度折减系数的继续提高，当强度折减系数为 1.157 时，坡脚处和水合物沉积层上方土体的塑性区有逐渐扩大的趋势，但此时二者并未贯通；而当强度折减系数达到 1.168 时，坡脚处和水合物沉积层上方土体的塑性区基本贯通，边坡土体出现破坏。

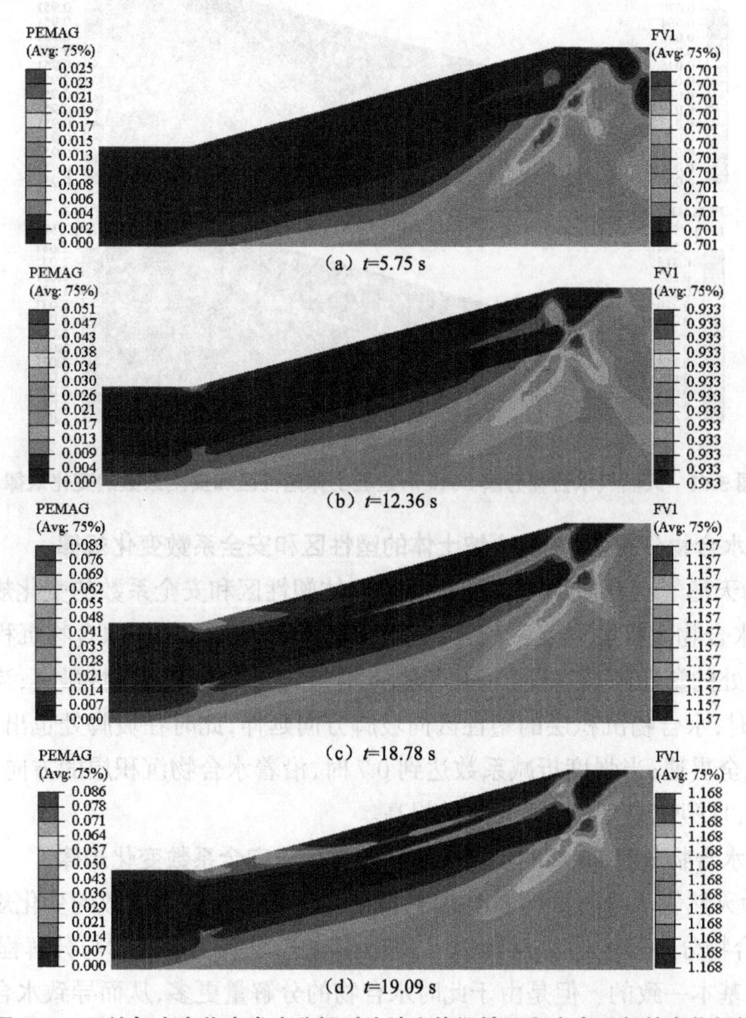

（a）t=5.75 s

（b）t=12.36 s

（c）t=18.78 s

（d）t=19.09 s

图 5.60　天然气水合物未发生分解时边坡土体塑性区和安全系数的变化规律

2. 天然气水合物分解 30% 时边坡土体的塑性区和安全系数变化规律

图 5.61 为天然气水合物分解 30% 时边坡土体塑性区和安全系数的变化规律。可以看出，由于水合物的部分分解导致水合物沉积层力学性质下降，沿着水合物沉积层方向，边坡

内出现了较大范围的塑性区，但是并未与坡脚处的塑性区贯通，因此此时的边坡仍然是安全的，说明这时水合物的分解对于边坡稳定性的影响是有限的。

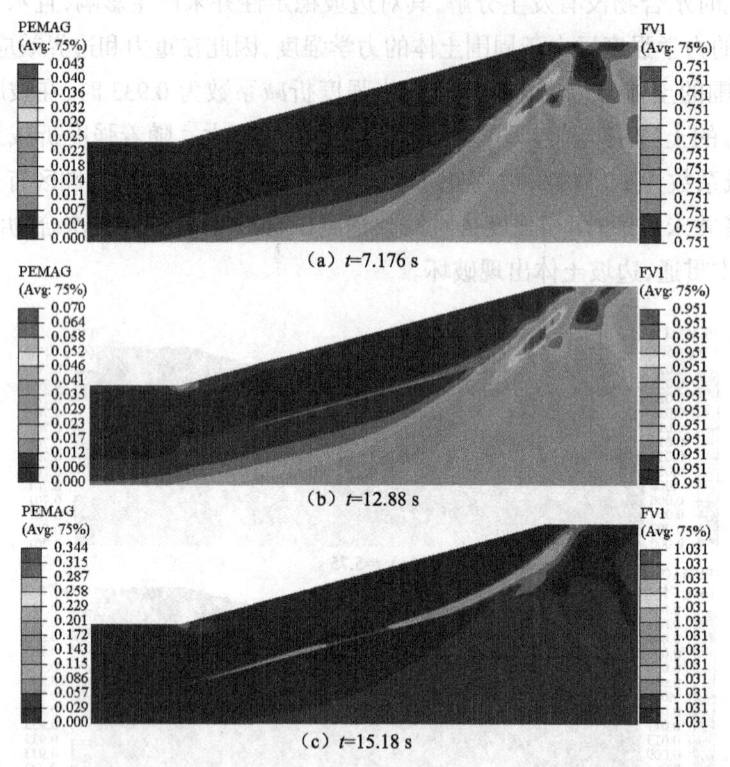

（a）t=7.176 s

（b）t=12.88 s

（c）t=15.18 s

图 5.61　天然气水合物分解 30% 时边坡土体塑性区和安全系数的变化规律

3. 天然气水合物分解 60% 时边坡土体的塑性区和安全系数变化规律

图 5.62 为天然气水合物分解 60% 时边坡土体塑性区和安全系数的变化规律。可以看出，在天然气水合物大幅度分解后，当强度折减系数达到 0.587 时，水合物沉积层中出现一条延伸到坡顶处的塑性区，但塑性应变不大，此时坡脚处并未出现塑性破坏；当强度折减系数达到 0.697 时，水合物沉积层的塑性区向坡脚方向延伸，此时在坡脚处也出现塑性区，但是二者并未完全贯通；当强度折减系数达到 0.7 时，沿着水合物沉积层的方向，边坡内出现贯通的塑性区，且塑性应变有较大幅度的提高。

4. 天然气水合物分解 80% 时边坡土体的塑性区和安全系数变化规律

图 5.63 为天然气水合物分解 80% 时边坡土体塑性区和安全系数的变化规律。可以看出，天然气水合物分解程度达到 80% 时，边坡土体的塑性区扩展规律与分解程度为 60% 时的扩展规律是基本一致的。但是由于此时水合物的分解量更多，从而导致水合物沉积层的力学强度下降的程度更大，因此边坡发生破坏时的安全系数更低。

从以上四种分解条件可以看出，随着水合物分解程度的加大，边坡塑性区贯通时的安全系数越来越小，说明水合物的分解量对边坡的稳定性具有重要的影响，且随着分解量的增加，影响程度越来越大。

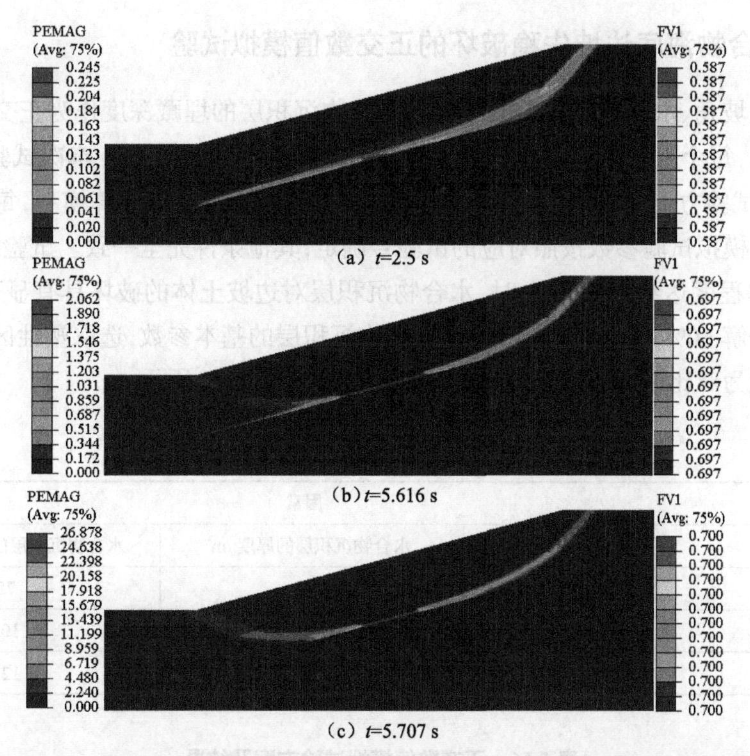

图 5.62　天然气水合物分解 60% 时边坡土体塑性区和安全系数的变化规律

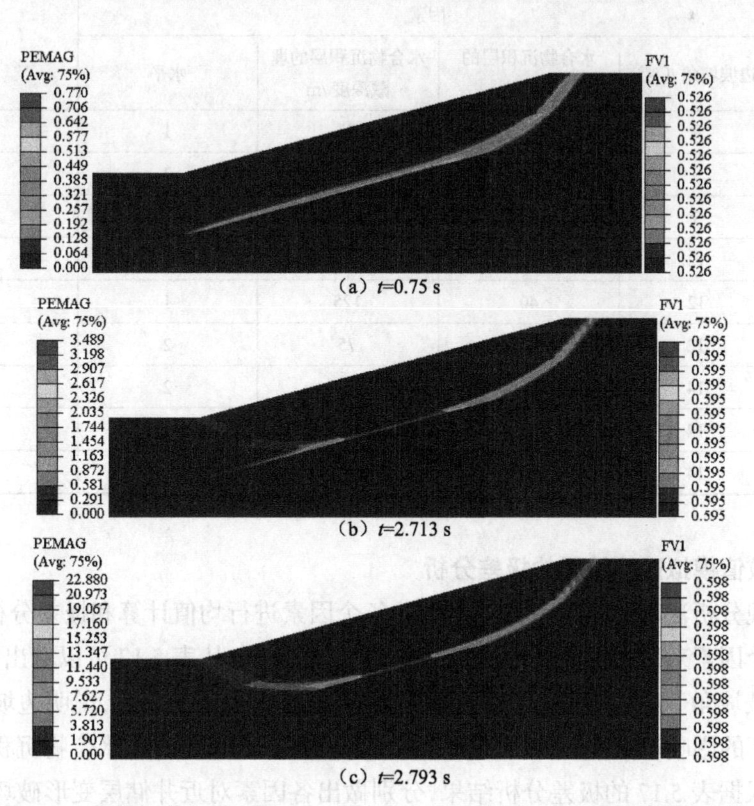

图 5.63　天然气水合物分解 80% 时边坡土体塑性区和安全系数的变化规律

5.6.3 含水合物海底边坡失稳破坏的正交数值模拟试验

选取边坡坡角、水合物沉积层的厚度和水合物沉积层的埋藏深度作为正交数值模拟试验的 3 个因素,每个因素选取 3 个水平,因素和水平的选取见表 5.15。本次试验使用 $L_9(3^4)$ 正交表,具体试验方案设计见表 5.16。根据表 5.15 建立 9 组数值计算模型,每个模型所需要的正交数值模拟试验参数按照对应的试验号确定,其他条件完全一致。试验结果表明,当水合物的分解程度达到 60% 以上时,水合物沉积层对边坡土体的破坏具有显著的影响,因此将水合物分解 60% 时的力学参数作为水合物沉积层的基本参数,选取塑性区贯通时边坡的安全系数作为对比评价指标。试验结果如表 5.16 和图 5.64 所示。

表 5.15 正交数值模拟试验因素和水平

水平	因素		
	边坡坡角 /(°)	水合物沉积层的厚度 /m	水合物沉积层的埋藏深度 /m
1	9	30	75
2	12	40	100
3	14	50	125

表 5.16 正交数值模拟试验方案及结果

试验序号	因素				安全系数
	边坡坡角 /(°)	水合物沉积层的厚度 /m	水合物沉积层的埋藏深度 /m	水平	
1	9	30	75	1	1.117
2	9	40	100	2	1.19
3	9	50	125	3	1.284
4	12	30	100	3	0.908 8
5	12	40	125	1	0.973 5
6	12	50	75	2	0.818 4
7	14	30	125	2	0.841 8
8	14	40	75	3	0.709 0
9	14	50	100	1	0.745 2

1. 正交数值模拟试验结果的极差分析

采用直观分析法对正交数值模拟试验的各个因素进行均值计算和极差分析(表 5.17),从而确定每个因素对边坡土体变形破坏影响的敏感程度。从表 5.17 可以看出,极差由大到小依次为边坡坡角、水合物沉积层的埋藏深度、水合物沉积层的厚度,说明边坡坡角对含水合物边坡破坏的影响最大,水合物沉积层的埋藏深度的影响次之,而水合物沉积层的厚度的影响最小。根据表 5.17 的极差分析结果,分别做出各因素对近井储层变形破坏影响的直观分析图,如图 5.65 所示。

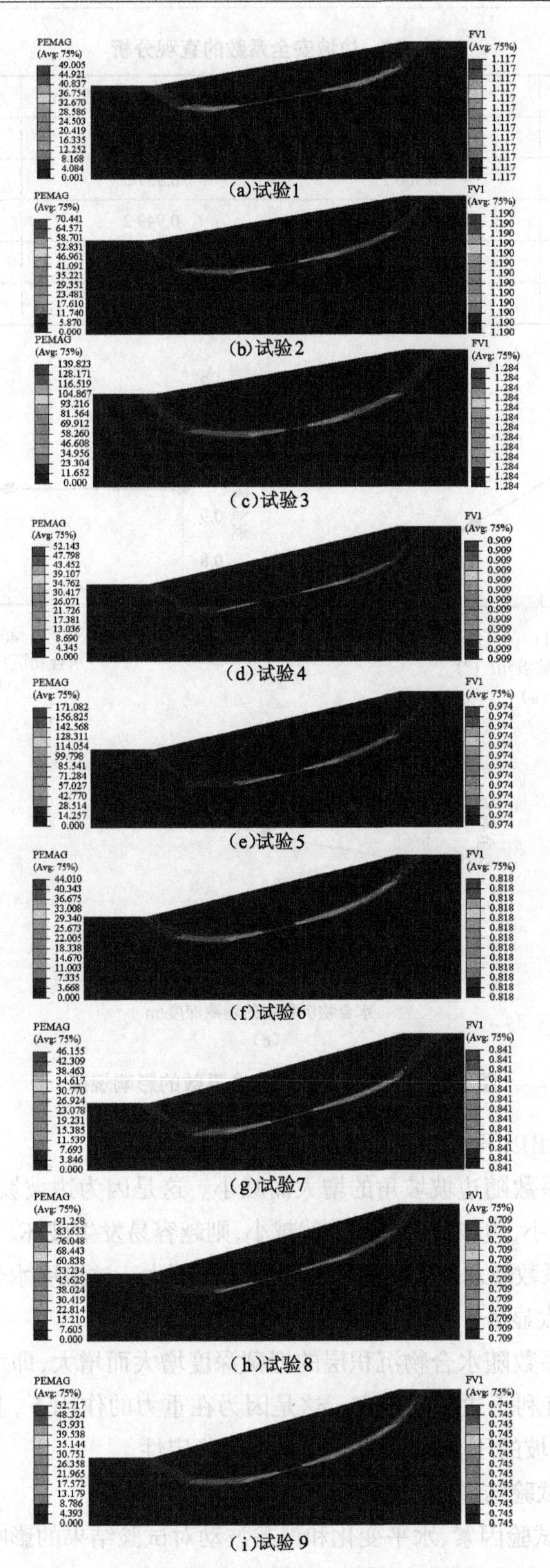

(a)试验1

(b)试验2

(c)试验3

(d)试验4

(e)试验5

(f)试验6

(g)试验7

(h)试验8

(i)试验9

图 5.64　边坡土体内塑性应变及安全系数的变化规律

表 5.17 边坡安全系数的直观分析

因素	坡角/(°)	水合物沉积层的厚度/m	水合物沉积层的埋藏深度/m
均值 1	1.197 0	0.955 9	0.881 5
均值 2	0.900 2	0.957 5	0.948 0
均值 3	0.765 3	0.949 2	1.033 1
极 差	0.431 7	0.008 3	0.151 6
因子主次	1	3	2

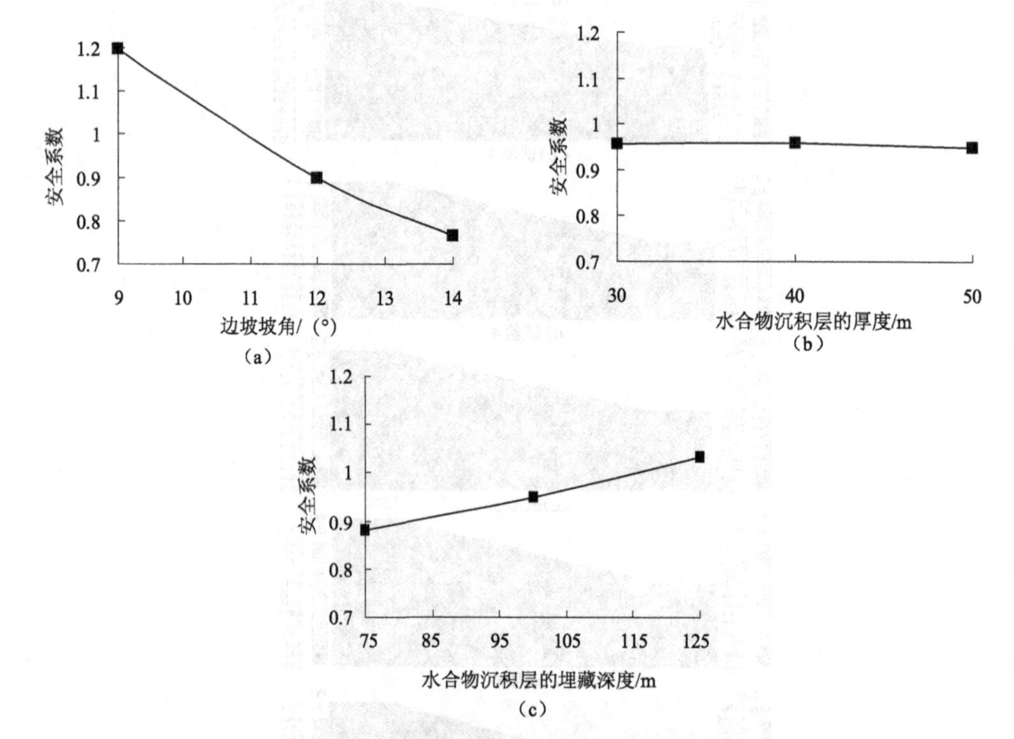

图 5.65 各因素对边坡安全系数的影响规律

从图 5.65 可以得出以下结论。

(1)边坡的安全系数随边坡坡角的增大而减小。这是因为边坡坡角越大,边坡的下滑力越大,而抗滑力则越小,边坡的安全系数就越小,则越容易发生破坏。

(2)边坡的安全系数随水合物沉积层的厚度变化不大。这说明水合物沉积层的厚度对边坡稳定性的影响不太显著。

(3)边坡的安全系数随水合物沉积层的埋藏深度增大而增大,即水合物沉积层的上覆层土体厚度越大,越有利于边坡的稳定。这是因为在重力的作用下,上覆层土体厚度的增加,可以有效提高对边坡的压实作用,从而提高边坡稳定性。

2. 正交数值模拟试验结果的方差分析

为了区分和比较试验因素、水平变化和误差波动对试验结果的影响以及对极差分析的结果进行补充,对数值模拟试验的结果进行方差分析,结果见表 5.18。

表 5.18　边坡安全系数的方差分析

误差来源	偏差平方和	自由度	均方	F 值	显著性
边坡坡角	0.293	2	0.146	363.634	**
水合物沉积层的厚度	0.001	2	5.8e−5	0.144	
水合物沉积层的埋藏深度	0.035	2	0.017	43.075	*
误差	0.001	2	0.001		

注:* 和 ** 含义同表 5.6。

从表 5.18 可以看出,三个因素对边坡破坏影响的显著程度不同,其中边坡坡角为显著影响因素,水合物沉积层的埋藏深度为较显著影响因素,水合物沉积层的厚度为不显著影响因素,这与极差分析所得结论是一致的。

参考文献

[1] SLOAN E D. Clathrate hydrates of natural gases [M]. New York:Marcel Dekker,1998.

[2] 金庆焕,张光学,杨木壮,等. 天然气水合物资源概论 [M]. 北京:科学出版社,2006.

[3] FISK B, COLLETT T, CLOUGH J. Assessment of Alaska North Slope gas hydrates[R].US-BLM-USGS-DGGS,2004.

[4] MAKOGON Y F. Natural gas hydrates: a promising source of energy[J]. Journal of natural gas science and engineering,2010,2(1):49-59.

[5] 罗艳托,朱建华,陈光进. 替代石油的能源:天然气水合物 [J]. 天然气工业，2005，25(8):28-30.

[6] KONO H O, NARASIMHAN S, SONG F, et al. Synthesis of methane gas hydrate in porous sediments and its dissociation by depressurizing[J]. Powder technology,2002,122:239-246.

[7] 张旭辉. 水合物沉积层因水合物热分解引起的软化和破坏研究 [D]. 北京:中国科学院力学研究所,2010.

[8] 陈多福,徐文新,赵振华. 天然气水合物的晶体结构及水合系数和比重 [J]. 矿物学报,2001,21(2):159-164.

[9] GORNITZ V，FUNG I. Potential distribution of methane hydrates in the world oceans[J]. Global biogeochemical cycles,1994,8(3):335-347.

[10] MILKOV A V. Global estimates of hydrate-bound gas in marine sediments: how much is really out there? [J]. Earth-science reviews,2004,66(3/4):183-197.

[11] 樊栓狮,梁德青,陈勇. 天然气水合物资源开发现状及前景 [J]. 现代化工，2003，23(9):1-5.

[12] DEMIRBAS A, REHAN M, ALSASI B O, et al. Evaluation of natural gas hydrates as a future methane source[J]. Petroleum science and technology,2016,34(13):1204-1210.

[13] 杨明军. 原位条件下水合物形成与分解研究 [D]. 大连:大连理工大学,2010.

[14] 张凌. 天然气水合物赋存地层钻井液试验研究 [D]. 武汉:中国地质大学,2006.

[15] HAMMERSCHMIDT E G. Formation of gas hydrates in natural gas transmission lines [J]. Industrial and engineering chemistry,1934,26(8):851-855.

[16] CARSON D B, KATZ D L. Natural gas hydrates[J]. Transactions of the AIME,1942,146:150-157.

[17] 史斗,郑军卫. 世界天然气水合物研究开发现状和前景 [J]. 地球科学进展，1999，14(4):330-339.

[18] COLLETT T S. Natural gas hydrate of the Prudhoe Bay and Kuparuk River area，North

Slope, Alask [J]. AAPG bulletin, 1993, 77(5): 793-812.

[19] BILY C, DICK J W L. Natural gas hydrate in the Mackenzie Delta, Northwest Territories[J]. Canadian petroleum geology bulletin, 1972, 22(3): 340-352.

[20] 祝有海. 加拿大马更些冻土区天然气水合物试生产进展与展望 [J]. 地球科学进展, 2006, 21(5): 513-520.

[21] 栾锡武, 赵克斌, 孙冬胜, 等. 天然气水合物的开采: 以马利克钻井为例 [J]. 地球物理学进展, 2007, 22(4): 1295-1304.

[22] 张旭辉, 鲁晓兵, 刘乐乐. 天然气水合物开采方法研究进展 [J]. 地球物理学进展, 2014, 29(2): 858-869.

[23] 张炜, 白凤龙, 邵明娟, 等. 日本海域天然气水合物试采进展及其对我国的启示 [J]. 海洋地质与第四纪地质, 2017, 37(5): 27-33.

[24] 张洪涛, 张海启, 祝有海. 中国天然气水合物调查研究现状及其进展 [J]. 中国地质, 2007, 34(6): 953-961.

[25] 姚伯初. 南海北部陆缘天然气水合物初探 [J]. 海洋地质与第四纪地质, 1998, 18(4): 11-18.

[26] 于兴河, 张志杰, 苏新, 等. 中国南海天然气水合物沉积成藏条件初探及其分布 [J]. 地学前缘, 2004, 11(1): 311-315.

[27] 徐学祖, 程国栋, 俞祁浩. 青藏高原冻土带天然气水合物的研究前景和建议 [J]. 地球科学进展, 1999, 14(2): 201-204.

[28] 祝有海, 赵省民, 卢振权. 中国冻土区天然气水合物的找矿选区及其资源潜力 [J]. 天然气工业, 2011, 31(1): 13-19.

[29] 郭祖军, 陈志勇, 胡素云, 等. 天然气水合物分布及青藏高原有利勘探区 [J]. 新疆石油地质, 2012, 33(3): 266-271.

[30] 赵省民, 邓坚, 李锦平, 等. 漠河多年冻土区天然气水合物的形成条件及成藏潜力研究 [J]. 地质学报, 2011, 85(9): 1536-1548.

[31] 赵省民, 邓坚, 饶竹, 等. 漠河盆地多年冻土带生物气的发现及对陆域天然气水合物勘查的重要意义 [J]. 石油学报, 2015, 36(8): 954-965.

[32] 祝有海, 张永勤, 文怀军, 等. 青海祁连山冻土区发现天然气水合物 [J]. 地质学报, 2009, 83(11): 1762-1771.

[33] 国土资源部油气资源战略研究中心. 天然气水合物概述及勘探开发进展 [EB/OL]. (2016-03)[2022-08-15]. https://wenku.baidu.com/view/ff9b7123770bf78a64295492.html.

[34] 姚伯初. 南海的天然气水合物矿藏 [J]. 热带海洋学报, 2001, 20(2): 20-28.

[35] 陈多福, 王茂春, 夏斌. 青藏高原冻土带天然气水合物的形成条件与分布预测 [J]. 地球物理学报, 2005, 48(1): 165-172.

[36] 李淑霞, 陈月明, 杜庆军. 天然气水合物开采方法及数值模拟研究评述 [J]. 中国石油大学学报(自然科学版), 2006, 30(3): 146-150.

[37] 孙建业,业渝光,刘昌岭,等. 天然气水合物新开采方法研究进展 [J]. 海洋地质动态, 2008,24(11):24-31.

[38] 李栋梁,樊栓狮. 微波作用下天然气水合物分解的研究及应用 [J]. 化工进展, 2003, 22(3):280-282.

[39] 宋永臣,李红海,王志国. 太阳能加热开采天然气水合物研究 [J]. 大连理工大学学报, 2009,49(6):827-831.

[40] OHGAKI K, TAKANO K, SANGAWA H, et al. Methane exploitation by carton dioxide from gas hydrates-phase equilibria for CO_2-CH_4 mixed hydrate system[J]. Journal of chemical engineer of Japan, 1996, 29(3):478-483.

[41] 唐良广,冯自平,李小森,等. 海洋渗漏型天然气水合物开采的新模式 [J]. 能源工程, 2006,1:15-18.

[42] 徐海良,林良程,吴万荣,等. 海底天然气水合物绞吸式开采方法研究 [J]. 中山大学学报(自然科学版),2011,50(3):48-52.

[43] 徐海良,陈旺,吴波,等. 海底天然气水合物绞吸式开采切削头绞吸特性 [J]. 四川大学学报(工程科学版),2016,48(6):126-131.

[44] 张旭辉,鲁晓兵. 一种新的海洋浅层水合物开采法 [J]. 力学学报, 2016, 48(5): 1238-1246.

[45] MORIDIS G J, COLLETT T S, BOSWELL R, et al. Toward production from gas hydrates: current status, assessment of resources, and simulation based evaluation of technology and potential[J]. SPE reservoir evaluation & engineering, 2009, 12(5):745-771.

[46] 宋永臣,阮徐可,梁海峰,等. 天然气水合物热开采技术研究进展 [J]. 过程工程学报, 2009,9(5):1035-1040.

[47] 阮徐可,杨明军,李洋辉,等. 不同形式天然气水合物藏开采技术的选择研究综述 [J]. 天然气勘探与开发,2012,35(2):39-43.

[48] 宁伏龙. 天然气水合物地层井壁稳定性研究 [D]. 武汉:中国地质大学,2005.

[49] 彭晓彤,周怀阳,陈光谦,等. 论天然气水合物与海底地质灾害、气象灾害和生物灾害的关系 [J]. 自然灾害学报,2002,11(4):18-22.

[50] BOURIAK S, VANMSTE M, SAOUTKINE A. Inferred gas hydrates and clay diapirs near the Storegga slide on the southern edge of the Vøring Plateau, offshore Norway[J]. Marine geology, 2000, 163:125-148.

[51] MARK M, NAJA M, BILAL H. Sea level and gas hydrate controlled catastrophic sediment failures of Amazon fan[J]. Geology, 1998, 26(12):1107-1110.

[52] SUMMERHAYES C P, BORNHOLD B D, EMBLEY R W. Surficial slides and slumps on the continental slope and rise of South West Africa: a reconnaissance study[J]. Marine geology, 1979, 31(3):265-277.

[53] KAYEN R E, LEE H J. Pleistocene slope instability of gas hydrate-laden sediment on the

Beaufort Sea margin[J]. Marine geotechnology, 1991, 10(1-2): 125-141.

[54] 翁焕新，许赟溢，楼竹山，等. 天然气水合物的稳定性及其环境效应 [J]. 浙江大学学报（理学版），2006，33(5)：588-594.

[55] 魏合龙，孙治雷，王利波，等. 天然气水合物系统的环境效应 [J]. 海洋地质与第四纪地质，2016，36(1)：1-13.

[56] MASLIN M，OWEN M，BETTS R，et al. Gas hydrate：past and future geohazard? [J]. Philosophical transactions mathematical physical & engineering sciences，2010，368(1919)：2369-2393.

[57] LELIEVELD J，CRUTZEN P，DENTENER F J. Changing concentration，lifetime and climate forcing of atmospheric methane[J].Tellus series B：Chemical & physical meteorology，1998，50(2)：128-150.

[58] MACDONALD G J. Role of methane clathrates in past and future climates[J]. Climatic change，1990，16(3)：247-281.

[59] KVENVOLDEN K A. Gas hydrate-geological perspective and global change[J]. Review of geophysics，1993，31(2)：173-187.

[60] EEGLEZOS P，HATZIKIRIAKOS S G. Environmental aspects of clathrate hydrates[J]. Annals New York Academy of Science，1994，715(11)：270-282.

[61] HESSLBO S P，GROCKE D R，JENKYNS H C，et al. Massive dissociation of gas hydrate during a Jurassic oceanic anoxic event[J]. Nature，2000，406(6794)：392-395.

[62] BRIAUD J L，CHAOUCH A. Hydrate melting in soil around hot conductor[J]. Journal of geotechnical and geoenvironmental engineering，1997，123(7)：645-653.

[63] CHAOUCH A，BRIAUD J L. Post melting behavior of gas hydrates in soft ocean sediments[R]//29th offshore technology conference proceedings，geology，earth sciences and environmental factors：Society of Petroleum Engineers，1997，1：217-224.

[64] CHAOUCH A，BRIAUD J L. Hydrate melting and related foundation problems[R].Technical Report，Offshore Technology，Texas A&M University，College Station，Texas，1994.

[65] 张旭辉，刘艳华，李清平，等. 沉积物中导热体周围水合物分解范围研究 [J]. 力学与实践，2010，32(2)：39-41.

[66] 张旭辉，鲁晓兵，李清平，等. 水合物地层中考虑相变的轴对称热传导问题 [J]. 地学前缘，2012，19(2)：1-7.

[67] 张旭辉，鲁晓兵，王淑云，等. 天然气水合物快速加热分解导致地层破坏的试验 [J]. 海洋地质与第四纪地质，2011，31(1)：157-164.

[68] 张旭辉，胡光海，鲁晓兵. 天然气水合物分解对地层稳定性影响的离心机试验研究 [J]. 试验力学，2012，27(3)：301-310.

[69] 魏伟，陈旭东，鲁晓兵，等. 水合物分解气体泄漏引起的海床破坏试验研究 [J]. 力学与实践，2013，35(5)：30-34.

[70] 张怀文,程远方,李令东,等. 含热力学抑制剂钻井液侵入天然气水合物地层扰动模拟[J]. 科学技术与工程,2018,18(6):94-98.

[71] MIYAZAKI K, TENMA N, AOKI K, et al. A nonlinear elastic model for triaxial compressive properties of artificial methane-hydrate-bearing sediment samples[J]. Energies, 2012, 5:4057-4075.

[72] SULTAN N, GARZIGLIA S. Geomechanical constitutive modeling of gas-hydrate-bearing sediments[C]. Proceedings of the 7th International Conference on Gas Hydrates(ICGH 2011),Edinburgh,Scotland,United Kingdom,2011:1-11.

[73] UCHIDA S, SOGA K, YAMAMOTA K. Critical state soil constitutive model for mechane hydrate soil[J]. Journal of geophysical research,2012,117(B03209):1-13.

[74] 杨期君,赵春风. 含气水合物沉积物弹塑性损伤本构模型探讨 [J]. 岩土力学, 2014, 35(4):991-997.

[75] 吴二林,魏厚振,颜荣涛,等. 考虑损伤的含天然气水合物沉积物本构模型 [J]. 岩石力学与工程学报,2012,31(S1):3045-3050.

[76] 吴二林,韦昌富,魏厚振,等. 含天然气水合物沉积物损伤统计本构模型 [J]. 岩土力学, 2013,34(1):60-65.

[77] 刘乐乐,张旭辉,刘昌岭,等. 含水合物沉积物三轴剪切试验与损伤统计分析 [J]. 力学学报,2016,48(3):720-729.

[78] 颜荣涛,赵续月,杨德欢,等. 天然气水合物沉积物的强度模型 [J]. 桂林理工大学学报, 2016,36(3):514-520.

[79] 蒋明镜,贺洁,周雅萍. 考虑水合物胶结厚度的深海能源土粒间胶结模型研究 [J]. 岩土力学,2014,35(5):1231-1240.

[80] 蒋明镜,朱方园. 一个深海能源土的温度 - 水压 - 力学二维微观胶结模型 [J]. 岩土工程学报,2014,36(8):1377-1386.

[81] 蒋明镜,刘俊,周卫,等. 一个深海能源土弹塑性本构模型 [J]. 岩土力学, 2018, 39(4): 1153-1158.

[82] FREIJ-AYOUB R, TAN C, CLENNELL B. A wellbore stability model for hydrate bearing sediments[J]. Journal of petroleum science and engineering,2007,57(1):209-220.

[83] KIMOTO S, OKA F, FUSHITA T, et al. A chemo-thermo-mechanically coupled numerical simulation of the deformation the subsurface ground deformation due to methane hydrate dissociation[J]. Computers and geotechnics,2007,34(4):216-228.

[84] KIMOTO S, OKA F, FUSHITA T. A chemo-thermo-mechanically coupled analysis of ground deformation induced by gas hydrate dissociation[J]. International journal of mechanical sciences,2010,52(2):365-376.

[85] RUTQVIST J, MORIDIS G J. Numerical studies on the geomechanical stability of hydrate-bearing sediments[J]. SPE journal,2007,14(2):267-282.

[86] 刘乐乐,鲁晓兵,张旭辉. 天然气水合物分解引起多孔介质变形流固耦合研究 [J]. 天然气地球科学,2013,24(5):1079-1085.

[87] 刘乐乐,鲁晓兵,张旭辉. 天然气水合物分解区演化数值分析 [J]. 石油学报, 2014, 35(5):941-951.

[88] 吴二林,魏厚振,颜荣涛,等. 含天然气水合物沉积物分解过程的有限元模拟 [J]. 岩土力学,2012,33(9):2811-2821.

[89] 孙翔. 考虑水合物分解影响的沉积物力学行为数值模拟研究 [D]. 大连:大连理工大学,2017.

[90] 万义钊,吴能友,胡高伟,等. 南海神狐海域天然气水合物降压开采过程中储层的稳定性 [J]. 天然气工业,2018,38(4):117-128.

[91] 李令东,程远方,梅伟,等. 温度影响天然气水合物地层井壁稳定的有限元模拟 [J]. 天然气工业,2012,32(8):74-78.

[92] 程远方,沈海超,赵益忠,等. 多孔介质中天然气水合物降压分解有限元模拟 [J]. 中国石油大学学报(自然科学版),2009,33(3):85-89.

[93] 沈海超. 天然气水合物藏降压开采流固耦合数值模拟研究 [D]. 北京:中国石油大学,2009.

[94] 蒋明镜,朱方园,申志福. 试验反压对深海能源土宏观力学特性影响的离散元分析 [J]. 岩土工程学报,2013,35(2):219-226.

[95] 宁伏龙,张可霓,吴能友,等. 钻井液侵入海洋含水合物地层的一维数值模拟研究 [J]. 地球物理学报,2013,56(1):204-218.

[96] 周丹,邹德高,徐斌,等. 水合物分解对桩基础应力和变形影响的研究 [J]. 防灾减灾工程学报,2011,31(6):704-709.

[97] 徐斌,邹德高,周丹,等. 考虑水合物分解的海底斜坡稳定计算方法研究 [J]. 土木工程学报,2011,44(S):207-211.

[98] 王淑云,王丽,鲁晓兵,等. 天然气水合物分解对地层和管道稳定性影响的数值模拟 [J]. 中国海上油气,2008,20(2):129-131.

[99] 张大平. 加速合成四氢呋喃水合物试验研究及水合物地层钻探扰动有限元分析 [D]. 长春:吉林大学,2011.

[100] 鲁力,张旭辉,鲁晓兵. 水合物分解对海床稳定性影响的数值模拟 [J]. 地下空间与工程学报,2014,10(S2):1762-1766.

[101] 王晶,张旭辉,鲁晓兵,等. 天然气水合物分解对井筒周围土层变形的影响 [J]. 水利与建筑工程学报,2017,15(6):48-51.

[102] 刘乐乐,张旭辉,鲁晓兵. 天然气水合物地层渗透率研究进展 [J]. 地球科学进展,2012,27(7):733-746.

[103] TOHIDI B, ANDERSON R, CLENNELL M B, et al. Visual observation of gas-hydrate formation and dissociation in synthetic porous media by means of glass micro models[J].

Geology,2001,29(9):867-870.

[104] KERKAR P，JONES K W，KLEINBERG R，et al. Direct observations of three dimensional growth of hydrates hosted in porous media[J]. Applied physics letters，2009，95(2):1-4.

[105] SEOL Y，KNEAFSEY T J，TOMUTSA L，et al. Preliminary relative permeability estimates of methane hydrate-bearing sand[C]. TOUGH Symposium. Berkeley，California，USA,2006.

[106] KNEAFSEY T J，TOMUTSA L，SEOL Y，et al. Relative permeability measurements of hydrate-bearing sediments[C]. Science and Technology Issues in Methane Hydrate R&D，Engineering Conference International,Kauai,2006.

[107] KUMAR A，MAINI B，BISHNOI P R，et al. Experimental determination of permeability in the presence of hydrates and its effect on the dissociation characteristics of gas hydrates in porous media[J]. Journal of petroleum science and engineering，2010，70(1/2)：109-117.

[108] 刘瑜,陈伟,宋永臣,等. 含甲烷水合物沉积层渗透率特性试验与理论研究 [J]. 大连理工大学学报,2011,51(6):793-797.

[109] 宋永臣,黄兴,刘瑜,等. 含甲烷水合物多孔介质渗透性的试验研究 [J]. 热科学与技术,2010,9(1):51-57.

[110] XU W Y，RUPPEL C. Predicting the occurrence，distribution and evolution of methane gas hydrate in porous marine sediments[J]. Journal of geophysical research atmospheres，1999,104(B3):5081-5096.

[111] HUANG D Z，FAN S S. Measuring and modeling thermal conductivity of gas hydrate bearing sand[J]. Journal of geophysical research atmospheres,2005,110(B1):359-361.

[112] 朱杰. 多孔介质内的相变传热传质过程研究 [D]. 大连:大连理工大学,2006.

[113] 赵晓琳. 多孔介质有效导热系数的算法研究 [D]. 大连:大连理工大学,2009.

[114] 程传晓. 天然气水合物沉积物传热特性及对开采影响研究 [D]. 大连:大连理工大学，2015.

[115] 黄犊子. 水合物及其在多孔介质中导热性能的研究 [D]. 合肥:中国科学技术大学，2005.

[116] STOLL R D，BRYAN G M. Physical properties of the sediments containing gas hydrate[J]. Geophysical research,1979,84(B4):1629-1634.

[117] 黄文件,刘道平,周文铸,等. 天然气水合物的热物理性质 [J]. 天然气化工，2004，29(4):66-71.

[118] WAITE W F，MARTIN B J. Thermal conductivity measurements in porous mixtures of methane hydrate and quartz sand[J]. Geophysical research letters，2002，29(24)：82/1-82/4.

[119] GUPTA A，KNEAFSEY T J，MORIDIS G J，et al. Composite thermal conductivity in a large heterogeneous porous methane hydrate sample[J]. The journal of physical chemistry B,2006,110(33):16384-16392.

[120] 黄犊子,樊栓狮,石磊. 天然气水合物的导热系数 [J]. 化学通报,2004,10:737-742.

[121] 彭浩,樊栓狮,黄犊子. 瞬变平面热源法测定常压下四氢呋喃水合物的导热系数 [J]. 化学通报,2005,12:923-927.

[122] 陈灵,李腾,魏小林,等. 热探针法测量四氢呋喃水合物导热系数试验研究 [C]. 中国工程热物理学会传热传质学学术会议论文集,青岛:2009.

[123] LI D L, WU J W, LIANG D Q, et al. Measurement and modeling of the effective thermal conductivity for porous methane hydrate samples[J]. Science China chemistry，2012，55(3):373-379.

[124] 陈文胜,张迎新. 瞬态热线法测量煤层气水合物导热系数的试验研究 [J]. 应用能源技术,2013,4:37-40.

[125] YANG L，ZHAO J F，LIU W G，et al. Experimental study on the effective thermal conductivity of hydrate-bearing sediments[J]. Energy,2015,79:203-211.

[126] 郭威,孙友宏,陈晨,等. 陆地天然气水合物孔底冷冻取样方法 [J]. 吉林大学学报(地球科学版),2011,41(4):1116-1120.

[127] REVIL A.Thermal conductivity of unconsolidated sediments with geophysical applications[J]. Journal of geophysical research solid earth,2000,105(B7):16749-16768.

[128] HANDA Y P. Compositions,enthalpies of dissociation,and heat capacities in the range 85 to 270 K for clathrate hydrates of methane,ethane,and propane,and enthalpy of dissociation of isobutene hydrate，as determined by heat-flow calorimeter[J]. Journal of chemical thermodynamics,1986,18(10):915-921.

[129] 周怀阳,彭晓彤,叶瑛. 天然气水合物 [M]. 北京:海洋出版社,2000.

[130] ANDERSON G K. Enthalpy of dissociation and hydration number of methane hydrate from the Clapeyron equation[J]. Journal of chemical thermodynamics，2004，36(12):1119-1127.

[131] RUEFF R M，SLOAN E D，YESAVAGE V F. Heat capacity and heat of dissociation of methane hydrate [J]. AICHE journal,1988,34(9):1468-1476.

[132] 孙志高,樊栓狮,郭开华,等. 天然气水合物分解热的确定 [J]. 分析测试学报,2002,21(3):7-9.

[133] 吴能友,黄丽,苏正,等. 海洋天然气水合物开采潜力地质评价指标研究:理论与方法 [J]. 天然气工业,2013,33(7):11-17.

[134] ECKER C，DVORKIN J，AURA M. Estimating the amount of gas hydrate and free gas from marine seismic data[J]. Geophysics,2000,65(2):565-573.

[135] 龚建明,王红霞. 天然气水合物在沉积地层中的分布模式 [J]. 海洋地质动态,2004,20

(6):6-8.

[136] HELGERUD M B.Wave speeds in gas hydrate and sediments containing gas hydrate：a laboratory and modeling study[D]. Stanford：Stanford University，2001.

[137] WINTERS W J，PECHER I A，WAITE W F，et al. Physical properties and rock physics models of sediment containing natural and laboratory-formed methane gas hydrate[J]. American mineralogist，2004，89(8/9)：1221-1227.

[138] KLEINBERG L，BREWER G，YESINOWSKI J P. Deep sea NMR：methane hydrate growth habit in porous media and its relationship to hydraulic permeability，deposit accumulation，and submarine slope stability[J]. Journal of geophysics research，2003，108(B10)：1-17.

[139] MASUDA Y S，NAGANAWA S，SATO K. Numerical calculation of gas hydrate production performance from reservoirs containing natural gas hyrates[C]. SPE Asia Pacific Oil and Gas Conference，Kuala LumPur，Malaysia，1997.

[140] SPANGENBERG E. Modeling of the influence of gas hydrate content on the electrical properties of porous sediments[J]. Journal of geophysical rsearch solid earth，2001，106(B4)：6535-6548.

[141] LIANG H，SONG Y，CHEN Y，et al. The measurement of permeability of porous media with methane hydrate[J]. Petroleum science and technology，2011，29(1)：79-87.

[142] 陈芳，周洋，苏新，等. 南海神狐海域含水合物层粒度变化及与水合物饱和度的关系[J]. 海洋地质与第四纪地质，2011，31(5)：95-100.

[143] 付少英，陆敬安. 神狐海域天然气水合物的特征及其气源 [J]. 海洋地质动态，2010，26(9)：6-10.

[144] 陈敏，业渝光，吕万军，等. 甲烷水合物在人工毛细管沉积物柱中的形成和分解 [J]. 现代地质，2010，24(3)：632-637.

[145] 苏新，宋成兵，方念乔. 东太平洋水合物海岭 BSR 以上沉积物粒度变化与气体水合物分布 [J]. 地学前缘，2005，12(1)：234-242.

[146] 陈仲颐，周景星，王洪瑾，等. 土力学 [M]. 北京：清华大学出版社，1994.

[147] BIOT M A. General theory of three-dimensional consolidation[J]. Journal of applied physics，1940，12：155-164.

[148] 张睿. 页岩储层有效应力及应力敏感机理研究 [D]. 北京：中国石油大学，2016.

[149] NUR A，BYERLEE J D. An exact effective stress law for elastic deformation of rock with fluids[J]. Journal of geophysical research，1971，76(26)：6414-6419.

[150] 魏厚振，颜荣涛，陈盼，等. 不同水合物含量含二氧化碳水合物砂三轴试验研究 [J]. 岩土力学，2011，32(S2)：198-203.

[151] 郑颖仁，龚晓南. 岩土塑性力学 [M]. 北京：中国建筑工业出版社，1989.

[152] 刘静波，赵阳升，胡耀青，等. 剪应力对煤体渗透性影响的研究 [J]. 岩土工程学报，

2009,31(10):1631-1635.
[153] 戴自航,沈蒲生. 有关应力 - 应变及其不变量若干问题的合理表述 [J]. 福州大学学报(自然科学版),2005,33(3):326-331.
[154] 郑颖仁,沈珠江,龚晓南. 岩土塑性力学原理 [M]. 北京:中国建筑工业出版社,1989.
[155] 贺玉龙,杨立中. 围压升降过程中岩体渗透率变化特性的试验研究 [J]. 岩石力学与工程学报,2004,23(3):415-419.
[156] 潘荣锟,程远平,董骏,等. 不同加卸载下层理裂隙煤体的渗透特性研究 [J]. 煤炭学报,2014,39(3):473-477.
[157] 景岷雪,袁小玲. 碳酸盐岩岩心应力敏感性试验研究 [J]. 天然气工业,2002,20(增):114-117.
[158] 熊伟. 流固耦合渗流规律研究 [D]. 北京:中国科学院渗流力学研究所,2002.
[159] 彭守建,许江,陶云奇,等. 煤样渗透率对有效应力敏感性试验分析 [J]. 重庆大学学报,2010,32(3):303-307.
[160] 孔祥言. 高等渗流力学 [M]. 合肥:中国科学技术大学出版社,1999.
[161] 王自明. 油藏热流固耦合模型研究及应用初探 [D]. 成都:西南石油学院,2002.
[162] KIM H C,BISHNOI P R,HEIDEMANN R A. Kinetics of methane hydrate decomposition[J]. Chemical engineer science,1987,42(7):1645-1653.
[163] MAKOGON Y F. Hydrates of hydrocarbons[M]. Tulsa,Oklahoma:Penn Well,1997.
[164] 夏志皋. 塑性力学 [M]. 上海:同济大学出版社,1991.
[165] SUN X,NANCHARY N,MOHANTY K K.1-D modeling of hydrate depressurization in porous media[J].Transport in porous media,2005,58(3):315-338.
[166] LIANG H F,SONG Y C,CHEN Y J. Numerical simulation for laboratory-scale methane hydrate dissociation by depressurization[J]. Energy conversion and management,2010,51(10):1883-1890.
[167] SELIM M S,SLOAN E D. Heat and mass transfer during dissociation of hydrate in porous media[J]. AICHE journal,1989,35(6):1049-1052.
[168] 李炜,徐孝平. 水力学 [M]. 武汉:武汉水利电力大学出版社,2000.
[169] 孙致学,徐轶,吕抒桓,等. 增强型地热系统热流固耦合模型及数值模拟 [J]. 中国石油大学学报(自然科学版),2016,40(6):109-117.
[170] CLARKE M,BISHNOI P R. Determination of the active energy and intrinsic rate constant of methane gas hydrate decomposition[J]. Canadian journal of chemical engineering,2001,79(1):143-147.
[171] 贺玉龙. 三场耦合作用相关试验及耦合强度量化研究 [D]. 成都:西南交通大学,2003.
[172] 费康,张建伟. ABAQUS 在岩土工程中的应用 [M]. 北京:中国水利水电出版社,2010.
[173] 刘乐乐,张旭辉,刘昌岭,等. 含水合物沉积物等效弹性模量混合律模型 [J]. 地下空间与工程学报,2015,11(S2):425-442.

[174] 程远方,沈海超,李令东,等. 天然气水合物藏物性参数综合动态模型的建立及应用[J]. 石油学报,2011,32(2):320-323.

[175] 赵益忠. 疏松砂岩油藏脱砂压裂产能流固耦合数值模拟 [D]. 东营:中国石油大学,2008.

[176] 王勖成. 有限单元法 [M]. 北京:清华大学出版社,2002.

[177] 苏正,曹运诚,杨睿,等. 考虑热传导开采天然气水合物藏的可行性研究:以南海神狐海域为例 [J]. 现代地质,2011,25(3):608-616.

[178] 李刚,李小森,陈琦,等. 南海神狐海域天然气水合物开采数值模拟 [J]. 化学学报,2010,68(11):1083-1092.

[179] 李刚,李小森. 单井热吞吐开采南海神狐海域天然气水合物数值模拟 [J]. 化工学报,2011,62(2):458-468.

[180] 李淑霞,陈月明,郝永卯,等. 多孔介质中天然气水合物降压开采影响因素试验研究[J]. 中国石油大学学报(自然科学版),2007,31(4):56-59.

[181] 柳金甫,于义良. 应用数理统计 [M]. 北京:清华大学出版社,2008.

[182] 郝永卯,薄启炜,陈月明,等. 天然气水合物降压开采试验研究 [J]. 石油勘探与开发,2006,33(2):217-220.

[183] 颜文涛,陈建文,范德江. 海底滑坡与天然气水合物之间的关系 [J]. 海洋地质动态,2006,22(12):38-40.

[184] 曹杰锋. 考虑天然气水合物分解的海底斜坡稳定性分析研究 [D]. 青岛:青岛理工大学,2014.

[185] 马云. 南海北部陆坡区海底滑坡特征及触发机制研究 [D]. 青岛:中国海洋大学,2014.